増補改訂版

無意識の植民地主義

——日本人の米軍基地と沖縄人

野村浩也

松籟社

写真　兼城淳子

『無意識の植民地主義』は、八月一三日に書きはじめた。二〇〇四年のことだ。
出版は、二〇〇五年四月二八日。
説明はいらないだろう。

野村浩也

二〇一九年八月

目次

序　章　「悪魔の島」から聴こえる他者の声、そして、日本人……15
1　他者の声／15
2　他者への欲望／18
3　自作自演／22

第1章　植民地主義は終わらない――日本人という植民者……23
1　はじめに／23
2　ポストコロニアリズムと日本人という植民者／28
3　民主主義的植民地主義／34
4　基地の押しつけという植民地主義／39
5　無意識の植民地主義／47
6　ポジショナリティ／53

第2章　文化の爆弾……61
1　共犯化／61
2　植民地主義と文化の爆弾／67
3　文化装置と精神の植民地化／76

4　植民地主義と文化の破壊／81
5　文化的テロリズム／88

第3章　共犯化の政治……97
1　従順な身体／97
2　劣等コンプレックス／102
3　同化と精神の植民地化／112
4　加害者の被害妄想／121
5　加害者の被害者化と被害者の加害者化／131
6　共犯化をせまる文化的暴力／138

第4章　日本人と無意識の植民地主義……147
1　愚鈍への逃避／自己防衛的な愚鈍／147
2　横領される沖縄人アイデンティティ／153
3　「良心的日本人」という無意識の茶番劇／160
4　植民地主義の身体化／182

第5章　愛という名の支配――「沖縄病」考……185
1　権力の隠蔽／185
2　権力への居直り／190
3　加害者を癒す沖縄ブーム／194
4　沖縄ストーカー／200
5　沖縄ストーカーにならないために／206

第6章　「希望」と観光テロリズム……221
1　「最低の方法だけが有効なのだ」／221
2　日本人と無意識のテロリズム／228
3　非暴力という名の暴力／234
4　基地を押しつける恐怖政治／240
5　観光テロリズム／244
6　再び、文化の爆弾／251

終　章　沖縄人は語りつづけてきた……263
――二〇〇四年八月一三日、米軍ヘリ墜落事件から考える
1　文化への爆弾／263

2 「沖縄人は語ることができない」／271
3 モデル・マイノリティ／279
4 連帯――その暴力的な悪用／289

原本あとがき／301

増補 無意識の植民地主義は続いている……307
安保は東京で起きてるんじゃない、沖縄で起きてるんだ！――報道の責任について／309
ジャーナリズムの役割とヘイトスピーチ――基地問題を報じないという基地問題／313
無意識の植民地主義は続いている！――県民投票の無視をめぐって／325
現代の「朝鮮人・琉球人お断り」事件――基地の話を封じる差別／329

文献一覧／333

解説 ジャーナリストとポジショナリティ 松永勝利／347
解説 なぜ本書は画期的な書物となったのか 高橋哲哉／357
解説 議論の限界を超えようとすること 島袋まりあ／369
解説 エンパワメントの言葉 大山夏子／393
謝辞／411

凡例

・［　］は引用者による補足および参照原著、頁を表し、文献は「文献一覧」に記載した。
・〔中略〕は引用者による中略を表す。
・★は註記号を表し、註記は近傍の左頁に記載した。

増補改訂版　無意識の植民地主義——日本人の米軍基地と沖縄人

序章　「悪魔の島」から聴こえる他者の声、そして、日本人★1

1　他者の声

「悪魔の島」

わたしはアフガニスタンを知らない。

パレスチナを知らない。ユーゴを知らない。イラクを知らない。ベトナムを知らない……。

だが、他者たちはわたしを知っている。

わたしがただひとつ知っていること。

「沖縄は悪魔の島だ」という他者の声。ベトナムからの声。

わたしが殺戮者の一員だという声。

米軍基地を許してしまったことで「悪魔」になったわたしへの応答。

ふたたびアフガニスタン。そしてイラク。

ただひとつ知っていること。わたしはまた殺戮者になってしまった。

ポストコロニアリズム

沖縄人は日本人と一緒になってアイヌ、台湾人、朝鮮人、中国人……を差別し殺してきた。

このことを想起させる「悪魔の島」という声。

その同じ沖縄人が今度はベトナム人を殺しているという声。

その同じ沖縄人が、つぎは、パレスチナ、イラク、ユーゴ、アフガニスタン、再びイラク、

……殺戮は終わらない。これがポストコロニアリズム。

他者を知るということは自分を知るということ。

自分が殺戮者であることを知るということ。

他者の声を聴きとることによって。
沖縄人が基地に反対するのは被害者だからではない。
これ以上殺さないため、殺戮者でなくなるため。
「沖縄は悪魔の島だ」という他者の声は、「殺戮者になるな！」、という声。
この声を聴きとること。
すなわち応答すること。
それがわたしにとってのポストコロニアリズム。

日本人とポストコロニアリズム

沖縄人は「悪魔の島」をけっして望んでいない。

★1　本章は二〇〇二年一月二七日、東京大学（本郷）で行なわれた東アジア文史哲ネットワーク（ENCS）主催のシンポジウム「9・11以後の世界とポストコロニアリズム——アフガン～沖縄～東アジア、そして「私」たち」での配布レジュメを元にしている。

沖縄を「悪魔の島」にしている張本人は日本人だ。

わたしを殺戮者にすることでけっして自分の手を汚さないのが日本人だ。

民主主義とそれを保障する日本国憲法によって、わたしという沖縄人は、殺戮者にされている。

日本国憲法は差別を正当化している。

民主主義と日本国憲法は植民地主義とけっして矛盾しない。

それが日本人にとってのポストコロニアリズム。

2　他者への欲望

呼ばれてもいないのに他者のもとへ出かけていくということ

社会学者や人類学者は「他者を知ろう」「沖縄を知ろう」と言った。歴史学者は「事実確認を」と連呼した。政治学者は「紛争解決を」と、経済学者は「経済振興を」と。

彼／彼女らは、「それが地域研究だ」と言った。

そして、他者のもとへと喜々として出かけて行った。

だが、

「強姦の生存者は何度でも問われる、「それはどんな行為だったのか（強姦かどうかはこちらが判断する）」、強制連行され強姦された「従軍慰安婦」は問われる、「それはどんな行為だったのか（強姦だったかどうかはこちらが判断する）」、レズビアンは問われる、「それはどんな行為だったのか（それがセックスかどうかはこちらが判断する。でも最初に言っておこう、ペニスがないのにセックスだなどとは、あまりにも認めがたい）」、そうやって彼ら／彼女らは事実を抹消（抹殺）しようとする。」〔掛札、一九九七、一六九頁〕

他者の声を聴きとるということは、「こちらが判断する」ということではない。

他者を単なる情報として物質化することではない。

情報として「他者を知る」ということは、「支配するために知る」ということ。

植民者は呼ばれてもいないのに他者のもとへと出かけて行き、支配のために都合のよい「現地情報」だけを集めてきたし、同じことは今もつづいている。

それがポストコロニアリズム。

はたしてアフガニスタンから、イラクから、どんな「現地情報」をどんな目的のために集めるのだろうか（「生かすも殺すもこちらが判断する」）。

日本人は聴きとることができるか

日本人：「沖縄だーい好き！」

沖縄人：「そんなに沖縄が好きだったら基地ぐらい持って帰れるだろう。」

日本人：「……（権力的沈黙）」

沖縄人：「だったら基地を日本に持って帰るのが一番の連帯ですね。」

日本人：「沖縄と連帯しよう！」

日本人：「……（権力的沈黙）」

日本人：「沖縄人もわたしたちと同じ日本人です。」

沖縄人：「ならどうして沖縄人をスパイ呼ばわりして殺したんだ？　どうしてヒロヒトは沖縄をアメリカに売り渡したんだ？　どうして琉球王国を滅ぼしたんだ？　どうして琉球語を禁止したんだ？　どうして沖縄人にだけこんなにも基地を押しつけるのか？　どうして差別するんだ？」

日本人：「……（権力的沈黙）」

日本人：「（独白）。沈黙こそわが利益。聴かないことこそわが利益。応答しないことこそわが利益。植民地とはそういうもの。原住民の声なんて聴く必要はない！」

つまり、こういうこと。

「痛みを伝えるために発せられることばはいつも耳障りなので、耳をふさがれてしまう。」［掛札、一九九七、一六八頁］

日本人は、自分にとって都合の悪い現実に目と耳をふさぐことが可能な特権的な位置（positionality）にある。

沖縄人にそれは許されていない。

日本人は自分に都合の悪い現実を知らなければ知らないほど自分の利益になるという特権的な位置にある。

沖縄人が自分に都合の悪い現実から目を背けるならばますます自分で自分の首を絞めるだけ。

3　自作自演

「復興」という名の茶番劇

「アフガン復興会議」で目にした光景。

それは沖縄で、そして、おそらく植民地でよく目にする光景。

なぜ殺した側が殺された側から感謝されているのか。殺した側が、アルマーニを着た殺された側の「代表」から感謝されている。

つまり、「感謝」されるために殺したということ。

「復興」。「支援」。「振興策」。こういう自作自演の茶番劇を上演するためには殺しておかねばならないということ。

そのあと、植民者は被植民者に感謝を要求する（感謝しない不届き者は目障りだから殺す）。

すなわち、共犯化。殺された側を殺した側の共犯に仕立てる。

こうして、植民地主義的支配は完結する。

第1章　植民地主義は終わらない
——日本人という植民者

1　はじめに

「植民地主義は終わらない」。これがポストコロニアリズムのもっとも重要な意味であるが、日本人がいまだに植民地主義をやめていないことは、沖縄人への七五パーセントもの在日米軍基地負担の強要にあきらかにみてとれる。しかもこれは、日本国の民主主義によって正当化されており、民主主義は日本国憲法によって保障されている。その意味で、民主主義と日本国憲法は植民地主義とけっして矛盾しない。[★2]

「沖縄人にだけ米軍基地の負担を押しつけるのではなく全国民で平等に負担しよう」と真剣に主張し運動する日本人は皆無だ。[★3]それもそのはず。沖縄に米軍基地を集中させることは、沖縄人を犠牲にすることによって日本人が負担を逃れる方法であり、まぎれもなく日本人の利益となる。したがって両者の関係をあたかも自然現象のように「温度差」などと表現するのは日本人に都合のよいだけの大嘘だ。現実は正反対の利害関係であって、沖縄人はいつも犠牲で日本人はいつも利益を奪取しているのだから、植民地主義的関係にほかならない。日本人にとってこんなにおいしい話はないはずで、だから植民地主義はやめられない。そういうわけで保守派日本人は、沖縄人に対して正直に「我慢して基地を受けいれてくれ、なんなら金でもやろうか、困ってるんだろ」などと言う。なんともわかりやすい傲慢さ。

わかりにくいのは、「進歩的」とか「良心的」とかいう日本人。よく「すべての日本国民は平等でなければならない」と言う。だったら米軍基地だって平等に負担しなければならないはずではないのか？ よく「すべての在日米軍基地に反対だ、安保条約に反対だ」という声を耳にする。それを言っている間も沖縄人に基地を押しつけつづけて六〇年もたってしまったし、それはこれからもつづくだろう。これまで押しつけつづけてきた責任をどうとるのか？ そして未来永劫、我慢しろとでも言うのか？ それに日本人は安保に賛成反対に関係なく基地を負担しない特権を享受しているではないか？

よく「沖縄と連帯しよう」とも言う。基地を日本に持って帰ってみんなで平等に負担するのが一番の連帯じゃないかと応じたりすれば、「連帯の敵！」と決めつけられたりする。「沖縄と連帯しよう」と言っておきながらどうして沖縄人を敵よばわりできるのか？ そしてやはり、

★2 「日本国」と「日本」は同じではない。また、「日本」と「沖縄」も当然別であり、「日本」という概念は「沖縄」を含まない。そして、「日本」「沖縄」両者を含む場合は「日本国」という概念を使用すればよい。したがって、「日本本土」あるいは「本土」などという傲慢な表記は不要であり、まちがいである。同様に「沖縄本島」なる表記もまちがいであり、「沖縄島」が正しい。関広延はかつてこう述べた。「日本の文化の伝統は、日本という国家のうちに異文化が自分たちの文化と等しい価値をもち、権利を主張して生きる地域を認めないのである。日本語の内には、かつて自分たちを沖縄に対して〝内地〟と称したのだが、いまなお〝本土〟と僭称する以外、語彙はないのである」〔関、一九七六、一二一頁〕。しかしながら、「〝本土〟と僭称する以外」の語彙は確実に存在する。すなわち、「日本」があるではないか。この単純な現実にほとんどの日本人はいまだに気づきもしない。その結果、現状では、「本土」や「日本本土」という概念の使用を拒否し、あくまで「日本」を使用することは、自分たちの土地のみを「〝本土〟と僭称」してあやしまない日本人の傲慢と権力性を暴露し批判する行為ともなりうるのである。

「沖縄から日本への米軍基地移転に反対」ということばをよく耳にする。そういう反対こそが沖縄人に基地を押しつけつづける元凶ではないのか？

よく「沖縄大好き」という声を耳にする。そんなに沖縄が好きだったら米軍基地ぐらい日本に持って帰れるはずではないか？　それとも基地がある沖縄が大好きなのか？

以上は沖縄人のひとりとしての素朴な疑問であるが、まともに答えることのできた日本人に出会ったためしがない。それどころか、これらの疑問に聞く耳すらもたない日本人の方が圧倒的多数である。その一方で、沖縄人自身が「沖縄の痛みをよそに移すのは心苦しい」とでも言えば日本人に非常に喜ばれる。なぜなら、日本人にとってこれほど都合のよいことばはないからだ。

日本人は、右から左まですべて、在日米軍基地の負担を沖縄人に押しつけることによって得られる利益を共有しているのだ。この利益を守るためのもっとも悪質な植民地主義言説こそ、沖縄から日本への米軍基地移転に反対するものではないか。すでに沖縄に基地を集中させ安保も廃棄しない日本人の現状では、それは、今後も沖縄人に基地を押しつけつづけたいという宣言の域を出ない。

最低限の人権のひとつ。それは平等というものである。したがって「在日米軍基地の平等な負担」というのも最低限の人権要求にすぎない。日本人がこの最低限の人権すら実現できないとすれば、日本人の植民地主義も終わるはずがない[★4]。

★3　例外的なもののひとつは、［池澤、一九九八］。だが、池澤は、その後このような主張をしなくなったので、在日米軍基地を日本国民全体で平等に負担しようと主張し運動する日本人は皆無に逆戻りしたといえよう。それ以外の日本人をあげるとすれば、わたしが知っているのは、今は亡き関広延だけである。「日本政府が米軍基地を希望するとしても、沖縄のように住民地域が基地に取り囲まれ、実弾演習場と隣接しているようなところは、日本国内、どこにも例はないではないか。（このようにして、ぼくはこの事実にも、巨大な「現代の沖縄差別」を視ざるをえない。現代、差別と視て、はじめて差別となるのだ。）もしも日本政府が安保条約をのぞみ、米軍の駐留をのぞむのならば、それはそれでよい——では文明国内の軍事基地らしく、部落に実弾がとんでくるようなキャンプ・ハンセンなどはすぐ撤去して、ヤマトに持っていってもらおう。／いまのヤマトには、放棄された過疎の村も多い。原野もある。広大な千古斧鉞を知らぬ御料林（皇室所有の山林）であったような場所もある。そんな場所が国内にありながら、沖縄では住民の生命が流れ弾のまえに曝されているというのは、許せぬことじゃないか。［中略］／「県民の生命」の問題だ。この基地移転（沖縄からの撤去）の要求の通らぬかぎり、県政を挙げて反政府・不服従（の実力行使）に切り替えるよう、知事にせまるべきであろう。全県民挙げて（自民党の知事も）沖縄からの殺人基地の移転をのぞむとすれば、それは必ず実現するのである。ヤマトに土地はあるのだから」［関、一九八九、二七二―二七三頁］。

2　ポストコロニアリズムと日本人という植民者

エドワード・サイードによれば、植民地化とは帝国主義の帰結であり、個別具体的な土地の住民に対して帝国主義が実践される場合のことを、特に植民地主義という。両者の関係を、サイードは以下のように説明する。

「帝国主義」という言葉は、遠隔の領土を支配するところの宗主国中枢における実践と理論、またそれがかかえるさまざまな姿勢を意味している。いっぽう「植民地主義」というのは、ほとんどいつも帝国主義の帰結であり、遠隔の地に居住区を定着させることである。マイケル・ドイルはこう述べる――「帝国とは、ある国家が別の政治的社会の実質的な政治主権を牛耳るような、公式あるいは非公式の関係のことである。それは強制、政治的協力、経済的・社会的・文化的依存によって達成されうる。帝国主義とは、帝国を確立し、維持する過程あるいは政策にすぎない」。わたしたちの時代において、あからさまな植民地主義はおおむね終わりを告げている。いっぽう帝国主義は、これからみてゆくように、それがこれまであったところに、特定の政治的・イデオロギー的・経済的・社会的慣習実践のみならず文化一般にかかわる領域に、消えずにとどまっている。／帝国主義も植民地主義も、単なる蓄積行為でもなければ獲得行為でもない。帝国主義と植民地主義、両者はともに支えあい、そして、両者は、堅固なイデオロギー編成――このなかには、ある種の領土ならびに民族は、支配されることを求め懇願しているという考え方もふくまれる――のみならず、支配そのものと結託した知の形式によっても推進される。〔Said, 1993a ＝ 一九九八、四〇―四一頁〕

サイードのこの議論において注意すべきは、「あからさまな植民地主義はおおむね終わりを告げている」からといって、植民地主義そのものが終わったわけではけっしてないということである。帝国主義が「消えずにとどまっている」以上、「帝国主義の帰結」としての植民地主義もまた「消えずにとどまっている」のであり、「両者はともに支えあい」つづけているのである。つまり、植民地主義は、単に「あからさま」でなくなっただけなのだ。

植民地主義が「あからさま」でなくなったのは、世界中で植民地が独立を達成し、公式には、植民地が世界地図から消滅したからである。だが、植民地の独立がそのまま植民地主義の終焉を意味するわけではない。植民地主義とは、地理的・空間的な概念でもなければ、過去のある時点を示す歴史的・時間的な概念でもないのであり、植民地が独立した一方で、植民地主義の

★4　本節の初出は、〔野村、二〇〇二b〕。ただし、字句や表現を少々修正した。

方は相変わらず「消えずにとどまっている」のである。このような現実から導きだされた概念こそ「ポストコロニアリズム」にほかならない。鵜飼哲は、この概念について以下のように説明する。

たとえばポスト構造主義、ポストモダンという言葉とポストコロニアリズムとでは、「ポスト」という接頭辞の意味がまったくちがう。ポスト構造主義やポストモダンの場合は、少なくとも第一義的には、構造主義は終わった、モダンは終わったということを意味する。それに対し、ポストコロニアリズムの「ポスト」は、コロニアリズムが終わったという意味ではない。コロニアリズムは終わらない、終わることができない、終わらざるコロニアリズムと言っていいような現象、一般の意識においては過去とみなされていながら現代のわれわれの社会性や意識を深く規定している構造、それとどう向き合っていくべきかという問題提起が、この接頭辞には含まれている。〔鵜飼、一九九八、四二頁〕

植民地主義は終わらない。なぜなら、植民者が彼／彼女ら自身の植民地主義をけっしてやめようとしないからである。そもそも植民地主義とは、植民地宗主国において、植民者が存在してはじめて生みだされ、実践されてきたのであり、その起源と原因は植民者にある。その意味で、まずもって植民者がみずからの植民地主義を終焉させないかぎり、植民地主義は終わるはずがないし、終わりようがない。ポストコロニアリズムの「ポスト」という接頭辞は、植民者がいまだに植民地主義をやめていない現実、すなわち、植民地主義があくまで現在の問題にほかならないことを強調しているのだ。

したがって、ポストコロニアリズム研究とは、第一に、植民者を問題化する学問的実践である。そして、それを日本国の文脈で言い直せば、日本人という植民者を問題化し、いまもつづく植民地主義という日本人の政治性を徹底的に暴露し、その権力的な作動のメカニズムを分析・解明し、もって植民地主義の終焉を構想する学問的実践である。ポストコロニアリズムの議論において、日本人は、自分自身が問題化されることを免除される特権、すなわち、中立や客観性という安全な位置に身を置くことはできない。フランツ・ファノンが「私は客観的であろうとは望まなかった。その上、それは間違っている」[Fanon, 1952 = 一九九八、一〇九頁]と看破したように、学問があらかじめ中立や客観性を措定すること自体、植民地主義を行為遂行的に構成する要素にほかならないのである。つまり、「現状で中立の名のもとでなされていることとは、社会で権力がある側の力を維持することを支えているのが実態[★5]」なのだ。その意味で、中立や客観性を標榜する学問が実は植民地主義の実践と不可分であったという根本的な批判が、サイードの『オリエンタリズム』を嚆矢として、旧植民地出身の研究者を中心に数多く展開されてきたのは必然だったのだ。

日本人の植民地主義の起源・原因は日本人自身にあり、日本人の手によって分析・批判・解体しないかぎり、その根本的な終焉はありえない。しかも、この作業は、被植民者が植民者のかわりにやってあげられるものではけっしてないし、そもそもそれはできない相談なのだ。なぜなら、被植民者は植民地主義の原因でもなんでもないからである。原因を除去しないかぎり植民地主義の最終的な解決は不可能であり、植民地主義の原因は、日本人にこそある。したがって、植民地主義を解決する責任は、まずもって、その原因としての日本人にあるのだ。日本人がみずからの植民地主義をやめることによって植民地主義の原因を除去しないかぎり、植民地主義の根本的な終焉もありえない。日本人という植民者が植民地主義をやめることによって植民者であることに終止符を打たないかぎり、植民地主義もなくならない。しかも、植民者でなくなるという行為は、日本人という植民者にしかできない行為なのである。

日本人が日本人を問うこと、自身を含む日本人の植民地主義を批判・解体することは、被植民者との連帯を構築する行為でもある。なぜなら、植民者がみずからの植民地主義を解体・終焉させることは、植民者が自分自身を植民地主義から解放して尊厳を回復する行為であると同時に、被植民者が植民地主義から解放され尊厳を回復することへと確実につながっていくからである。

一方、呪文のように「連帯！」を連呼するだけではけっして連帯は築けないし、むしろそれは日本人の植民地主義を隠蔽する行為にしかならない。また、もしも日本人を問わない研究がポストコロニアリズム研究を自称するならば、おそらくそれは、「良心」の仮面で偽装したより巧妙な植民地主義であろう。日本人を問わないということは、植民地主義の原因を問わないということであり、したがって、いつまでたっても植民地主義の終焉は展望できない。さらに、植民地主義をみずから積極的に終焉させようとしないのであれば、日本人は、良心的であろうがなかろうが、どのみち植民者のままでしかない。よって、もしも日本人を問わない研究がポストコロニアリズム研究を自称するならば、有害かつ悪質以外の何ものでもないのである。★6

★5　[鈴木・麻鳥、二〇〇三、五九頁（『ドメスティック・バイオレンス』）]。このようなタイトルの文献からの引用を唐突に感じる読者もいるだろう。だが、わたしが考えるに、ドメスティック・バイオレンスは、植民地主義と類似の構造を有する問題である。このことは、暴力の加害者＝植民者／暴力の被害者＝被植民者という類比で考えるとわかりやすくなるであろう。ただし、配偶者やパートナーの選択に関しては、選択をまちがう可能性があるとはいえ、選択の自由の余地がある。ところが、子どもの被害者と被植民者の場合、そもそも相手を選択する自由などない。どちらも有無を言わさず一方的に暴力のターゲットにされた存在なのである。

3　民主主義的植民地主義

日本国政府や日本人が沖縄を公式に植民地と規定したことは、これまで一度もない。一般通念では、沖縄が公式の植民地でない以上、植民地主義も存在しないとされがちである。だが、前述したように、実際には、植民地と規定せずとも植民地主義は実践可能であり、植民地主義は植民地が存在せずとも機能しうるのだ。この点からすれば、現状においては、沖縄を植民地と規定しないことは、むしろ植民地主義を隠蔽する方法といっても過言ではない。

けっして沖縄人が望んだものではないにもかかわらず、いまだに七五パーセントもの在日米軍基地専用施設が沖縄人に押しつけられている。沖縄人の意志は、六〇年間、暴力的に踏みにじられてきたのだ。沖縄人は、自分の運命を自分で決定する権利を奪われつづけているのであり、生命の安全をはじめ基本的人権を侵害されつづけている。これこそ植民地主義の存在を証明するに十分な現実にほかならない。

沖縄人も現在では日本国という民主主義国家の正式な国民である。日本国民の一員として、もちろん選挙権も認められている。そして、通念的には、民主主義である以上、植民地主義は存在しないとみなされがちである。しかしながら、民主主義に関するこの通念もまた、植民地主義の存在を隠蔽するものでしかない。すなわち、民主主義と植民地主義はけっして矛盾しないのだ。

　日本人が沖縄人に米軍基地を強制しつづけて六〇年。日本人は、沖縄人への基地の強制を、選挙という民主主義の手続きを通して実現してきた。沖縄人への基地の押しつけは、日本人の民主主義によって達成され、その民主主義は日本国憲法という最高法規によって正当化されているのだ。つまり、日本人の民主主義は、最初から今日まで、多数者の独裁に堕落しつづけてきたのである。沖縄人は日本国民人口の約一パーセントでしかなく、国会議員も最高で一〇人しか出したことのない圧倒的少数派である。多数決原理が採用されている以上、沖縄人の意志が踏みにじられるのは最初からあきらかなのだ。[★7] したがって、民主主義と植民地主義とはけっして矛盾しないのである。植民地主義はその内部に民主主義を含んでいる。現代の植民地主義は民主的植民地主義なのだ。

　在日米軍基地が存在する根拠は日米安保条約にあるが、安保条約のどこにも沖縄に基地を置かねばならないとは書かれていない。日本国領土内ならどこでもよいのであって、本来、在日米軍基地は日本国民全体で平等に負担しなければならないはずのものである。したがって、沖縄人に七五パーセントもの在日米軍基地を押しつけ、沖縄人を犠牲にすることによって、日本

★6　本節には以下の論考で議論したことが多く含まれている［野村、二〇〇二a］。

★7　民主主義については、［加藤、一九九九］参照。

人はひとり残らず利益を享受しているのだ。その利益とは、米軍基地の負担から逃れるという利益なのである。

また、沖縄の地政学的重要性[★8]を根拠に基地の押しつけを正当化しようとする議論があるが、安保条約であろうが地政学であろうが、日本人の有する民主主義によって確実に拒否できるのだ。したがって、それを実行しないのは日本人の政治的意志にほかならない。すなわち、安保を成立させている以上、平等に在日米軍基地を負担するか、沖縄人のみに負担を集中させて差別するかどうかは、日本人の責任と選択の問題以外の何ものでもないのであって、合州国や国際情勢に責任転嫁できる問題では断じてない。そして、日本人は、民主主義によって、沖縄人を差別することを選択してきたのである。

日本国領土全体のわずか〇・六パーセント、日本国民人口の一パーセントにすぎない沖縄に、在日米軍基地専用施設面積の七五パーセントが押しつけられているということは、圧倒的な不平等であり、差別であるのはあきらかだ。しかも、沖縄人の意志を暴力的に踏みにじることによって成立しているこの基地負担の強要は、ひとりひとりの日本人が民主主義によって主体的に選択したものにほかならない。したがって、この日本人の行為は、民主主義的な植民地主義の実践としかいいようのないものなのである。

ところで、日本国敗戦後の一九四七年に、ダグラス・マッカーサーは、琉球諸島の日本国からの分離と、合州国による軍事植民地化という暴力を正当化する文脈で、「沖縄人は日本人ではない」と断言した。マッカーサーが、日本人の沖縄人に対する暴力と差別の歴史をふまえていたのはあきらかだ。そして、「沖縄諸島は、われわれの天然の国境である。米国が沖縄を保有することにつき日本人に反対があるとは思えない。なぜなら沖縄人は日本人ではなく、また日本人は戦争を放棄したからである。沖縄に米国の空軍を置くことは日本にとって重大な意義があり、あきらかに日本の安全に対する保障となろう」という彼の発言は、沖縄を暴力によって軍事基地化することが、日本国を非武装化し、「平和憲法」と民主主義を日本人に与えるための不可欠の担保であったことを示している［中野・新崎、一九七六、一四―一六頁］。つまり、多くの日本人が熱狂的に歓迎した「平和憲法」と民主主義は、そもそも沖縄人という犠牲を差しだすことによって与えられたのだ。

★8　地政学的な戦略的重要性を論ずることによって沖縄への基地の集中を正当化する論理は、ほぼ完璧に論破されているといってよいだろう。また、合州国政府高官も、沖縄から日本への米軍基地移転が可能なことを再三述べている。これらについては、［沖縄県編、一九九六：我部、二〇〇〇：大田、一九九〇：新崎、一九九六］等に詳しい。さらに、日本人が地政学的論理を動員して沖縄人への基地の押しつけを正当化しようとする行為の欺瞞性については、わたし自身も論じたことがある［新垣・野村、二〇〇二］。

「米国が沖縄を保有することにつき日本人に反対があるとは思えない」というマッカーサーの予言は、みごとに適中した。実際、日本人の反対はほぼ皆無だったからである。しかも、昭和天皇裕仁からして「米国が沖縄を保有すること」を積極的に希望したほどなのだ。一九四七年にいわゆる「天皇メッセージ」として昭和天皇がマッカーサーに伝えた内容は、「天皇は、アメリカが沖縄を始め琉球の他の諸島を軍事占領し続けることを希望している。天皇の意見によるとその占領は、アメリカの利益になるし、日本を守ることにもなる」と主張するものであった〔進藤、二〇〇二、六六頁〕。この「日本を守る」という場合の日本に沖縄が含まれていないのは明白であり、琉球諸島の日本国からの分離と軍事植民地化は昭和天皇の意志でもあったのだ。すなわち、マッカーサーと同じく、昭和天皇にとってもまた、「沖縄人は日本人ではない」ということが自明だったのである。

こうして、日本人は、日本国の独立とセットで琉球諸島の日本国からの分離を規定したサンフランシスコ平和条約(対日講和条約)を大歓迎するにいたった。日本人は、「平和憲法」と民主主義を与えられたことに狂喜乱舞しつつ、そのための犠牲として沖縄人を差しだすことをまったく躊躇しなかったのだ。つまり、昭和天皇と同じく、ほとんどの日本人にとって、「沖縄人は日本人ではない」ということが自明だったのである。そして、日本人は、サンフランシスコ平和条約を、沖縄人の反対を完全に無視して、選挙という新たに与えられた民主主義的手続きによって明確に承認した。換言すれば、日本人は、民主主義を通して、「沖縄人は日本人ではない」と宣言したのであり、事実上、沖縄の軍事基地化および軍事植民地化に積極的に賛成したのである。一方、当時の琉球諸島住民は当該選挙への参加すら許されなかったばかりか、民主主義はおろか基本的人権さえ保障されていなかったのだ。

講和条約が発効した一九五二年四月二八日を日本人が大々的に祝賀した一方で、沖縄人はこの同じ日を「屈辱の日」と記憶せざるをえなかった。日本人が独立国の国民になるのと引き換えに、沖縄人は日本人の民主主義によって事実上日本国民の位置から追放されたのであり、日本人は、暴力による沖縄の軍事植民地化を祝賀したのも同然なのである。その結果、敗戦後の日本人が、「平和憲法」と民主主義に守られながら、平和を唱え、核兵器廃絶を自由に叫んできた一方で、沖縄人は、「唯一の被爆国」を核の傘で守るための犠牲を強要されることとなったのである。

4　基地の押しつけという植民地主義

在日米軍基地が存在する根拠は、日本人が民主主義によって承認を決定した日米安保条約にある。いったん決定したことには、賛成したか反対したかにかかわらず、全員が拘束されるというのが民主主義の基本原則であり、本来、安保の負担はあくまで日本国民全体で平等に担うのが原則である。すなわち、民主主義によって安保を承認した以上、在日米軍基地は日本国民全体で平等に負担しなければならない。したがって、いかに安保に反対であろうとも、在日米軍基地の負担を免れる根拠にはまったくならないのである。

ただし、民主主義はリターンマッチを保障する政治制度であり、いったん決定したことは変更不能というわけではない。民主主義は、一度決定したことでも変更することが可能な政治制度であり、変更されるまでの間は、賛成派も反対派も同等にその決定に拘束されることを原則とする。つまり、いったん安保の成立が決定されれば、賛成派も反対派も同等に安保を負担するのが原則であり、在日米軍基地もいったんは日本国民全員で平等に負担しなければならない。平等に負担したうえで、本当に安保が必要かどうかを国民全体で吟味し、不必要と判断すれば、その時点で決定を変更すればよいのである。

ところが、安保に賛成反対に関係なく、七五パーセントもの在日米軍基地を沖縄人に押しつけることによって、すべての日本人が基地の平等な負担から逃れている。平等が原則である以上、基地の平等な負担から逃れるのは不当である。その点、日本人であるかぎり、安保賛成派も反対派も無関心派も完全に利害が一致している。つまり、すべての日本人が、在日米軍基地を沖縄人に過剰に押しつけることによって、基地の平等な負担から逃れるという不当な利益を奪取しつづけてきたのである。換言すれば、日本人は、民主主義によって、沖縄人に差別を行使し、沖縄人を犠牲にして不当に利益を搾取してきたのだ。そして、差別も搾取も、植民地主義に特徴的な現実にほかならない。

　日本人の民主主義は、沖縄人に安保の負担を過剰に強要する政権ばかりを選択する結果となってきた。このことは、安保賛成派や政権支持派のみに利益をもたらしたのではない。安保に反対する日本人にも、政権を支持しない日本人にも、等しく利益をもたらしてきたのだ。つまり、安保に賛成反対に関係なく、また、政権党に投票するかしないかに関係なく、すべての日本人が、安保の負担から逃れ、在日米軍基地の平等な負担から逃れるという不当な利益を政権党のおかげで享受してきたのである。その点、安保や政権党に反対の日本人も、安保賛成派や政権支持派の日本人と同罪である。

　これは、「安保に賛成したおぼえはない」とか「沖縄人に基地を押しつけたつもりはない」などという心情倫理で免罪してよい問題では断じてない。政治的な問題は、徹頭徹尾、責任倫理にもとづいて判断しなければならないのだ［Weber, 1917＝一九八〇］。すなわち、その結果責任において、日本人はひとり残らず安保に賛成したのも同然なのである。なぜなら、日本人の民主主義によって安保は成立しているからであり、安保賛成派のみならず反対派も安保成立を許した結果責任を負っているからである。

　安保の成立は、安保に賛成する諸政党を政権に選択する民主主義によって達成されてきた。同時に、その政権は、沖縄人に過剰に基地を押しつける政権でありつづけたのであり、すべての日本人がそのような政権の成立を許した結果責任を負っている。責任倫理にもとづいて判断すれば、「政権党に投票したことがない」からといって、その政権の成立を許した結果責任は一切免除されない。野党や野党の支持者も政権の成立を許した責任から逃れられない。したがって、「政権党に投票したことがないから、わたしは沖縄人に基地を押しつけていない」など日本人が言うとすれば、あまりに無責任で幼稚で愚鈍である。日本人は、ひとり残らず、沖縄人に過剰に在日米軍基地を押しつけた責任を負っている。その結果、日本人は、ひとり残らず、基地の平等な負担から逃れるという不当な利益を沖縄人から搾取することが可能になっているのだ。

この現実に関しては、日本人であるかぎり例外は存在しない。日本で米軍基地が存在する地域の日本人にしても、沖縄人に七五パーセントも押しつけているからこそ、沖縄人とは比べものにならないくらい軽度の負担ですんでいるのだ。[★9] これは、けっして平等な負担とはいえないし、在日米軍基地の平等な負担から逃れていることに変わりはなく、不当に利益を搾取しているといわざるをえない。したがって、日本人である以上、例外なく、沖縄人を搾取しているといってまちがいない。そしてもちろん、日本人の住む日本の多くの地域では米軍基地が皆無である。なぜなら、沖縄人に七五パーセントも押しつけて植民地主義的に搾取しているからであり、米軍基地が存在しないということ自体がまぎれもない不当な利益なのである。沖縄人から搾取したこれまでの不当な利益の蓄積は、日本人が仮に沖縄の基地の近所に引っ越したとしても、けっして帳消しにできるものではない。

★9
沖縄から日本への米軍基地移転の話が出るたびに、すでに米軍基地の存在する日本の自治体から「これ以上の負担は受けいれられない」といった反応がある。いかに沖縄人と比べて圧倒的に軽度の負担とはいえ、彼／彼女らが基地を負担しているのは事実だ。とはいえ、日本人が基地を引き取らなければ、沖縄人への七五パーセントもの米軍基地の押しつけはけっして改善できないし、日本人が「これ以上の負担は受けいれられない」とだけ主張して終わりでは、これまでと同じで沖縄人に過剰に基地を押しつけつづける結果にしかならない。したがって、米軍基地を負担している自治体の日本人が本当に「これ以上の負担は受けいれられない」というのであれば、彼／彼女らは、まずは在日米軍基地負担率ゼロパーセントの府県への基地移転を提起するなりして、負担の平等に向けて行動すべきであろう。ちなみに、在日米軍の基地および関連施設は二八都道県にある。詳しくは、［沖縄県総務部知事公室基地対策室編集発行、二〇〇四：林・松尾編、二〇〇二a、二〇〇二b、二〇〇二c、二〇〇二d］参照。

さて、日本国政府が日米安保条約を廃棄する気配はまったくない。なぜなら、日本人の大多数が安保存続を望んでいるからだ。つまり、大多数の日本人は、今後も日本国内に米軍基地を置くことを望んでいるのである。また、合州国が安保を廃棄する気配もない。それは、今後も日本国内に米軍基地を置きたいという意志のあらわれであり、日本国外へ基地を大々的に撤去する意志のないことを示している。このように、日本国内への基地の設置という点で、大多数の日本人と合州国の意志は統一されている。そして、安保条約のどこにも米軍基地は沖縄に置かねばならないとは書いていないし、日本国内ならどこでもよい。このような現状で日本人が実質的にとりうる選択肢は、在日米軍基地を日本国民全体で平等に負担するのか、それとも、今後も沖縄人にだけ負担を集中させて差別するのか、という二者択一しか存在しない。したがって、平等を実現するためには、即刻、沖縄から日本に米軍基地を移転しなければならない。

安保を成立させている現状では、合州国にその意志がないかぎり、米軍基地の日本国外への撤去は不可能だ。日本国政府が、沖縄から日本国外に基地を撤去させるよう合州国と交渉することは可能だが、相当な時間を要する交渉となるだろうし、基地撤去が実現する保証もない。★10 そして、忘れてはならないのは、交渉の間も、これまで通り、日本人が沖縄人に基地を押しつけて差別しつづけることに変わりはないということなのだ。いいかえれば、日本人は、どのみち、沖縄人との平等の実現を先延ばしにし、当分の間、植民地主義的に搾取しつづけるのだ。このことがあらかじめ予測できるうえに、基地の国外撤去が実現する保証もない。したがって、

「基地の国外撤去まで我慢しろ」などと沖縄人に強制する資格は日本人にはないはずだ。一方、沖縄から日本への米軍基地移転を日本国政府が積極的に提起した場合、それに反対する正当な根拠を合州国はもたない。なぜなら、安保条約のどこにも基地は沖縄に置かねばならないとは書いてないからだ。

沖縄人との平等の実現は日本人の義務であり、平等は即刻実現しなければならない。なぜなら、沖縄人も日本国民の正式な一員にほかならないからである。安保を成立させている現状において、安保の平等な負担を実現する方法は、厳密にいえば、沖縄から日本への米軍基地移転

★10　二〇〇四年、日本国首相小泉純一郎は、沖縄にある米軍基地の日本への移転と日本国外への移転を日本国民に提起した。したがって、首相は基地移転を確実に実現させることによって自身が提起した政治課題を解決する責任を絶対にはたさなければならない。また、基地移転が実現してはじめて責任をはたしたことになるということも忘れてはならない。しかしながら、少々の移転では責任をはたしたことにはまったくならない。重要なのは、あくまで、在日米軍基地の日本国民全体での平等な負担を実現することなのである。負担の平等が達成されるまで、沖縄から日本に基地を移転させつづけなければならない。

以外に存在しない。もちろん、一九七二年以降は沖縄人も日本国民の一員として安保成立に対する結果責任を負っているのは否定できないが、それならなおさらのこと、沖縄人も安保の負担を、語の厳密な意味で、平等に担ってしかるべきなのだ。すなわち、沖縄人が安保の負担を平等に分担するためには、現在の七五パーセントという在日米軍基地の過大な負担率を、一パーセントなり、〇・六パーセントなり、四七分の一なりに大幅に軽減しなければならない。日本国民全体の人口比でいえば、沖縄人は一パーセントを負担すればよい。都道府県面積の比率でいえば〇・六パーセントの負担でよい。四七都道府県のひとつとしての負担であれば四七分の一でよい。

安保を成立させている現状を維持したまま、安保の負担の平等を実現する確実な方法は、沖縄から日本への米軍基地移転以外にない。ただし、右に示した数字とて、これまでのきわめて過重な沖縄人の負担を考慮すれば、最悪の部類に属する負担率かもしれない。

このように、沖縄から日本への米軍基地移転とは、単に平等の実現を意味しているにすぎないのである。平等の実現は、沖縄人のみならず、全人類にとっての基本的人権にほかならない。したがって、沖縄人が日本人に米軍基地の平等な負担を求めるのは当然の権利なのだ。にもかかわらず、日本人は、いまだに、沖縄人の当然の権利を踏みにじって平気である。日本人が沖縄人に七五パーセントもの在日米軍基地を押しつけて植民地主義的に搾取できるのは、そもそも沖縄人との平等を拒否しているからなのだ。

5　無意識の植民地主義

日本国内に米軍基地が存在する根拠は日米安保条約にあるが、日本人が安保を廃棄する気配はまったくない。したがって、前述したように、大多数の日本人は、事実上、日本国内に米軍基地を置くことを望んでいるのだ。また、合州国にも日本国外に米軍基地を大々的に撤去する意志はない。このような状況において日本人が安保を成立させているということは、いったい何を意味するのか。すなわち、そもそも日本人自身が在日米軍基地の日本国外への撤去を実質的に否定しているのである。

同時に、安保を成立させている日本人は、すでに、ひとり残らず、安保の平等な負担から逃れている。日本人が、米軍基地の国外撤去をみずから否定すると同時に安保の平等な負担から逃れようとすれば、日本国内で負担を肩代わりさせる存在が不可欠となるのは当然だ。その帰結が、沖縄人への過剰な基地の押しつけなのである。くり返すが、安保を成立させている現状では、安保を日本国民全体で平等に負担するか、これまで通り沖縄人に負担を押しつけて差別しつづけるか、という二者択一の選択肢しか存在しない。日本人は、これからも、民主主義によって沖縄人を差別し、植民地主義的に不当に利益を搾取しつづけていくのだろうか。

本来、安保を成立させた日本人が安保の負担から逃れるのは自己矛盾である。なぜなら、安保を成立させた結果責任において、安保を負担する責任が必然的に発生するからだ。ところが、日本人は、安保の負担から不当に逃れているのだ。それを可能にしているのが、安保を負担する責任を沖縄人に転嫁し、在日米軍基地を押しつけることなのである。また、すでに安保の負担から逃れているがゆえに、日本人は、安保を他人事として感覚することが可能となっている。しかも、安保が他人事であるかぎり、自己の責任として安保を真剣に考える可能性も失われつづける。その結果、在日米軍基地はそのまま沖縄人に押しつけられつづけることとなるのだ。

ほとんどの日本人は、安保を成立させた自己の責任を自覚していないし、沖縄人に在日米軍基地を押しつけていることを意識していない。いいかえれば、安保の当事者であるという意識はほとんどない。なぜなら、安保の負担から逃れることによって、安保の当事者である現実から逃避しているからだ。つまり、安保を負担しないことが、安保の当事者責任の忘却を可能にしているのである。逆にいえば、安保の当事者としての責任をきちんと引き受け、安保の応分の負担として沖縄から日本に米軍基地を移転しないかぎり、日本人は、安保が本当に必要かどうか真剣に検討・吟味することもないであろう。

安保を成立させている当事者としての自覚がないという自己欺瞞は、日本人にさらなる自己欺瞞を可能にさせる。もしも安保の当事者でないとすれば、安保を負担する責任はないし、安保の負担を他者に押しつけることも不可能だということになるからだ。このような意識過程を通して、自分こそが沖縄人に安保の負担を過剰に押しつけている張本人だということを、ほとんどの日本人が忘却できたのだといえよう。いいかえれば、無意識的に沖縄人に基地を押しつけ、無意識のうちに沖縄人を犠牲にすることによって、無意識のうちに沖縄人から利益を搾取することが可能になったのだ。すなわち、ほとんどの日本人は、みずからの植民地主義に無意識なのである。

したがって、「安保や基地に反対だから在日米軍基地の負担も拒否する」などと日本人が主張できるとすれば、自分自身の植民地主義に無意識だからである。日本人がそのように主張することは、自己矛盾であるうえに自己欺瞞である。なぜなら、「安保や基地に反対」という主張をすでに日本人自身が裏切っているからであり、そう主張する日本人は偽善者でしかないからだ。つまり、安保の成立を許し、すでに沖縄人に基地を押しつけている結果責任において、「安保や基地に反対」する日本人も賛成した日本人と同罪だからである。さらに、安保を成立させている以上、日本人が基地の負担を拒否することは、その分だれかにしわよせすることを意味する。つまり、日本人が基地の負担を拒否することは、沖縄人に過剰に負担を押しつけることで成り立っているのだ。したがって、現状を放置したままでは、日本人がどんなに安保や基地への反対を言っても偽善にしかならない。

同様に、「安保に反対だから基地を押しつけていない」とか「すべての在日米軍基地に反対だから沖縄人と連帯している」などと言う日本人は、嘘をついている。しかしながら、自分自身の植民地主義に無意識な日本人は、自分が嘘をついていることにも気づかない。すでに述べたように、安保や在日米軍基地への賛成反対に関係なく、すべての日本人が沖縄人に基地を押しつけることによって不当にも安保の平等な負担から逃れているのだ。また、日本の多くの地域で在日米軍基地が皆無であり、日本人が基地を平等に負担していないこと自体、沖縄人と連帯していない証拠である。連帯とは、あくまで結果であって、呪文ではないのだ。まずは日本人が安保の当事者としての結果責任をはたそうとしないかぎり、連帯の可能性もありえない。日本人が安保の負担をきちんと引き受け、沖縄から日本に基地を移転させることこそが一番の連帯である。

ところで、日米安保条約の廃棄は在日米軍基地を撤去する確実な方法である。したがって、安保廃棄を主張する日本人は一見良心的である。だが、日本人全体に安保を廃棄する気配がまったくない以上、一部の日本人がどんなに安保廃棄を主張したとしても沖縄人に基地を押しつけつづける結果にしかならないし、これまでもずっとそうであった。安保廃棄を主張する日本人は、その主張によって沖縄人と連帯しているかのように振る舞ってきたが、安保を廃棄できなかったがゆえに沖縄から基地をなくすこともできなかった。つまり、沖縄から基地がなくなることはなかったのだから、安保廃棄を主張する日本人もまた、沖縄人に基地を押しつけて植民地主義的に搾取することによって、基地の平等な負担から逃れつづけてきたのである。彼／彼女らは、安保廃棄という良心的な主張にみずから酔いしれることによって、みずからの植民地主義に無意識となることができたのではなかろうか。安保廃棄を主張する日本人の多くはいまだに沖縄人と連帯しているつもりでいるが、まずは安保を廃棄できなかったおとしまえをきっちりつけるべきではないのか。これまでの過去の現実が証明している通り、ただ単に安保廃棄を主張するだけでは、今後もずっと沖縄人に基地を押しつけるつもりだと宣言するに等しいのだから。

さて、日本人の多くは、自分という日本人こそが沖縄人に基地を押しつけている張本人だということをまったく自覚していないし、積極的に自覚しようともしていない。つまり、くり返しになるが、無意識的に基地を押しつけ、無意識のうちに沖縄人を犠牲にすることによって、無意識のうちに、基地の負担から逃れるという利益を沖縄人から搾取しているのだ。すなわち、日本人の多くは、みずからの植民地主義に無意識なのである。そして、このことを意識しないのは、沖縄人に基地を押しつけて差別するのがあまりにも当たり前だからである。沖縄人への搾取は意識することもないほど自明の行為であって、沖縄人の犠牲もあくまで他人事でしかなく、痛くもかゆくもないのだ。

そんな日本人ほど、沖縄人から奪いとった利益がほんの少し脅かされただけで大騒ぎする。実際、米軍基地の日本への移転の話がわずかでも出れば、途端に「基地はいらない！」だの「基地を押しつけるな！」だの「基地は屈辱だ！」だのと騒々しくわめきたてるではないか。日本人にいらないものは、そもそも沖縄人にだっていらないということがまったく理解できないいらしい。日本人にいらないものは、日本人自身が責任をもって処理しなければならないのであって、沖縄人に押しつけてよい道理はどこにもない。また、そもそも基地を押しつけているのは日本人の方であり、日本人は、基地を押しつけることによって沖縄人の正当な権利を奪っているのだ。マルコムXがいうように、「本来自分のものであるものを求めようとする時、いつもそれを持つ権利をあなた方から奪いとろうとする者は犯罪者である」[Malcolm X, 1965b = 一九九三、四二頁]。

したがって、日本への基地移転は、けっして日本人に基地を押しつけるものではありえないし、単に平等を実現する方法にすぎない。ところが、多くの日本人にとって、沖縄人から奪うことの方こそが当たり前の行為なのだ。しかも、奪いとったものは、それがどんなに不正であっても、頑として返したくないらしい。この場合、日本人が「屈辱」を感じるとすれば、不当な利益を返還しなければならないことに対して屈辱を感じているのである。いいかえれば、逆ギレである。日本人がこのように逆ギレするのは、不正が正常な常識と化した倒錯の世界に生きているからである。

七五パーセントもの在日米軍基地を強制することによって、日本人は沖縄人に屈辱を与えている。一方、沖縄から日本への基地移転は、けっして日本人に屈辱を与えるものではなく、むしろまったく逆である。なぜなら、それは単に平等を実現することでしかないからであり、沖縄人に圧倒的な不平等という屈辱を与えている日本人が、その行為を積極的に終焉させることを意味するからである。つまり、沖縄から日本への米軍基地の移転とは、日本人がみずからの植民地主義をみずからの手で自主的に廃棄する方法のひとつなのであり、日本人の名誉を挽回し、尊厳を回復する行為にほかならない。それを屈辱と感じるとすれば、他者との平等な関係というものを知らないからであり、他者を支配することしか知らないからであり、差別や搾取を通じてしか他者と関係できないからである。そして、残念ながら、差別や搾取が沖縄人と関係する場合の基本となっている日本人は、いまだに少ない数ではない。しかも、多くの日本人は、このような自分自身をまったく意識していないのである。

6　ポジショナリティ

植民地化された世界は、二つにたちきられた世界だ。その分割線、国境は、兵営と駐在所によって示される。［Fanon, 1961 = 一九九六、三八頁］

植民地世界はマニ教的善悪二元論の世界である。［Fanon, 1961 = 一九九六、四一頁］

（フランツ・ファノン）

わたしはたしかにアメリカ人ではない。ちがうのだ。わたしは、アメリカニズムの犠牲者たる二千二百万人の黒人の中の一人である。偽善以外のなにものでもないこの民主主義の犠牲者たる二千二百万人の黒人の中の一人である。[Malcolm X, 1965b = 一九九三、三三二頁]

いま、私か気づいているのは、相手が白人だから射つよりも、相手の白人の犯した行為の故に彼を射つ方が、より訴える力があるということなのだ。白人であるとの理由だけで攻撃したところではじまらない。彼が白人であることをやめさせられるわけではない。われわれは白人にチャンスを与えなければいけない。おそらく、奴はそのチャンスをつかもうとしないだろう。陰けんな奴だから。だが、われわれは彼にチャンスを与えるのだ。[Malcolm X, 1965b = 一九九三、二三六頁]

（マルコムX）

日本人とは、米軍基地という「分割線、国境」を沖縄人に押しつけている張本人にほかならない。日本人は、フランツ・ファノンのいう「植民地化された世界」と同様の「二つにたちきられた世界」を沖縄人にもたらしているのだ。日本人は、七五パーセントもの在日米軍専用基地を押しつけること、すなわち、沖縄人を搾取することが可能な植民地主義権力なのである。この日本人の権力が、日本人と沖縄人との間に「マニ教的善悪二元論の世界」を構築し、両者のあいだに決定的な分割線を引いている。日本人は、日本人と沖縄人とのあいだに、植民者と被植民者というマニ教的二元論的な分割線を引いているのだ。

その意味で、沖縄人とは、日本人によって暴力的に植民地主義のターゲットとされた被植民者、あるいは、「日本人あつかいされないもの」と定義するよりほかない存在なのである。つまり、沖縄文化や沖縄人というアイデンティティを有するから沖縄人なのだというだけではけっして正確ではないのだ。日本人の植民地主義が沖縄人という被植民者を構築している側面にも注目すべきであり、在日米軍基地負担の暴力的な強要にみられるように、日本人あつかいしないことによって沖縄人を生みだしつづけているのである。わたしは、このような被植民者という意味で沖縄人という概念を使用している。

したがって、マッカーサーが「沖縄人は日本人ではない」と断言したのはきわめて正確であったといえよう。つまり、マルコムXが「わたしはたしかにアメリカ人ではない」と述べたのと同様の意味で、沖縄人は日本人ではないのだ。なぜなら、沖縄人とは、日本人による民主主義的植民地主義の犠牲者にほかならないからである。ファノンは、「彼がマダガスカル人であるのは、白人がやってくるからである」[Fanon, 1952＝一九九八、一二〇頁]と述べたが、沖縄人は、日本人という植民者がやってくるからこそ沖縄人なのだといえよう。沖縄人は、日本人によって、被植民者にされつづけているのだ。

日本人は、植民者という権力である。だが、マルコムXが、「彼が白人であることをやめさせられるわけではない」といったように、日本人であることをやめられない。その一方で、植民者であることならやめられるし、権力を手放すことだって可能だ。日本人であることをやめられないのは、それが日本人のアイデンティティだからである。一方、植民者であることならやめられるのは、それが日本人のアイデンティティではないからだ。このような現実から導き出されたのが、ポジショナリティという概念なのである。ポジショナリティとは、政治的および権力的な位置のことである。そして、植民者および権力であるという現実は、政治的権力的位置という意味での日本人のポジショナリティなのだ。[★11]

ポジショナリティは、基本的に、アイデンティティとは関係がない。「相手が白人だから射つよりも、相手の白人の犯した行為の故に彼を射つ」とマルコムXが述べたのはそのためである。日本人は、彼／彼女自身が犯している植民地主義という行為のゆえに批判されるのであって、日本人であること自体が問題なのではない。したがって、「白人にチャンスを与えなければいけない」ように、日本人はすでにチャンスを与えられている。日本人は、すぐにでも自身の植民地主義の終焉に着手することができるし、植民者であることをやめることができる。つまり、日本人は、在日米軍専用基地の沖縄人への押しつけという植民地主義をやめることができるのだ。そのためには特権を手放すことである。沖縄人に基地を押しつけて基地の平等な負担から逃れている特権を手放すことである。それを試みることこそ日本人が植民地主義をやめるための不可欠の第一歩なのだ。

ポジショナリティとは、現実である。そして、基地を押しつけている権力であり植民者であるという政治的権力的位置は、日本人自身の現実にほかならない。この現実から目を背けても現実そのものはけっして消えたりはしない。一方、この現実を認めて反省したとしても、それだけでは現実は何も変わらない。また、「自分は植民者ではない」とどんなに思いこんでいたとしても、植民者というポジショナリティは微動だにしない。いずれの場合も日本人は植民者のままなのである。つまり、ポジショナリティは、基本的に、個人の態度や姿勢や主観の問題とも関係がないのだ。そして現状では、日本人とは、関広延が以下のように規定した存在以外の何ものでもない。

沖縄についていうならば、「親として、沖縄を暖かく抱き取ろう」というのと、「沖縄奪還」というのとの間に、ほとんど差はない。われわれが責任を持たねばならぬ連続した歴史として、日本は沖縄にとっては簒奪者であって、仇敵でこそあれ、どんな意味でも〝親〟でも〝本土〟でもあるはずはない。まして〝奪還〟と呼べる筋合いもない。しかもぼくは、踏みつけて立っていた沖縄をながく忘却してきただけでなく、〝親〟であるかのように

★11　［野村、二〇〇一c、一七八―一七九頁］参照。

沖縄の〝奪還〟を人々によびかけてきた。〔関、一九七六、一六頁〕

植民者とは、被植民者の「仇敵」なのである。つまり、沖縄人に基地を押しつけることによって、沖縄人に一方的に敵対しているのが日本人の現実なのだ。しかも、沖縄人の方はいっさい敵対していない。沖縄人を一方的に「踏みつけて立って」いるからこそ、日本人は、沖縄人に敵対する植民者の位置にある。そして、この現実を批判・解体するために要請される概念こそポジショナリティにほかならない。マルコムXは、ポジショナリティという概念こそ用いていないが、アイデンティティとポジショナリティのちがいを正確に認識し、ポジショナリティという政治的現実を解体する方法を明確に提示した。

今このようにいっているのは、われわれが反＝白人だということではなく、われわれが搾取に反対しており、最下層に落とされることに反対しており、抑圧に反対しているということなのだ。

したがって、もしわれわれに反対者になってもらいたくないならば、白人は抑圧をやめ、搾取をやめ、われわれをどん底につき落とすのをやめることだ。〔Malcolm X, 1965b ＝一九九三、一三二頁〕

日本人が植民者と呼ばれたくなければ、沖縄人への搾取をやめることによって、植民者たる自身の現実を変革しなければならない。そのためには、沖縄から日本に基地を持ち帰らなければならない。ポジショナリティとは、このような植民者としての日本人の現実を把握すると同時に、この現実を変革するために必要な概念なのである。つまり、政治的な解放を展望する場合にこそこの概念は有効なのであり、反日本人ではなく、あくまで反植民者においてこそ解放は展望しうるのだ。日本人が植民地主義をやめることによって、自分自身を植民者のポジショナリティから解放すること。それは同時に、沖縄人を被植民者の位置から解放することにつながる行為なのだ。

フランツ・ファノンは、死の直前まで書きつづけた著書の最後で、「ヨーロッパのあらゆる街角で、世界のいたるところで、人間に出会うたびごとにヨーロッパは人間を殺戮しながら、しかも人間について語ることをやめようとしない。このヨーロッパに訣別しよう」［Fanon, 1961＝一九九六、三〇八頁］と呼びかけた。ヨーロッパとは、植民地主義の別名である。そして、植民地主義ともっとも訣別しなければならないのは、被植民者ではなく、植民者の方なのだ。したがって、植民者たる日本人こそ、ヨーロッパ＝植民地主義に訣別しようというファノンのことばを、自分自身への呼びかけとして聴きとらなければならないのである。[★12]

★12　［野村、二〇〇一d、一九一頁］参照。

第2章　文化の爆弾

1　共犯化

日本人は、植民者をやめるチャンスをすでに与えられている。しかしながら、前章で引用したマルコムXが、白人に関して、「おそらく、奴はそのチャンスをつかもうとしないだろう」と述べたように、日本人もけっしてチャンスをつかもうとしているようにはみえない。「従軍慰安婦問題」という拉致事件の否認や「南京大虐殺はなかった」等の言説がまかり通る日本人の現実は、日本人が自身の植民地主義を克服するチャンスをことごとく逸してきたことを明白に示している。同時に、この現実は、日本人から植民地支配を受けたひとびとが、いまだに、日本人の植民地主義との闘いを強いられていることをも示しているのである。

第二次大戦での敗戦により、ほとんどの植民地を自動的に喪失したことは、日本人が自身の植民地主義を克服する課題を先延ばしにし、植民地支配という過去そのものの忘却を可能にする要因となってきた。しかしながら、植民地の喪失や忘却は、植民地主義の終焉や克服を意味しない。植民地主義とは、まずもって、植民者側の問題であって植民地支配を受けた側の問題ではないのだから。植民地主義から第一に脱却しなければならないのは、植民地支配を行なった側のひとびとであって、被植民者の側ではない。にもかかわらず、現在の日本人マジョリティは、植民地主義の当事者としての自己認識すらきわめて稀薄なのである。★13

しかも、日本人が沖縄人に対して現在も継続して実践していることは、フランツ・ファノンが一九五九年出版の著書のなかで批判した白人植民者のそれとそっくりなのだ。「植民者たちは、変貌したアルジェリアを望まないと答える。彼らが望んでいるのは、永遠に現在の状態が続くアルジェリアである、と。実際には、フランスの植民者はアルジェリアに生活しているのではなく、そこに君臨している」［Fanon, 1959 = 一九八四、一五五頁。］。

このことばは、遠い国の昔話として読まれるべきではない。なぜなら、沖縄人に対する日本人の実践を理解する上でも十分に示唆的なことばだからだ。現状を直視すればするほど、ファノンのこのことばは、日本人にもそっくりそのまま適用可能なことばとして浮上してくるであろう。すなわち、日本人の多くは、基地のない平和な島へと変貌した沖縄を望んでいない、と。彼／彼女らが望んでいるのは、在日米軍基地を過剰に押しつけている現在の状態が永遠につづく沖縄であある、と。日本人は、沖縄に生活しているのではなく、そこに君臨している植民者にほかならないからこそ基地を過剰に押しつけて沖縄人を搾取することができるのだ、と。日本人は、こう記述されても仕方のない現状を生きつづけている。同時に、この現状こそが、沖縄人に対して、日本人の植民地主義との闘いを強いつづけているのである。

ところで、被植民者が闘わねばならない相手は、なにも植民者ばかりとはかぎらない。植民地主義は被植民者の内部にもきわめて深刻な「負の遺産」を遺したのであり、その影響力はいまだに過去のものとはなっていない。被植民者は現在も、自分自身の内部で、複雑かつ克服困難な植民地主義の痕跡との闘いを強いられているのである。なかでも、植民地主義への「共犯化」という問題は、もっとも克服困難な「遺産」のひとつとして被植民者をいまだに拘束しつづけている。ガヤトリ・スピヴァックの議論を整理した鵜飼哲は、現在もつづく植民地主義の具体的な問題のひとつとして、共犯化に焦点を当てている。

脱構築が西洋形而上学の遺産と「交渉」するように、フェミニズムは父権制の遺産と、ポストコロニアリズムは植民地主義の遺産と「交渉」するすべを学ばなくてはならない。

★13 〔姜・岡、一九九九、八四―八五頁〕を参照。

さもなければ、女やポスト植民地人は、強制された共犯性の諸効果を見そこない、その結果、幻想的な対立の主体に自己同一化することになるだろう。〔中略〕植民地主義は被植民者を共犯に仕立てることなしには機能しない。だからこそそれは、単純な対立や矛盾に還元しえない複雑な、したがってより深刻な痕跡を植民地社会に遺したのであり、その「現実」に応答しそれを変革するためには、同じだけ複雑な、複数の「交渉」が要求されるのである。そのような「交渉は協力ではない。それは〔過去の遺産への〕批判的精通（critical intimacy）を通じてある新しい政治を生み出すことである」。スピヴァックが語る「交渉」は「免罪なき交渉」であり、その限りで、「闘争」の反対物でも代替物でもなく、その複雑な実態に見合ったひとつの新しい呼称なのである。／現在の沖縄には、沖縄と日本、沖縄とアメリカ、沖縄の諸階級、沖縄の諸地域、沖縄の諸世代、沖縄の女と男の間には、スピヴァックがこのような形で記述した過程がすでに動き出していると私は思う。〔鵜飼、一九九七、二五八—二五九頁〕

植民地主義は共犯を不可欠とし、被植民者を否応なく共犯に仕立てあげていく。この「強制された共犯性」によって、被植民者は、きわめて残酷に深い傷を負わされてきたのであり、もはや植民地化以前の状態を回復することはおろか、その状態を想像することすら困難だ。共犯化とは、被植民者が植民地主義に手を貸してしまうことである。また、「強制された共犯性」

とは、共犯化以外の選択肢が実質的に奪われていたことを意味している。そして、「植民地主義は被植民者を共犯に仕立てることなしには機能しない」がゆえに、植民者は、疑問もなく当たり前のように、被植民者を植民者の共犯に仕立てようとする。一方、被植民者にとって、植民地主義に手を貸すことは、要するに、所属する共同体と自分自身に対する裏切り行為である。つまり、「強制された共犯性」とは、「仲間を裏切れ」という強制を意味するのだ。

それゆえ、共犯化は、ほとんど治癒や消去が不可能なほどの傷痕を被植民者に刻印してきたのである。しかも、共犯化以外の選択肢が奪われてきたということは、生きるためには植民地主義に手を貸さざるをえないという状況に追いこまれてきたことを意味する。したがって、たとえ相手が植民者の共犯や仲間を裏切った被植民者であったとしても、彼/彼女らをただ単に非難するだけであれば、「強制された共犯性の諸効果を見そこない、その結果、幻想的な対立の主体に自己同一化する」ことにしかならないのである。つまり、そのような単純な非難こそ、植民地主義と闘っているつもりで実は植民地主義に共犯する行為なのかもしれない。しかしながら、だからといって、植民者に共犯した被植民者を単純に免罪すべきでもない。必要なのは、共犯化という植民地主義の遺産への「批判的精通」であり、それを通して、再び共犯化におちいるのでもなければ共犯化を免罪するのでもない「新しい政治を生み出すこと」なのである。

ほとんどすべての被植民者が「強制された共犯性」から逃れる自由を奪われてきたのであり、被植民者とは、「強制された共犯性」によって精神を侵食されてきた存在である。いいかえれば、精神の植民地化であり、このような植民地主義の遺産は、いかに世界地図から植民地が消滅しようとも、被植民者の内部から容易に消滅したりはしない。したがって、いかに植民地の独立が達成されようとも、被植民者は、その内部において、植民地主義との闘いを強いられつづけているのである。

しかも、次節以降で検討するように、植民者は、被植民者を共犯に仕立てる戦略を、植民地独立後も、けっして手放すことはなかった。したがって、被植民者はいまも植民者によって精神を侵食されつづけ、場合によっては、ほとんど無意識のうちに植民地主義の共犯に仕立てられつづけているといっても過言ではない。その意味でも、植民地主義は終わっていないし、植民者はいまも植民地主義を実践しつづけているのだ。

日本国においても、わたしたちはいまだに植民地主義の終焉という未解決の課題を突きつけられたままである。この課題に対して、まずは日本人こそが自身の植民地主義の克服を試みることが大前提なのはいうまでもない。しかしながら、被植民者・沖縄人が、共犯化をはじめみずからの内部に存在しつづけている植民地主義をいかにして克服するかということもまた未解決の深刻な問題である。したがって、日本人にとってはもちろん沖縄人にとっても、植民地主義を「外部の敵」として批判するだけではその克服は不可能なのだ。

本章から第三章にかけて主に検討するのは、植民者はいかにして被植民者を共犯に仕立てるのか、被植民者はいかにして精神を植民地化され、共犯化されるのか、という問題である。

この問題を分析することの重要性は、すでにフランツ・ファノンによって強調されているので、引用しておくことにしよう。

まず自己の疎外を意識せぬ限り、決然と前進することはできない。われわれはすべてを向こう側でとらえた。だが向こう側は、われわれに何かを与えるとき、必ず千の迂回路を設けて望む方向にわれわれを曲らせ、必ず万の手管、十万の術策を用いて、われわれを惹きつけ、篭絡し、とりこにしてしまうものだ。とらえること、それはまた、さまざまな面においてとらえられることである。〔Fanon, 1961 = 一九九六、二二〇頁〕

2　植民地主義と文化の爆弾

ケニアの作家グギ・ワ・ジオンゴは、植民地化のプロセスについて、「剣と弾丸の夜のあとにはチョークと黒板の朝がやってきた。戦場の物理的暴力のあとには教室での心理的暴力がつづいたのだった」〔Ngũgĩ, 1986 = 一九八七、二六頁〕と述べている。物理的暴力のみが植民地主義の武器なのではない。その上、植民地支配の安定的継続という観点からすれば、物理的暴力は植民者にとってむしろ危険な武器である。なぜならそれは、支配される側の不満や抵抗を容易に呼びおこす武器でもあるからだ。したがって、植民者は、物理的暴力以外の武器、すなわち、「心理的暴力」を必要とせざるをえなくなる。つまり、心理的な暴力を用いて、被植民者を植民地主義の共犯に仕立てようとするのだ。そして、そのために動員されるものこそ文化にほかならない。グギ・ワ・ジオンゴはそれを「文化の爆弾」と名づけ、その多大な破壊力と影響力について説明している。

世界の被抑圧・被搾取人民は反抗を持続している。盗みのない世界の実現を期している。しかし、この集団的反抗に対して、帝国主義がふるい、日々実際につきつけている最大の武器は文化の爆弾である。文化の爆弾の効果たるや、一民族に自分たちの名前、自分たちの言語、自分たちの環境、自分たちの闘いの遺産、自分たちの団結、自分たちの能力、最終的には自分自身への信頼をなきものにすることである。それは彼らに自分たちの過去を何の達成もない一つの荒野だと思わせ、その荒野から自らを引き離すことを願望させるのである。それは自らとは最もかけ離れているもの、たとえば、自らの言語ではなく他民族の言語との一体化を彼らに願望させるのである。それは退廃的で反動的なもの、彼ら自身の生命の泉を停止させるような諸勢力と彼らを一体化させるのである。それは、闘いの道徳的正当性について深刻な疑念を植えつけさえするのである。勝利と成功の可能性は遠く、馬鹿げた夢だとされる。そして、絶望と落胆と集団的な死の願望が予測される結果となる。帝国主義は自らがつくり出したこの荒野のまっただ中へ治療法として現われ、「盗みは神聖なり」と常にリフレインする賛美歌を従属民がうたうよう要求するのである。実際、このリフレインは多くの「独立」アフリカ諸国の新植民地ブルジョアジーの新たな信条を要約している。〔Ngũgĩ, 1986＝一九八七、一四―一五頁〕

植民者の文化の爆弾によって、被植民者は文化的に破壊される。植民地主義の文化的実践とは、政治的実践そのものであり、差別の実践でもあるのだ。しかも、この実践は、植民地独立後も継続したのである。

植民地化された社会の日常は、植民者の文化の爆弾によって維持されてきた。植民者は、被植民者を差別的に表象し、文化的に無価値で歴史をもたない無能の民と定義し、そのことを「チョークと黒板」によって被植民者に教えこんできたのだが、その第一の目的が「植民者の権力と特権の正当化と強化」〔Memmi, 1994＝一九九六、四二頁〕にあったのはいうまでもない。そして被植民者は、みずからの文化が「劣等な地位、屈辱、体罰、ぐずな知性や能力、もしくは愚鈍そのもの、蒙昧、野蛮とつながっている」〔Ngũgĩ, 1986＝一九八七、四一頁〕とする捏造された知識をたたきこまれる。そうすることによって植民地主義は、被植民者のものの見方を改変し、被植民者が自分自身を、植民者が定義した通りの存在なのだと思いこむように仕向けてきたのである。

また、被植民者をおとしめる一方で、同時に植民者の文化を過度に称揚することも植民者は忘れない。優越、勤勉、進歩、開化、知性、明晰、洗練、鋭敏……。高貴さと優位さを彩る表象の数々。自分自身を無価値で無能だと思いこまされた被植民者に、自分もいつかは手にいれたいとの願望を喚起する植民者の文化的な富。植民者はこのような二項対立を持ちこむことによって、被植民者にみずからの文化からの離脱と植民者の文化への一体化という「治療法」を伝授する。そのような「治療」を施された被植民者の目には、植民者の文化が「盗みは神聖なり」とする「退廃的で反動的なもの」だということも、「自身の生命の泉を停止させる」ものだということも、もはやけっして映しだされることはない。こうして、被植民者は、植民地主義の共犯に仕立てあげられていくのである。

さて、文化の爆弾は、けっしてアフリカに限定的な問題ではない。なぜなら、「一九三〇年代までには植民地主義が地球の表面面積の八四・六パーセントに支配権をおよぼしていた」[Loomba, 1998 = 二〇〇一、三三頁]からであり、沖縄人もその例外ではないからだ。一八七九年、琉球の武力併合を完了した日本国政府は、「琉球人をそっくり日本人として造り変え、琉球を日本固有の領土とする、そういった植民地政策」〔関、一九九〇、八三頁〕に着手する。その主要な方法は、琉球諸語[★14]をはじめ沖縄人の文化を破壊すると同時に日本語等の文化を強制して日本人に同化させることであった。それが可能にすることのひとつは、たとえば、沖縄人の表面だけを日本人に似せることによって、「植民地化される側／する側」という両者の圧倒的に非対称な権力関係を隠蔽することなのだ。その結果、沖縄人に対する搾取や不平等な処遇が容易になる。なぜなら、実際には沖縄人を抑圧していながら、「同じ日本人なのだから差別や不平等があるはずがない」とする偽善が可能になるからである。では、大田昌秀による同化強制のプロセスに関する記述をみてみよう。

中央政府は、明治一二年の廃藩置県以来、皇民化の一環として沖縄住民に国民精神を注入し、軍国主義を醸成強化するため、まず沖縄の方言〔琉球諸語〕を廃止して標準語を励行させた。本土他府県の習俗と違うというだけの理由で、沖縄固有の文化は「劣悪」だと烙

★14 「琉球諸語」と表記するのは、第一に、「あることばが独立の言語であるのか、それともある言語に従属し、その下位単位をなす方言であるのかという議論は、そのことばの話し手のおかれた政治状況と願望とによって決定されるのであって、けっして動植物の分類のように自然科学的客観主義によって一義的に決められるわけではない」という田中克彦の議論に示唆されたからであり、沖縄人のことばを「方言」とする政治にわたしが与しないからである［田中、一九八一、九頁］。第二に、沖縄人の言語が多様で複数存在するからであり、「琉球語」という表記ではこのことが伝わらないと判断したからである。

印を押し、ことさらにそう吹聴することによって、上から抑圧を加えたり、沖縄人の名字は異様だから本土風に改めなければならぬと「改姓運動」を強制したりするなど、生活の万般において〝沖縄色〟を排除する方策をおしすすめた。政府政策の特色を一言でいうなら、本土他府県のそれと異なる風俗習慣は、「遅れていて、程度が低く、したがって唾棄すべきものだ」という基本線が貫いていたということである。★15［大田、一九九六、二六二頁］

大田の記述からは、グギ・ワ・ジオンゴのそれとの共通性を容易にみいだすことができる。沖縄人もまた「自分たちの名前、自分たちの言語」を劣等で無価値と定義され、それらを破壊する文化的暴力にさらされたのだ。植民地主義の文化の爆弾の目的のひとつは、沖縄人に対する場合も、「自分たちの能力、最終的には自分自身への信頼をなきものにすること」にあったといえよう。

さて、被植民者の文化を破壊するのは植民地主義であり、植民者である。そして、破壊によってみずから「荒野」をつくりだしておきながら、同じ場所に植民者の文化という「治療法」をたずさえて再び舞い戻ってくるのもまた植民地主義である。換言すれば、植民者への同化という「治療法」である。被植民者の文化を破壊した元凶がすぐさま優しい顔に変身し、あたかも破壊されたものを再生させる救世主のように、「自らがつくり出したこの荒野のまっただ中へ治療法として現われ」るのだ。このような「救済」のパターンは、そもそも植民地主義が仕組んだ自作自演の茶番劇でしかなく、優しい顔を信用するとペテンにかけられてしまう。ここで見落としてはならないのは、「いかに効果的に殺し、つぎにはその殺し方と同じ手法でいかに治療するか」が、被植民者を支配する上できわめて有効な戦略となっていたということなのである。植民者の文化によって「殺し」、その同じ植民者の文化によって「治療する」のだ。そして、この「治療」のプロセスにおいて、植民者の文化は、文化を破壊され「自分自身への

★15　ちなみに、わたしの「野村」という姓も、「改姓運動」によって、わたしの生まれるずっと以前に「日本風」に改姓されたものである。この姓が原因で日本人にまちがわれることが多く、不愉快な思いをすることもしばしばだが、だからといって、「沖縄風」の姓に今すぐ戻そうとは、わたしは思わない。なぜなら、現在のわたしの姓そのものが植民地主義の明白な痕跡にほかならないからだ。それは植民地主義的暴力が行使されたことを証明する重大な証拠なのであり、現在の姓を使用することは、不愉快な思いをすることも含めて、植民地主義の痕跡をみずからの身体に日々確認していく行為といえよう。植民地主義が終焉していない以上、植民地主義の証拠を抹消することはできない。わたしにとって、現在の自分の姓は、植民地主義の忘却をけっして許さない傷痕なのである。植民地主義が終焉するまでのあいだは、わたしは、現在の姓の使用を通して、植民地主義を身体的に記憶しつづけ、傷痕とともに植民地主義を日々想起しつづけていくことを選択したい。

信頼をなきもの」にされた被植民者の心を「魅惑し、支配する最も重要な道具」になったのだ。[Ngũgĩ, 1986＝一九八七、二六—二七頁]

では、なぜ植民地主義は文化にこだわるのだろうか。それは、経済的・政治的支配が文化的支配なくしては維持できないからである。エドワード・サイードがいうように、「たとえ直接的な政治的支配が消滅したとしても、経済的・政治的そして時には軍事的支配が、文化的ヘゲモニー、それも西洋を発祥地として周辺世界に権力を行使する文化的ヘゲモニー——ヘゲモニーとは支配力、ならびにグラムシのいう指導的（dirigente）思想をいう——をともなって、支配を維持してきたのだ」[Said, 1993b＝二〇〇一、一〇〇頁]。植民地主義が被植民者の文化を攻撃するのは、植民者の文化的ヘゲモニーを確立することによって文化的権力を行使し、政治的・経済的支配を維持・強化するためなのである。

被植民者に対する文化的支配は、彼／彼女らを文化的に破壊することを通して遂行される。このプロセスに不可欠なのが、「一民族の文化、芸術、踊り、宗教、歴史、地理、教育、口承文学、書かれた文学などの破壊もしくは意図的軽視と、植民者の言語の意識的な高揚」[Ngũgĩ, 1986＝一九八七、三八—三九頁] なのである。それを通して、被植民者の自文化に対する信頼、ひいては「自分自身への信頼をなきものにすること」が目指される。

学校や大学で、ケニアの諸言語は後進性、低発展、屈辱、罰則などといった否定的特質と結びついていた。そのような学校制度で学んだわれわれは、日常的な屈辱と罰則をもたらす言語を話す人びと、その文化、その諸価値を憎悪して卒業するようにしむけられた。私はケニアの児童が、自らの共同体と歴史が発展させてきたコミュニケイションの道具を軽蔑するような、帝国主義者によって押しつけられた伝統の中で育ってほしくないと考える。私は彼らが植民地的疎外を超克してほしいと考える。［Ngũgĩ, 1986＝一九八七、五九頁］

自分自身が属する文化共同体を憎悪するように教育されるとは、いかにも残酷な現実であり、ひとを深く傷つける。それはまさしく心理的暴力である。そのような空間では、ありのままの自己はけっして受けいれてもらえないし、肯定されることもない。その結果、個人はつねに不安な精神状態に追いこまれることとなる。これでは自分に自信をもつこともはなはだ困難とならざるをえないが、そもそも被植民者の文化が否定されているのであるから、彼／彼女らが自信をもって独自の文化的創造性を発揮する可能性もあらかじめ排除されているのだ。以上のようなプロセスを通して、被植民者に「否定的イメージが内面化してしまい、それが日常生活での文化的、さらには政治的な選択にさえも影響」［Ngũgĩ, 1986＝一九八七、四二頁］をおよぼすようになるのである。この「影響」が、植民者に有利にはたらく影響であるのはいうまでもない。

3　文化装置と精神の植民地化

植民地主義が被植民者の文化を破壊すると同時に植民者の文化を強制する理由については、C・W・ミルズの文化装置論が示唆的である。

> 人はみなかれが観察することを——観察していない多くのこと同様に解釈する。しかしかれの解釈の用語はかれ自身のものではない。個人はそれらを明確に系統立てることも、それらを吟味することさえもしていない。人はみな他人に観察結果や解釈について語る。しかしかれの報告の用語はかれが自分自身のものとして引き継いだ他人の語法やイメージであることがほとんどである。確固とした事実、正常な解釈、適切な表現とかれが呼ぶもののほとんどを、観察署、解釈センター、表現本部に依存する度合いがますます多くなりつつある。現代社会においては、それらは、私が文化装置（cultural apparatus）と呼ぼうとしているものによって設立されるのである。［Mills, 1959＝一九七一、三二二頁］

ミルズによれば、「文化装置は人びとがそれを通して見る人類のレンズ」であり、「学校、劇場、新聞、人口調査局、撮影所、図書館、小雑誌、ラジオ放送網といった複雑な一連の諸施設」を通じてわたしたちの精神に浸透する。しかも、「文化装置は経験を導くだけではない。それは「われわれ自身の」とも呼ばれ得るような経験をもつチャンスさえしばしば取り上げてしまう」［Mills, 1959 = 一九七一、三三頁］。ミルズにならえば、被植民者の文化を破壊すると同時に植民者の文化を強制することは、「レンズ」を入れ替えることによって被植民者から「「われわれ自身の」とも呼ばれ得るような経験をもつチャンス」を奪うことと考えられる。植民者は、被植民者に植民者の文化装置を装着させることによって、植民地主義的支配を維持してきたのだといえよう。そして、被植民者に植民者の文化装置を装着させるためには、まずもって、被植民者固有の文化を破壊する必要があったのだ。これは、被植民者の精神を植民地化する方法でもある。

植民地支配は軍事的征服と、それにつづく政治的独裁によって富の社会的生産を支配した。しかし、その支配のもっとも重要な領域は植民地化された人びとの精神世界であり、文化を通して、人びとが自己ならびに世界との関係を認知する方法を支配したのである。経済的、政治的支配は精神的支配なくしては完全たりえないし、効果的たりえない。一民族の文化支配とは、他者との関係を定義する彼らの道具を支配することなのである。／植民地支配の場合、これには同一過程の二つの側面が含まれた。つまり、一民族の文化、芸術、踊り、宗教、歴史、地理、教育、口承文学、書かれた文学などの破壊もしくは意図的軽視と、植民者の言語の意識的な高揚である。植民地化した側の諸民族の言語によって一民族の言語を支配することは、植民地化された側の人びとの精神世界の支配にとっては決定的なことであった。〔Ngũgĩ, 1986＝一九八七、三八―三九頁〕

植民地主義は、被植民者の精神を支配することによってこそ十全に機能する。被植民者に対する経済的政治的支配によって植民者が巨大な利益を得ることができたのも、被植民者の精神を支配しえたからである。精神的支配とは、文化を支配することであり、「自己ならびに世界との関係を認知する方法を支配」することによって、被植民者に植民者と同じく「「盗みは神聖なり」と常にリフレイン」させることなのである。つまり、精神の植民地化であり、被植民者の精神を支配することは、彼／彼女らを植民者の共犯につくり変えることを可能にするのだ。なかでも、被植民者の言語を破壊すると同時に彼／彼女らの言語を植民者の言語におきかえてしまうことは、精神を支配する上で決定的に重要である。

文化はこれらの道徳的、倫理的、美的な価値、つまり精神的めがねを具現するものなのだ。このめがねによって彼らは自己を眺め、宇宙における自己の位置を知るのである。これらの諸価値は一民族としてのアイデンティティ、人類の構成員としての彼らの特殊感覚の基礎となるものである。これらすべては言語によって運ばれる。文化としての言語は、一民族の歴史的経験の集団的記憶の貯蔵庫なのである。文化は、その誕生、発展、貯蔵、表現はもちろん、世代から世代へのその伝達を可能にする言語とほとんど区別しがたいのである。〔Ngũgĩ, 1986 ＝ 一九八七、三六頁〕

被植民者に植民者の言語を強制したのは、たとえばコミュニケーションの便宜のためなどといった皮相な理由からではけっしてない。被植民者の「精神的めがね」を破壊し、植民者のそれと交換するためには、言語の破壊と強制が不可欠なのだ。そして、言語の破壊と強制によって植民者が手にするものこそ、被植民者に対するヘゲモニーにほかならない。

グラムシのいうヘゲモニーでは、それとは分からない、無意識とさえいえるレベルで説得が駆使されて大衆を動かす。それを達成するためには、言語を押しつけること、そして押しつけた言語でもって文学や歴史を書くことが、支配階級のイデオロギーを永続させ強固なものにするシステムや制度を打ちたてるさいに、重要な役割を果たすのである。〔Walia, 2001 ＝ 二〇〇四、三七頁〕

世界中の植民者と同じく、日本人という植民者もまた、琉球諸語を破壊すると同時に沖縄人に日本語を強制することによって植民地主義的支配を実践してきた。言語の破壊と強制は、「無意識とさえいえるレベル」で沖縄人を動かすことを可能にすることによって、植民地主義的支配に貢献したのである。これは、支配されることへの同意を沖縄人から引きだす方法であり、「植民地化される側の考え方自体をうまく制御して同意を引きだすような、権力のあり方」[Walia, 2001＝二〇〇四、一〇〇頁] である。ヨーロッパ植民地主義権力にとっての「ヘゲモニーとは、戦略を巧みに駆使して現地人に気づかれないよう影響力を及ぼし、ヨーロッパ中心の考えが自分たちのよりも当然すぐれていると信じこませることを意味する」[Walia, 2001＝二〇〇四、一〇一頁]。同様に、日本人は、日本語を押しつけることを通して沖縄人に気づかれないように影響力をおよぼし、日本人中心の考えの方が沖縄人のそれよりも当然すぐれていると沖縄人に信じこませようとしたのだといえよう。すなわち、沖縄人が日本人に支配されるのは正しくかつ当然なのだ、と。沖縄人が日本人に搾取され不平等に処遇されることは正しくかつ当然なのだ、と。

日本語を強制し、ヘゲモニーを駆使することによって、日本人は、沖縄人の精神を植民地化しようとしてきたのである。精神さえ植民地化できれば、日本人との平等な関係を想像すらできない沖縄人をつくりだすことも可能である。そもそも平等を知らなければ、平等を求めて闘うということもないのであり、そのような沖縄人が日本人という植民者にとってきわめて都合がよいのはいうまでもない。平等も求めず、植民地主義とも闘わないことは、植民地主義に手を貸す行為にほかならず、植民者の共犯となる行為以外の何ものでもないからである。

4　植民地主義と文化の破壊

グギ・ワ・ジオンゴによれば、言語は、わたしたちに文化の伝達を可能にさせるだけでなく、文化の貯蔵をも可能にさせるものである。また、文化とは、「精神的めがね」であり、わたしたちは文化が具現する「道徳的、倫理的、美的な価値」を通して現実を認識し、みずからの行為の方向づけを行なう。この「精神的めがね」があるからこそ、わたしたちは、たとえば、差別をまさしく差別と認識できるのであり、その結果、差別と闘うなどの行為の方向づけを行なうことができるのだ。文化の破壊とは、このような「精神的めがね」を破壊することであり、現実を的確に認識する能力を奪い、適切に行動する能力を喪失させることを意味する。そして、言語が文化の「誕生、発展、貯蔵、表現はもちろん、世代から世代へのその伝達を可能にする」ことによって「精神的めがね」を創造的に継承・発展させるものであるならば、一民族の言語を破壊することは、彼／彼女らを精神的に破壊するのとほとんど同じである。このような文化の破壊が被植民者に対する精神的支配を可能にしてきたのであり、「言語こそは心の囚人を魅惑し、支配する最も重要な道具だったのだ。弾丸は物理的征服の手段であり、言語は精神的征服の手段となった」〔Ngũgĩ. 1986 = 一九八七、二七頁〕のである。

被植民者の言語を植民者の言語にそっくりおきかえてしまうことは、被植民者に植民者の

「精神的めがね」を装着させることを可能にする。被植民者の文化の「破壊もしくは意図的軽視と、植民者の言語の意識的な高揚」という「同一過程の二つの側面」は、植民者の「精神的めがね」の装着を被植民者にうながすためのものなのだ。

植民地主義は、被植民者の文化を破壊することによって、被植民者自身の「道徳的、倫理的、美的な価値」ひいては「精神的めがね」を奪い、現実を的確に認識して行動する能力を奪う。その結果、被植民者は、「自分たちの能力」や「自分自身への信頼をなきもの」にされ、「自分たちの過去を何の達成もない一つの荒野」だと思いこまされる。それは、被植民者を「絶望と落胆」におとしいれ、無力感と劣等感の虜にする行為なのである。

さらに、植民地主義は、無力感と劣等感にさいなまれる被植民者に対して、救済される唯一の道は、植民者の文化に同一化することだと唱える。これは、サイードが植民地主義に普遍的で特徴的な言説として批判した、「原始的とか野蛮な民族に文明をもたらすという思想」[Said, 1993a＝一九九八、二二頁]にほかならない。だがそれは、前述したように、植民地主義の自作自演の茶番劇であり、ペテンである。なぜなら、実際には、「それは退廃的で反動的なもの、彼ら自身の生命の泉を停止させるような諸勢力と彼らを一体化させる」ものだからであり、「「盗みは神聖なり」と常にリフレインする賛美歌を従属民がうたうよう要求する」ものだからだ。この茶番劇は、たとえば、火をつけた放火犯がすぐさま現場に舞い戻り、必死に消火活動を行なうことによって恥知らずにも英雄としての賞賛を得ようとする、そういったペテンなのである。

被植民者の「精神的めがね」としての文化を破壊し、植民者のそれと入れ替えることは、茶番を茶番と認識し、ペテンをペテンと見抜く能力を奪う。被植民者をこのように無能化する具体的なプロセスの事例もまた、グギ・ワ・ジオンゴによって報告されている。

英語が公教育の言語となった。ケニアでは英語はたんなる言語以上のものとなった。それは言語そのものとなり、その他の諸言語は英語の前では畏怖してかがみこまなければならなかった。／その結果学校付近でギクユ語をしゃべっているのを見つかることが最も屈辱的な体験となった。罪人は体罰――パンツを脱いで三ないし五回棒で尻をなぐられる――もしくは「私は馬鹿者です」とか「私はロバです」と書き込まれた金属札を首のまわりにつるされた。自分では用立てしえないほどの罰金を課せられることもあった。ところで、教師たちはこの罪人をどのような方法で捕えたのか。はじめに一個のボタンがある生徒に手渡され、その生徒が母語を話している生徒を見つけるとこのボタンを手渡すようにされた。そして、その日の終わりにこのボタンを持っていた者はそのボタンを誰からもらったかを自白し、これがつぎつぎとつづいて、罪人の全員が明るみに出されるのだった。こうして生徒たちは魔女狩りに熱中し、その過程で身のまわりの共同社会の裏切り者となることが得になることを教えられた。［Ngũgĩ, 1986＝一九八七、三〇―三一頁］

このような罰は、被植民者に物理的に屈辱を加えることによって、彼／彼女ら自身とその文化の劣等性を身体でおぼえさせようとしたものである。同時に、植民者と英語に象徴されるその文化の優越性を、被植民者の精神のみならず身体に記憶させようとしたのだ。いいかえれば、植民者と被植民者の関係を「優越／劣等」とする差別的二項対立を、罰による屈辱を通して被植民者に身体化させようとしたのである。

また、「私はロバです」という罰札が象徴するのは、フランツ・ファノンが「たとえ黒い皮膚の兄弟たちの怨みを買うとしても、私は言おう、黒人は人間ではない」[Fanon, 1952＝一九九八、三〇頁]と喝破したように、「人間ではない」という劣等性の烙印を押される屈辱である。この場合、人間とは植民者のことであり、被植民者は人間に含まれない。この屈辱から逃れて植民者から人間としてあつかわれようと思えば、被植民者は「身のまわりの共同社会の裏切り者」にならなければならないし、植民者の文化や諸価値に同化していかなければならない。これは、被植民者を植民者の共犯にする方法であると同時に被植民者同士を分断する方法でもある。

被植民者の「精神的めがね」はこうして破壊され、植民者のそれと入れ替えられていったのだ。このプロセスを通して被植民者は自分自身の「文化、その諸価値を憎悪して卒業するようにしむけられた」[Ngũgĩ, 1986＝一九八七、五九頁]のであり、「身のまわりの共同社会の裏切り者となることが得になること」を知れば知るほど、植民者とその文化を偏愛するようになるのである。そして、同じような罰札を、日本人は、沖縄人の首にかけたのだ。

「横一寸縦二寸の木札」を用意して、誰か方言〔琉球諸語〕を口にした生徒がいれば、ただちにその札を首にかける。札をかけられたこの生徒は、他に仲間のうちで誰か同じまちがいを犯す者が出るのを期待し、その犯人をつかまえてはじめて、自分の首から、その仲間の犯人の首へと札を移し、みずからは罰を逃れることができる。しかも、これはゲームの装いをとりながら、罰札を受けた回数は、そのまま成績に反映するというものである。／この屈辱のしるしである木札は、「罰札」と呼ばれた。琉球出身でのちに「那覇方言概説」を著した金城朝永は、生前、わざと違反を重ねて罰札を集め、落第した思い出をよく語った。罰札は一つの教室に何枚もあったのだろう。／琉球の教育史をみると、罰札が教室に登場したのは明治四〇（一九〇七）年二月のことで、当時は「方言札」と呼ばれていた。それがいっそう強化されたのは一〇年後の大正六（一九一七）年である。県立中学に赴任した山口沢之助校長は「方言取締令」を発して、この罰札を活用した。ずっと後の太平洋戦争前夜の昭和一五（一九四〇）年にも、那覇を訪れた日本民芸協会一行が「方言札」を使った方言〔琉球諸語〕とりしまりを批判したという記録があるので、罰札、方言札は、琉球に義務教育が普及しはじめると同時に導入され、おそらく敗戦に至るまで、半世紀を支配しつづけたものと思われる。〔田中、一九八一、一一八―一一九頁〕

また、一九一七年に沖縄県立第一中学校に入学した詩人・山之口貘も罰札に抵抗した沖縄人のひとりである。

ぼくなどが中学へはいってまもなくのこと、学校当局では「罰札」なるものをつくって、日本語の普及にのり出したのであった。〔中略〕方言〔琉球諸語〕を使ったものはその罰札を渡されるのであったが、いつまでもそれを手許においておくと、操行点に影響を及ぼすこと甚しかった。それで罰札を握らされたものは始終スパイみたいな気持になって方言〔琉球諸語〕を使う生徒を探し廻り手持ちの罰札を誰かに譲らなければならなかったのである。罰札が生徒の茶目っ気を不自由にし、生徒の精神をぎこちないものにしてしまったことは当然なのであった。〔山之口、二〇〇四、一九一頁〕

さらに、山之口は、「生徒のなかには勿論のこと、わざわざ方言〔琉球諸語〕を使って一手に罰札を寄せ集めたりすることによって気晴らしをするものもあったが、ぼくなどはポケットにたまった罰札を、時には便所に棄てた」〔山之口、二〇〇四、一九二頁〕というのだから、きわめてまともな精神の持ち主であったのは確実だ。

罰札のような道具を利用した文化的強制は、多くの植民地に共通して用いられた方法なのであろう。沖縄語を話しつづけた金城朝永に罰札を与え、なおかつ落第までさせたのは、沖縄人に屈辱を加えることによって、彼／彼女ら自身とその文化の劣等性を精神のみならず身体でおぼえさせようとしたものである。重要なのは、罰札によって「劣等生」という屈辱を与える行為そのものが、本来存在しないはずの沖縄人の劣等性なるものを構築するということなのだ。いいかえれば、沖縄語を話す沖縄人の首に罰札をかける行為自体が、行為遂行的に、劣等な沖縄人という存在をつくりだすのである。

このような罰札もしくは「方言札」によって屈辱を与えることは、沖縄人に対する明白な攻撃であり、「精神的めがね」としての沖縄人の文化を破壊しようとする行為である。つまり、沖縄人の文化を破壊することは、沖縄人の「精神的めがね」を日本人のそれへと入れ替えるために不可欠なのである。そして、「罰札を受けた回数は、そのまま成績に反映する」という仕組みによって、沖縄人は「優等生」と「劣等生」に分断され、「優等生」になろうと純粋に努力すればするほど植民者の共犯にならざるをえなくなるという教育システムが稼働していったのだ。換言すれば、「身のまわりの共同社会の裏切り者となることが得になる」教育システムである。

「方言札」は日本人の発案だが、沖縄人の教員もまた、それを積極的に活用する側にまわっていった。このことは、「植民地エリート」という共犯の養成が植民地支配における重要な課題であったことを示している。教員のような植民地エリートは、植民地の学校の「優等生」のなかから選抜される「最優等生」である。そして、「罰札を受けた回数」がもっとも少ない「モデル・マイノリティ」であったがゆえに成績がもっとも良かった被植民者である。このようなモデル・マイノリティとしての「最優等生」がやがて教員となり、学校で「方言札」を積極的に活用する側にまわっていったのだ。したがって、被植民者のなかの「最優等生」としての植民地エリートとは、グギ・ワ・ジオンゴのことばでいえば、「身のまわりの共同社会の裏切り者」といっても過言ではない。

5 文化的テロリズム

関広延は、植民地エリートと「方言札」の問題性についてこう述べる。「フダ制度を教育の場に疑いもなく持ちこみ、それを実行した教師たちの意識はあきらかに「登高必自卑」、自らの出自の文化＝沖縄語を卑しと信ずる人倫的な選択であろう。それが子どもたちの精神にいかに残酷で破壊的な影響をおよぼすかは、戦前の方言論争にあたってみるまでもないことである」[★16]［関、一九九〇、六三頁］。グギ・ワ・ジオンゴが、所属する共同体の「文化、その諸価値を憎悪して卒業するようにしむけられた」ように、モデル・マイノリティおよび植民地エリートとしての沖縄人教員の多くもまた、「優等生」として立派に自文化を劣等視し、憎悪するようになって学校を卒業してきたのだといえよう。このような「方言札」による文化的精神的破壊活動の残酷さは、「アドレセンスと沖縄の言語に対するテロリズム」［チュン・リー、二〇〇一、一九頁］ということばによってこそ適切に表現しうるであろう。

ところで、山之口貘や金城朝永をはじめ学校で沖縄語を使いつづけた沖縄人は、みずからすすんで「劣等生」という「汚名」を引き受けた確信犯である。山之口は「ポケットにたまった罰札を、時には便所に棄て」、金城は「わざと違反を重ねて罰札を集め、落第した」のであり、その行為によって、沖縄語を話す沖縄人を「違反」とし、「劣等生」とする植民者の定義を拒

★16　また、関は、沖縄人の教員やエリートの沖縄文化に対する態度について、「民族文化、伝統芸能への礼賛のこえは、いま、教職員のうちからも高くきこえてくるのであるが、ぼくは沖縄の教職員をはじめインテリゲンチャは、発言とはウラハラに、それらを肚の底では嫌悪している、と信じている。「自ラ卑シ」と日常的に畏怖の罰則を、優等生としてくぐり抜けてきた結果であろう。よく理解することもできぬ西欧文化への拝跪のみひどくて、民族文化に対する軽侮と不感症的痴愚は、わが日本のインテリゲンチャの抜き難い特色であるが、沖縄の場合、軽侮というよりは嫌悪がある。不感症というよりは、民族的なものへの積極的な攻撃性がある」と暴露している［関、一九九〇、六三―六四頁］。

否したのである。つまり、山之口や金城は、沖縄人の「道徳的、倫理的、美的な価値、つまり精神的めがね」［Ngũgĩ, 1986 = 一九八七、三六頁］を保持しつづけていたのであり、自己定義権を守り通すことによって植民者による一方的な定義づけを決然と批判したのである。いいかえれば、「劣等生」になることを積極的に選択することによって、植民者による恣意的な沖縄人定義──「劣等性」──に対する根源的な抵抗を実践したのだ。このような沖縄人を落第させることは、教室からの強制排除によって自己定義権を剥奪しようとする行為であり、植民者の定義を拒否する被植民者を暴力的にたたきつぶす行為なのである。

さらに、見落としてはならないのは、落第させることが、テロリズムと同様の政治的効果を発揮することである。金城朝永の落第を見せつけられた他の生徒たちは恐怖に震えたことであろう。この恐怖によって、及第という生き残りのためには植民者に服従しなければならないということを肝に銘じざるをえなかったことであろう。つまり、抵抗する被植民者は単純に教室から排除されただけではなかったのだ。植民地主義は、被植民者の抵抗すら、支配に機能的な「適度な反抗」として横領しようとする。植民者は、抵抗する被植民者を暴力的に排除するのだが、その暴力は、残りの被植民者を恐怖におとしいれ、服従へと方向づけるのである。いいかえれば、教室から「廃棄」された抵抗する被植民者は、残された被植民者を植民者に服従させるために「リサイクル」されたのだ。

ところで、罰札を使った文化の破壊が「ゲームの装いをとりながら」子どもたちをまきこんでいく形態であったことは、グギ・ワ・ジオンゴがいみじくも「魔女狩り」と形容したように、悪魔的な効力を発揮したはずである。子どもたち全員が、敵に仲間を売り渡すゲームへの参加を強制され、仲間を裏切ることへの熱中を奨励されたのだから。しかも、裏切りに報賞が与えられたことから、子どもたちは「罪人」を喜々として摘発するようにすらなったはずである。仲間を売った者への褒美は、植民地主義に被植民者を加担させるためのものであり、植民者への共犯化が個人的利益を引きだす方法だということを被植民者に学習させるためのものである。いいかえれば、「身のまわりの共同社会の裏切り者となることが得になること」を教えようとしたのだ。そして、さらなる魔力といえるのは、子どもらしくゲームに熱中すればするほど、それが強制だということを感じなくなっていくということなのである。こうして、仲間同士の相互監視と相互密告が植民地の学校に特徴的な光景となっていったのではなかったか。

このような「悪魔的ゲーム」は、沖縄においては、けっして「敗戦に至るまで」に姿を消したわけではなかった。以下は、一九六〇年代に沖縄の小学生だった田仲康博が体験した学校の日常である。

小学校に入学してまもないある日、先生が不思議なことを始めた。教室の壁に針金を渡し、洗濯物の形に切りぬいた色紙をつるし始めたのだ。その日から、生徒が「方言」を使うと、本人の名前と使った方言［琉球諸語］が洗濯物に書き込まれ、吊るされる（＝罰される）ということが日常化した。今にして思うとそれは「方言札」の応用だったが、「標準語励行週間」になると生徒同士の告げ口が増え洗濯物の数も増えた。監視する役目は主として学級委員が負ったが、仲間同士の告げ口も多かった。それはしかし陰湿なものではなく、私たちはむしろ楽しく監視ごっこに興じた。／監視され、監視するうちに私たちは日本語を学んでいったが、学んだ言葉を試す機会も与えられていた。各種の「お話大会」や「童話大会」、作文コンクールなどが生徒の日本語習得の進度をはかる機会を提供し、新聞などのメディアも大会やコンクールを主催または協賛することで日本語教育の一翼を担った。〔田仲、二〇〇一、一一二頁〕

ここに示されているのは、監視ゲームの魔力とゲームの成果を常時計測する権力的意志である。そもそも子どもらしく遊びに熱中することに「陰湿なもの」のかけらもあるはずがないし、遊ぶことに疑問をもつ子どもなどいるはずもない。だが、植民地主義はここにつけこむからこそ悪魔的なのだ。田仲が体験した悪魔的ゲームが示しているのは、子どもらしく純粋無垢に遊ぶことを通して、「日本人の文化＝善＝優越／沖縄人の文化＝悪＝劣等」という差別的二項対立的定義が無意識的に身体化される過程なのである。この場合、「日本人の文化＝善＝優越／沖縄人の文化＝悪＝劣等」という二項対立こそがゲームのルールなのだ。ルールである以上、ルールに同意しないかぎりゲームに参加できないのであり、ルールに精通し、ほとんど身体でおぼえてしまうくらいでないとゲームを心底楽しむことはできない。このように、子どもたちは遊びを通して、知らず知らずのうちに、「日本人の文化＝善＝優越／沖縄人の文化＝悪＝劣等」という二項対立を記憶していく。換言すれば、子どもらしく遊ぶことを通して、行為遂行的に、自文化に対する劣等視や罪悪視を身体化し、自然化していくのである。

身体化され、自然化されるということは、自明の位置を獲得するということである。したがって、自然化されたものは、ほとんど意識されることがない。つまり、右のような悪魔的なゲームを通して、沖縄人は、「日本人の文化＝善＝優越／沖縄人の文化＝悪＝劣等」という差別的二項対立を、意識もしないほど当たり前とする精神へと改造されてきたのである。

これと似たようなことは、ほぼすべての沖縄の学校で行なわれていたはずであり、一九七〇年代に沖縄の小学生であったわたし自身も監視ゲームや罰を通して自文化への劣等視や罪悪視を教育された。近代の学校は義務教育であり、基本的に沖縄人全員が学校を通過する。したがって、恐るべきことに、ほとんどすべての沖縄人が、沖縄人の文化と自分という沖縄人への劣等視――劣等コンプレックス――を自明とするように教育されてきたのだ。逆にいえば、日本人とその文化を畏怖すると同時にありがたがる感覚が当たり前となるよう社会化されてきたのである。小学校入学という低年齢の段階からこのような自明性を身につけるよう社会化され、その問題性に気づきようのない年齢段階から琉球諸語を喪失すべく仕向けられてきたのであれば、成長して気づいたときにはほとんど取り返しがつかない。それどころか、劣等コンプレックスを身体化している自分自身に、いまだに気づいていない沖縄人もけっして少なくはないはずだ。

以上のようなプロセスを通して沖縄人に自明化させることがはかられてきた「日本人の文化＝善＝優越／沖縄人の文化＝悪＝劣等」という二項対立は、グギ・ワ・ジオンゴのことばをかりれば、「退廃的で反動的なもの、彼ら自身の生命の泉を停止させるような諸勢力と彼らを一体化させる」ことや「「盗みは神聖なり」と常にリフレインする賛美歌を従属民がうたうよう要求する」ことに寄与するものである。また、関広延が、「琉球人をそっくり日本人として造り変え、琉球を日本固有の領土とする、そういった植民地政策としては、当時の政府主流の沖縄統治策は百年後にほぼ完全に成功したのではないか」〔関、一九九〇、八三頁〕と述べたこともけっして誇張とはいえない。日本国による琉球の武力併合から約一〇〇年もの間、学校を通じて、すべての世代のすべての沖縄人が「日本人の文化＝善＝優越／沖縄人の文化＝悪＝劣等」という差別的二項対立を一貫して植えつけられてきたのだから。いいかえれば、恐るべき連続性をもって、沖縄人の精神の植民地化が遂行されてきたのであり、ほぼすべての沖縄人に劣等コンプレックスが植えつけられてきたのである。一〇〇年もかけてここまできたからこそ、日本人は今では安心して「沖縄ブーム」などと「ほめ殺し」もできるようになったのであろう。

このように、ほとんどすべての沖縄人が自文化および自分自身を劣等視するよう抑圧されてきたのである。換言すれば、精神を植民化し、日本人という植民者の共犯に仕立てるプロセスから逃れることのできた沖縄人はほぼ皆無なのだ。したがって、それと意識することもなく当たり前のように日本人に共犯化する沖縄人がいたとしても何ら不思議ではない。沖縄人である以上、だれもが、無意識的に日本人に共犯化し、自分でも気づかないまま「「盗みは神聖なり」」と常にリフレインする賛美歌」を歌う危険をおかしているかもしれないのだ。沖縄人は、このことを強く自覚しておかなければならないし、自分もそうなってはいないかと、つねに自己反省と警戒をおこたってはならない。なぜなら、これこそ前に引用したファノンのいう「自己の疎外」に当たるものにほかならないからだ［Fanon, 1961＝一九九六、二二〇頁］。すなわち、沖縄人もまた、「まず自己の疎外を意識せぬ限り、決然と前進することはできない」ということなのである。

それゆえ、沖縄人は、「われわれはすべてを向こう側でとらえた」、「とらえること、それはまた、さまざまな面においてとらえられることである」というファノンの警告を絶対に聴き逃してはならない。沖縄人にとって、「向こう側」とは日本人の側である。ファノンにならえば、日本人の側から現実をとらえることは、日本人にとらえられることであり、その結果として、沖縄人は日本人に植民地化されてきたのである。いいかえれば、沖縄人にとって、日本人の側からとらえることは、もっとも危険な文化の爆弾を体内に取りこみ、内部から粉砕されることを含意しているのである。

第3章　共犯化の政治

1　従順な身体

前章で引用した田仲康博と同じく沖縄の小学生だった又吉洋士は、一九五八年当時の自身の写真について、こう説明している。

少年の左胸に名札が二つある。写真ではハッキリ見えないがそれは二つとも赤い「日の丸」が描かれている。学校の週訓として「標準語励行」があった。少年のクラスの後ろに掲示板があり、そこに生徒の名前と一カ月の曜日が書かれた表が貼られていた。毎日授業が終わるとその表に○か×を記入する。標準語を一日使ったものは○、方言［琉球諸語］を使ったものは×である。○をつけるそばから「方言を使っていた」と、告げ口をするものもいた。少年は家では確実に方言［琉球諸語］を使っていた。いかにもマジメそうなこの少年は、学校で二週間続けて標準語を使った。そこで先生から標準語を使った賞としてこの名札のようなものを受けたのである。少年の心には当然のごとく「方言を使うものは悪」「標準語を使うものは善」の感情が芽生えていった。その結果方言蔑視と標準語が習得できた。

［又吉、二〇〇一、二頁］

グギ・ワ・ジオンゴがケニアで英語を習得した場合と同様に、沖縄人である又吉の場合も、日本語の習得は琉球諸語への蔑視を習得することと一体だったのだ。だが、又吉が記述した現実は、一見、暴力的強制にはみえない。基本的にそれは、いつもの練習問題をこなすような、どこの学校にもみられるごくありきたりの日常である。しかしながら、このありきたりな日常こそ、「優越／劣等」という二項対立を身体化させる具体的な装置にほかならない。

表に○や×を記入することは、子どもたちの日課であり、学校での課業の一部である。課業は、当然こなすべきものとして与えられるのみであって、基本的に、課業に関する選択権も、その正否について判断する能力も、子どもたちにはない。課業は疑問の余地のない当たり前のものとしてのみ提供されるのであって、子どもたちもそれをただ当たり前にこなしていくことだけを求められる。なかでも日課は、日常をルーティン化する文化的実践であり、同じ行為を反復させることによってそれを身体的に記憶させ、その行為を当たり前で「自然」なものと感覚させていく装置なのだ。自然であるかのように感じさせることは、思考を停止させることであり、疑問を感じなくさせることである。

だいたい、「それが自然なんだ」とでも言われれば、それ以上詮索する気も失せてしまうものだ。「なぜ○×をつけなければならないのか?」という素朴な疑問に対して、「日課だからだ」、「学校ではそれが当たり前だからだ」、「それが自然だからだ」などと返答することは、そのように納得させることによって思考を停止させようとしているのである。そして、思考されないことによって、表に○や×を記入する行為は、自明の位置を獲得していく。

これは、あからさまな暴力的強制ではない。だからといって、強制が存在しないのではない。むしろそれは、強制を強制と感じないようにさせるプロセスといえよう。つまり、あらかじめ強制以外の可能性を排除し、反復によって強制を自然化するプロセスを通して、疑問や抵抗をおぼえることなくその行為を自動的に行なうように仕向けているのだ。すなわち、これは、ミシェル・フーコーが「規律訓練 discipline」と名づけた権力なのである。この権力は、「《従順な》身体を造り出す」権力であり、自動的に服従する身体としての個人を構築するものなのだ[Foucault, 1975＝一九七七、一四三頁]

○と×の記入が日課であることは、それを記入しない自由があらかじめ奪われていることを意味している。だが、日課が自明性を獲得することによって、記入しない自由が奪われているという問題も意識されなくなっていく。したがって、子どもたちは○×を記入する行為をほとんど自動的に反復していくこととなる。また、ことばを話すことも記入することも身体的な行為であり、日本語のみを話した自己に○をつけ、沖縄人の言語を話した自己に×を記入することは、自動反復による身体的記憶行為である。そして、○の数の多い者に対してのみ賞が与えられたということは、その者が「優等生」と計測されたことを意味する。注意すべきは、「優等生」に賞を与えることによって、×の多さを計測された者が自動的に「劣等生」と意味づけられてしまうことなのだ。このような意味において、日課としてくり返し○と×を記入することは、「日本人の文化＝善＝優越／沖縄人の文化＝悪＝劣等」という差別的二項対立を日々身体的に記憶していく行為なのである。いいかえれば、○×の記入を反復することは、この二項対立を行為遂行的に自明化し、自然化していく行為なのだ。

このように、何が当たり前かを教えこむことは、論理的にではなく、身体的記憶の次元でなされるといえよう。それは、この場合、「沖縄人の文化＝悪＝劣等／日本人の文化＝善＝優越」という二項対立を、それがどんなに差別的であろうとも、あくまで当たり前で自然なものとして感覚させていくプロセスなのである。自然なものと感覚されるのは、思考が停止しているからである。また思考されないということは、差別的な二項対立が自明性を獲得しているということなのだ。いいかえれば、沖縄人の劣等性があたかも自然で本質的な実体であるかのように感覚されているのである。もちろんそれは、沖縄人の本質などでは断じてなく、幻想あるいは錯覚にすぎないし、劣等性などという本質は存在しない。だがしかし、自己の劣等性を本質的実体とする感覚が、沖縄人の内部に構築されてきたことだけは確かである。

そもそも沖縄人の劣等性なるものが言説的に構築された虚構にすぎないとしても、より注目しなければならないのは、それを現実のように感覚させる身体的記憶のプロセスが存在することの方なのである。そして、このプロセスを通して現実性を獲得するがゆえに、劣等性の感覚は、その構築性や非実体性を批判するだけではけっして克服しえないものとなってしまうのだ。

身体的記憶は、論理的なものではなく、感覚的なものである。したがって、論理の力のみで容易に克服できるとはかぎらない。そして、注目すべきは、感覚が精神にはたらきかけるがゆえに、「「方言を使うものは悪」「標準語を使うものは善」の感情が芽生え」るということなのだ。これを記述した又吉がいみじくも「感情」ということばを用いているように、このことは、身体的な記憶が感情となって精神に発現することを示しているといえよう。つまり、「優越／劣等」という二項対立は、身体的に記憶されることによって自明性を獲得し、この自明性が感情と連動することによって沖縄人の精神を支配していったのである。

以上のようなプロセスを通して、「沖縄人の文化＝悪＝劣等／日本人の文化＝善＝優越」という差別的定義に疑問をもたず、あたかも本質的実体であるかのように感覚する精神へと、沖縄人はつくり変えられてきたのではなかったか。このような精神のありようを、劣等コンプレックスと呼ぶのである。その意味で、文化の爆弾は、沖縄人を劣等コンプレックスという鉄鎖で拘束するものでもあったのだ。

2　劣等コンプレックス

劣等コンプレックスについて、植民地的な社会構造の文脈で説明したのは、フランツ・ファノンである。

植民地化された民族はすべて――言いかえれば、土着の文化の創造性を葬り去られたために、劣等コンプレックスを植えつけられた民族はすべて――文明を与える国の言語に対し、すなわち本国の文化に対して位置づけられる。植民地の原住民は、本国の文化的諸価値を自分の価値とすればするだけジャングルの奥から脱け出たことになる。皮膚の黒さ、未開状態を否定すればするだけ、白人に近くなる。［Fanon, 1952＝一九九八、四〇―四一頁］

「白人の文明、ヨーロッパの文化は、黒人に、実存の屈折を押しつけた」［Fanon, 1952＝一九九八、三七頁］のであり、そのようにしてもたらされた心的外傷を劣等コンプレックスと呼ぶのである。それは、たとえば、「民族的なものを嫌悪し、たとえ死に絶えたものでも外国のものを卑屈なまでに崇拝する」［Ngũgĩ, 1986 = 一九八七、四四頁］ような感情として被植民者の精神に発現する。そして、植民地の学校は、関広延によれば、「土着の文化の創造性」を破壊すると同時に、被植民者に劣等コンプレックスを植えつける文化的な暴力装置であった。

> 政府の教育目的が帝国主義的発展の労働力、侵掠の尖兵の養成にあったことはいうまでもないが、沖縄においてはとくに叛乱の思想的根を絶たねばならなかった。そこでの日本政府の旗印は「日琉同祖論」であり、その思想的免罪符は「文明開化」であって、沖縄固有の文化は一切合財、地方的歪み・歴史的遅れを表徴する蒙昧の旧慣として、激しく攻撃され、抹殺の対象とされた。日本における権力の末端はつねに警官と教師であったのだが、ことに沖縄においては教師権力は民衆の伝統的文化から日常茶飯事に到るまでを、普遍的日常的に攻撃した。なによりも個の野心を煽り、沖縄の歴史を支えてきた部落（しま）共同体から、つまり沖縄から子どもたちを引き離そうとした。［関、一九八七b、一五八頁］

「教師権力」は、沖縄人の子どもたちに対して、みずから手本を示すことによって、自文化を破壊せよと教えた。沖縄人の「精神的めがね」を破壊することによって、文化的に沖縄から離脱させようとした。なぜなら、「沖縄においてはとくに叛乱の思想的根を絶たねばならなかった」からである。そのために不可欠だったのが「沖縄人の文化＝悪＝劣等／日本人の文化＝善＝優越」という差別的二項対立を自明視させ、劣等コンプレックスを植えつけることによって、沖縄人を従順な身体に改変することだったのだ。そして、このプロセスの駆動に重大な役割をはたしたのが規律訓練という権力なのである。前節で引用した又吉洋士が「先生から標準語を使った賞としてこの名札のようなものを受けた」ことは、「優等生」を証明する出来事であり、「沖縄人の文化＝悪＝劣等」という差別的定義に自動的に服従する従順な身体として認められた証しである。つまり、みずからすすんで琉球諸語を禁止し、差別的二項対立を自明視するようになればなるほど、「優等生」になることができたのだ。

そもそも「沖縄人の文化＝悪＝劣等／日本人の文化＝善＝優越」という差別的二項対立を自明視することは、差別に服従することと同義である。しかしながら、服従者は、自分が服従しているということをけっして意識することがない。なぜなら、規律訓練という権力がここで作動しているからである。すなわち、規律訓練とは、服従する者に、服従していることを意識させない権力なのだ。★17

さて、規律訓練によって従順な身体に改造され、劣等コンプレックスを植えつけられた沖縄人の口から、思わず沖縄人の言語が飛びだしてしまったとすれば、いったいどのような事態が生起したのであろうか。端的にいうと、彼／彼女の内部に、自己嫌悪や罪悪感が自動的に呼びおこされたのである。なぜなら、彼／彼女らにとって、琉球諸語はすでに悪と感覚されており、琉球諸語を話すことは劣等な者のみが犯す罪悪と感覚されていたからだ。つまり、そのような罪悪を犯した自分自身を、彼／彼女らは憎悪したのである。そして、このような劣等コンプレックスを身につけた沖縄人ほど、琉球諸語を話す自分以外の沖縄人を嫌悪や侮蔑の感情をもって見下すようになっていった。さらには、琉球諸語を話す沖縄人を憎悪し、すすんで摘発にのりだす沖縄人すら発生するようになっていったのである。

そして、沖縄人のなかから、みずからの手で琉球諸語を撲滅しようとする勢力まで出現するようになった。その中心は、「優等生」として学校を卒業した沖縄人の教員たちであった。

沖縄におけるディキヤーは単にヤマトグチの優等生ではない。ディキヤーとなるためには、自らの生まれた文化、たとえば沖縄口を棄てねばならない。いや卑しめ、踏みつけな

★17　このことは、関広延による日本国支配層の沖縄人統治策の分析とも符合する。「日本の支配層は琉球処分後約百年にして、ようやく当初の沖縄統治の方針を最終的に貫徹しようとしている。彼らは沖縄の人たちを異族として従えようとしたのでなく、「訛ヲ正メ、正ニ帰シ」（明治13年刊行、最初の日本語教科書『沖縄対話』の跋）、元来の日本国民として、支配も、統治も感じなくさせようと策していたのである」［関、一九七六、二一一頁］。

ければならない。（沖縄で、それ以外の形で、日本語教育は存在したことはない。）沖縄口と同時に、伝統的生活技術、たとえば一人前のウミンチュとして海を歩けるようになることも、棄てねばならない。――そのようにして、ディキヤーは部落を棄てて日本語の世界を歩けるようになる。〔関、一九七六、二〇二頁〕

前引したように、関広延は、沖縄人の教員について、沖縄文化に対する「軽侮というよりは嫌悪がある。不感症というよりは、民族的なものへの積極的な攻撃性がある」〔関、一九九〇、六四頁〕と述べたが、彼／彼女らは、琉球諸語を「卑しめ、踏みつけ」にして「優等生」となった沖縄人のなかから選抜された「最優等生」であったといっても過言ではない。そのような植民地エリートおよびモデル・マイノリティとして沖縄人が、今度は次世代の沖縄人に琉球諸語を禁止し、沖縄人の劣等性を教えることを通して、日本人とその文化を畏怖しありがたがるように導いてきたのだ。いいかえれば、沖縄人への差別を自明視させ、劣等コンプレックスを植えつける教育を実践してきたのである。よって、その教育の「成果」は明白であろう。つまり、「差別された教育制度は、ゆがんだ考え方を身につけた子供を生み出す[★18]」〔Malcolm X, 1965b＝一九九三、五三頁〕ほかないのである。

だが、ここでマルコムXのつぎのことばを想起しておくのも無益ではあるまい。「もちろん黒人の抑圧者もいるわけだが、彼らは白人どもに教えられたことをそのままやっているにすぎないのだ」★19［Malcolm X, 1965b＝一九九三、一〇三頁］。「日本人の文化＝善＝優越／沖縄人の文化＝悪＝劣等」と差別的に定義し、琉球諸語の禁止や撲滅をはかったのは、もともとは日本人の方なのだ。したがって、沖縄人の教員たちにしても、日本人に教えられたことをそのままやっていたにすぎないといえるのかもしれない。さらには、みずからの植民地主義的利益のために、教員たちをはじめ沖縄人を従順な身体へと改造してきたのも、もともとは日本人なのだ。その結果、日本人は、直接手を汚さずとも沖縄人の文化を破壊できるようにまでなったということなのである。つまり、沖縄人を共犯化し実行犯化することで、主犯たる日本人は、みずから手

★18　マルコムXは、教育と一体化した差別をこう批判している。「われわれは、差別された教育に反対して闘うだろう。なぜなら、それは犯罪だから。そして、ゆがんだ教育にさらされている子供たちの心に対する、考えうるかぎりの方法による、この上もない破壊行為であるから」［Malcolm X, 1965b＝一九九三、五四頁］

★19　また、こうも述べている。「手先を非難してはいけない。それを操った奴を非難すべきだ。彼らはだれか他の奴の命令を実行したにすぎない。だれか他の奴にあやつられているのだ。だから、彼らに責任はない。いや、ある意味では責任がある。しかし、私はそれでもなお彼らを非難しないつもりだ。彼らに命令を下した奴にこそ非難を向ける」［Malcolm X, 1965b＝一九九三、一二一頁］

を下さずとも利益だけはしっかり転がりこむという仕組みを構築したのである。
このように、従順な身体となった被植民者ほど、植民者にとって都合のよい存在はほかにない。なぜなら、植民者の思い通りに動くし、そういう自分に疑問をもつこともほとんどないからだ。そして、従順な身体をつくりだす上で、きわめて重大な役割をはたすのが、劣等コンプレックスの植えつけなのである。「われわれは自分たちの肌の色をいみ嫌い、血管を流れているアフリカ人の血を憎悪した。そして自分たちの容貌、自分の皮膚、自分の血を憎み、ついに自分自身を憎悪しなければならなくなった。われわれは自己嫌悪におちいってしまったのだ」[Malcolm X, 1965b＝一九九三、一九〇頁]というマルコムXのことばは、劣等コンプレックスが被植民者におよぼす深刻な悪影響を証言したものである。

黒い容貌や血は、われわれに劣等感をもたせ、半端者の意識と無力感を抱かせた。そしてわれわれは、この半端者の意識と劣等感、無力感の被害者意識におちいった時に、私たちの道を示してくれとあかの他人に援助を求めたのだ。われわれは他国の黒人が、他の黒い民族がわれわれの行く手を指し示してくれるとは信じていなかった。その当時、われわれは信じなかったのだ。ある種の楽器を演奏したり、音をだし、歌や何かで人を楽しませることを除けば黒人にやれることなど、ほかには何も考えられなかったのだ。しかも自分たちの食料、衣類、住宅、教育などにかかわる重要なことは白人に援助を求めていた。われわれはこれらの物を自分たちの手でつくり出すという点について思いをめぐらしたことはない。われわれは自力でこういうものを処理するということを考えたためしはなかった。何故なら、われわれは無力感におちいっていたからだ。われわれに無力感を抱かせるのは、自分に対する憎悪であった。そして自分に対する憎しみはアフリカ的なものに対する憎悪に由来していた……。［Malcolm X. 1965b＝一九九三、一九一頁］

劣等コンプレックスは、被植民者の精神に無力感という感情を発生させることによって、自立を想像する力さえも奪いとってしまうのだ。自立できなければ、助けてくれる者に依存するほかないだろう。そして、助けてもらいたければ、従順になるしかないだろう。なぜなら、従順でなければ助けてもらえなくなるかもしれないのだから。被植民者は、こうして、すすんで従順な身体と化していくのだ。また、助けてもらえればありがたいだろうが、その一方で、もしも助けてもらえなかったらという不安もつきまとう。その結果、被植民者は、植民者を畏怖すると同時にありがたがる感覚を植えつけられるのだ。

沖縄人が日本人とその文化を畏怖しありがたがるとすれば、無力な自分をそれが救ってくれると感覚しているからである。劣等コンプレックスは、このように、植民者とその文化に対する被植民者の偏愛を起動させる。だが、ここで上演されているのは、前述したような、被植民者の文化を破壊し、無力感におとしいれた元凶が、「自らがつくり出したこの荒野のまっただ中へ治療法として現われ」［Ngũgĩ 1986＝一九八七、一五頁］る植民者自作自演の茶番劇でしかない。そして、より日常的な表現でこの場合の「治療法」をあらわせば、要するに、植民者への同化にほかならない。つまり、被植民者を植民者に同化させるために不可欠となるのが劣等コンプレックスの植えつけなのである。

ところで、劣等コンプレックスを植えつけられた被植民者は、マルコムXがいうように、「自分自身を憎悪」し、自文化を憎悪する。なぜなら、それが自身の無力感の原因なのだと錯覚させられているからだ。したがって、無力感が深ければ深いほど、自分自身と自文化への憎悪も強烈になるといえよう。このことは、琉球諸語を撲滅しようとした沖縄人教員たちにも当てはまる。つまり、彼／彼女らの無力感は、それほどまでに深かったということなのだ。彼／彼女らは、それほどまでに劣等コンプレックスのかたまりであって、それほどまでに自分自身を憎悪していたのである。すなわち、自文化を憎悪する者とは、自分自身を憎悪する者なのだ。ただし、学校等を通して他の沖縄人、とりわけ若い世代の沖縄人同胞を巻き添えにするのではなく、自分のコンプレックスや無力感は、自分だけで処理するぐらいの節度が必要ではなかったか。

しかしながら、同胞とは自文化を体現した存在であり、自文化そのものといっても過言ではない。したがって、自文化を憎悪する者は、自分自身を憎悪するのみならず、必然的に、同胞をも憎悪してしまうのだ。そして、劣等コンプレックスによって無力感が深くなればなるほど、同胞に対する憎悪もより強烈になっていく。彼/彼女らは、憎むべき無力な自分自身の姿を、同胞にみいだしてしまうのだ。その結果、同胞という鏡に映った自己を攻撃し、破壊しようとするのであり、無力な自分を見なくてもすむように、鏡を矯正しようとするのである。第二章で言及した「方言札」や「悪魔的ゲーム」等、きわめて残酷な方法が学校で用いられたのも、沖縄人教員たちの自分自身に対する激しい憎悪のゆえといえよう。だが、実際に彼/彼女らが攻撃し、憎悪を向け、破壊したのは、彼/彼女ら自身ではなく、あくまで鏡だったのである。彼/彼女らは、自分の身代わりに、より無防備な沖縄人の子どもたちを攻撃し、あまりにも深くむごたらしい傷を負わせてしまったのだ。★20

本来、彼/彼女らは、彼/彼女ら自身に劣等コンプレックスを植えつけた植民者を憎悪し、攻撃すべきではなかったか。ところが、劣等コンプレックスにおちいった者ほど、あべこべに、自文化と自分自身および同胞に憎悪を向けてしまうのである。その結果、劣等コンプレックスは容易に自家再生産され、次世代へと伝達されていくこととなる。しかも、劣等コンプレックスにおちいった被植民者ほど、同じ被植民者を攻撃するのみであり、植民者を憎悪することもなければ、攻撃することもない。したがって、植民者にとってこれほど都合のよい支配の方法はないのだ。被植民者に対する劣等コンプレックスの植えつけが、全世界の植民地で広範に実践されてきたのはこのためである。

さて、劣等コンプレックスにおちいった沖縄人ほど、沖縄人とその文化を憎悪すると同時に日本人への同化を希求する。同化を希求するのは、日本人が無力な自分を救ってくれると錯覚しているからだ。また、沖縄人を日本人に同化させたければ、沖縄人の教員に劣等コンプレックスを植えつけるのがもっとも効率的である。なぜなら、彼／彼女らは、一度に大量の沖縄人を日本人への同化の巻き添えにすることが可能なのだから。そして、沖縄人を日本人に同化させることによって、もっとも利益を得るのは、いうまでもなく、日本人にほかならないのである。

3 同化と精神の植民地化

第二章で述べたように、「琉球人をそっくり日本人として造り変え、琉球を日本固有の領土とする、そういった植民地政策」（関広延）は、琉球諸語をはじめ沖縄人の文化を破壊すると同時に日本語等の文化を強制して日本人に同化させるという差別的な方法によって実践された。この場合、差別といえるのは、文化の破壊や強制のみではない。なぜなら、そもそも同化自体が差別にほかならないからである。同化はけっして平等化のプロセスではなく、まったく逆のプロセスなのだ。したがって、同化が進行すればするほど、差別がなくなる可能性も遠のいていかざるをえないのである。

同化の多くは、だれかとだれかが対等に融合し、平等な人間同士として均等に同じになるというものではない。むしろ同化は、同化を要求する側／される側という非対称な権力関係において生じるものであり、同化が進行すればするほど両者の権力的差異は強化されていくのである。そして、この非対称な権力関係によって、同化を要求される側だけが異文化習得等に多大なコストや犠牲を一方的に強いられるのだ。それに対して、同化を要求する側は、他者を自己に同化させることを当然視できる特権的な位置にあり、一方的に他者に犠牲を強いることが可能な権力である。同化の要求が他者に犠牲を強いる行為である以上、その行為は差別行為以外

★20　関広延は一九七二年六月にこう記している。「言葉においても、沖縄口が日本という国家によって扱われた扱われかたは、まことに残酷なものであった。わが国は沖縄の歴史・生きかたを抹殺するために、沖縄口に対して激しい攻撃を加えた。それは特に昭和にはいって以後、直接には大和化した沖縄の教師たちによって手を下された犯罪であり、いまなおその犯罪は続けられている。五・一五の数日前に訪れた、貧しさのうちに限りない豊かさを湛えて存在している多良間島の宿に、ま新しい紙に書かれた「家でも外でも共通語」の標語が、「小学校児童会」の名で貼ってあったのは、自らの犯罪をさらに子ども自身に負わせようとする日本の教師共通のやりかたの表われといえよう」［関、一九八七a、三三頁］。

の何ものでもない[21]［野村、一九九九a、八二―八四頁］。

　したがって、同化を、被植民者に植民者側の文化を習得させるものとだけ判断してしまうのはまちがいである。吉野作造は、「同化政策とは云ふもの、実は全然日本人と同じ者になれと云ふのではなく、日本人の云ふ通りの者になれといふ要求なのである」［小熊、一九九八、六六〇頁］と喝破したが、これこそ、もっとも妥当な同化の定義といえよう。吉野にならえば、植民者が被植民者に要求する同化とは、結局のところ、植民者の言いなりになる人間をつくりだすことなのである。被植民者のみが植民者の文化という異文化を一方的に習得させられるのは、非対称な権力関係によって、そもそも植民者の言いなりにならざるをえないからなのだ。植民者の言いなりになる人間とは、植民者と対等な主体性をもった人間ではなく、植民者の意のままに支配できる客体でしかない。その意味で、同化とは、「全然日本人と同じ者になれと云ふのではなく」、日本人とはまったく異なった劣位の人間になれ、ということなのである。また、「日本人の云ふ通りの者になれといふ要求」とは、日本人の言いなりになるような従順な身体になれ、という要求なのだ。

　ここに、植民地主義が被植民者を共犯に仕立てる場面をみいだすことができる。他者の言いなりになる人間とは、あやつり人形のようなものである。あやつり人形には自己の精神というものがない。だからこそ、他者の意のままにコントロールされるのである。他者の言いなりになるということは、自己の精神を他者にあけわたすということであり、いいかえれば、精神を植民地化されるということなのだ。

植民地主義は、同化というプロセスを通して被植民者の精神を植民地化し、彼／彼女らを従順な身体へと改変することによって植民者の共犯に仕立てる。このような一連の文化的実践を包括する概念として、わたしは、「文化の爆弾」ほど適切なものはないと考える。そして、エドワード・サイードが「知的植民地支配＝intellectual colonialism」について説明したことばもまた、文化の爆弾の深刻な破壊力を語ったものとして読むことが可能であろう。

それは、［中略］支配者［colonizer＝植民者］が自分たちを見る視線を自分のなかに取り込んで内在化し、彼らに教わり、彼らに支えてもらわなければ自分たちは何をする能力もないと信じてしまうことです。自分たちの社会や価値観に基づく評価は役に立たず、彼らの評価でなければ有効性がないという考えを持ってしまうことです。この問題はきわめてたちが悪く、奥深く浸透しているため、食い止めたり変えたりすることができるものかどうか

★21　また、差別現象の理論については、［Memmi, 1957＝一九五九］、および、［Memmi, 1994＝一九九六］参照。アルベール・メンミの差別理論の概略については、［野村、二〇〇三］参照。

さえ疑問です。〔Said, 1994＝一九九八、二〇七―二〇八頁〕

前章の最後で、わたしは、沖縄人にとって、日本人の側からとらえることは、もっとも危険な文化の爆弾を体内に取りこみ、内部から粉砕されることを含意していると述べた。日本人の側からとらえることは、「支配者〔植民者〕が自分たちを見る視線」という文化の爆弾を「自分のなかに取り込んで内在化」することでもあるのだ。そして、沖縄人の体内に取りこまれた日本人の文化の爆弾は、やがて爆発したのである。この爆発によって内部から粉砕された結果、日本人の教えに従い、日本人に「支えてもらわなければ自分たちは何をする能力もないと信じてしまう」沖縄人がつくりだされてきたのである。さらに、「自分たちの社会や価値観に基づく評価は役に立たず」、日本人の「評価でなければ有効性がない」と無意識的に感覚する沖縄人が生みだされてきたのだ。

もちろん、このように劣等コンプレックスのかたまりのごとく精神を植民地化された沖縄人ばかりというわけではけっしてない。しかしながら、沖縄人を精神的に植民地化するプロセスは現在も継続中であり、文化の爆弾の威力によって今この瞬間も精神を植民地化されつづけている沖縄人は確かに存在するといえよう。しかも、そのような沖縄人はけっして少ない数ではないのだ。また、もはや劣等コンプレックスはないと言い切る若い世代の沖縄人も登場してきたが、実際には、自身の劣等コンプレックスに無意識なだけかもしれない。規律訓練という権力の作用によって、自身の劣等コンプレックスに無意識となるくらい精神を植民地化されているのかもしれない。つまり、文化の爆弾は、目に見えるとはかぎらないのだ。さらには、その爆発もまた目に見えるとはかぎらないし、自分でも気づかないうちに爆発によって粉砕されているのかもしれない。したがって、沖縄人のおかれている現在の社会的・文化的状況において、文化の爆弾を発見し、適切に批判し、起爆装置を解除することが急務なのである。

ところで、文化の爆弾の威力を十全に発揮させるためには、実物の爆弾を用意しておくことも必要である。実際、一八七九年の「琉球処分」から日清戦争にかけての琉球併合過程において、物理的な暴力を準備することは、同化を促進する重大な要因として機能した。沖縄学の祖・伊波普猷は、「自滅を欲しない人は之に従はねばならぬ。一人日本化、二人日本化し、遂に日清戦争がかたづくころにはかつて明治政府を罵った人々の国から帝国万歳の声を聞くやうになりました」〔冨山、一九九七、七頁〕と述べた。冨山一郎によれば、伊波のこのことばの背景には、軍隊、警察、そして沖縄在住の日本人自警団によって、沖縄人虐殺が計画されていたという現実が存在するのである〔冨山、一九九七、六―七頁〕。

伊波のことばを借りれば、沖縄人とは、「かつて明治政府を罵った」ほどのひとびとなのだ。それほどのひとびとから「帝国万歳の声」まで発せられるようになったとなれば、沖縄人虐殺計画の存在が発揮した絶大な効果について考えないわけにはいかないだろう。すなわち、ここにみなければならないのは、同化をせまる暴力という問題なのである。虐殺される方を選ぶかそれとも同化する方を選ぶかとせまられれば、多くのひとは同化する方を選択するのだ。

併合当初から沖縄人虐殺が計画されていたというからには、冨山がいうように、沖縄人は最初からいつか日本人に殺されるかもしれないという「暴力の予感」に支配されていたと考えられる［冨山、一九九七、六―七頁］。暴力が予感されるならば、たとえ実際には暴力が行使されなくとも、その予感は恫喝として作用する。したがって、暴力を予感した時点で、虐殺されるくらいなら同化する方へと、沖縄人の意識は方向づけられたのではないだろうか。つまり、同化をせまる暴力を準備するだけで、実際に暴力を行使せずとも十分に同化を促進することが可能になるのである。

実際には、琉球併合当初に計画されていた沖縄人虐殺は回避された。しかしながら、同化をせまる暴力は、沖縄戦にいたって、沖縄人虐殺を、ついに現実のものとした。沖縄戦では、スパイの濡れ衣や琉球諸語での会話を理由に少なからぬ沖縄人が日本人に虐殺されたのである。しかも、虐殺の犠牲者には多数の幼児までもが含まれていた［大田、一九九四、二九―三〇頁：冨村、一九七二］。このような沖縄人虐殺が示しているのは、同化するか否かが生死の分岐点ともなるすさまじい暴力が行使されたという現実であり、生きのびるためには日本人に同化するほかないという極限状況なのである。そして、沖縄人は、実際に虐殺を経験させられたことによって、ますます「暴力の予感」を強めることとなったといえよう。

酒井直樹は、以上のような沖縄人の「暴力の予感」と同化との関係について、「沖縄人は日本人として同化するかもしれないけれども、ある段階に来たら「彼らは私を殺すかもしれない」、という関係でその国民と結びつくわけです。その関係というのは潜在的な恐怖をはらんでいます」と述べる。また、この恐怖感は両義的であり、民族主義的な沖縄ナショナリズムにむすびつく可能性もあれば、「殺される少数者の側より殺す多数者の側になりたい」と日本ナショナリズムにむすびつくこともある［酒井ほか、一九九八、八七—八八頁］。同化をせまる暴力は、沖縄人を恐怖させ、日本人からの暴力を予感させることによって、「殺す多数者の側」としての日本人に沖縄人を同化させようとしたのである。

さて、話題を現在に近づけることにしよう。「日本復帰」以降の沖縄の失業率は、つねに日本国全国平均の約二倍に放置されてきたのだが、このこともまた同化をせまる暴力と密接に関係していると考えられる。いうまでもなく、沖縄の高失業率の大きな原因は、七五パーセントもの在日米軍基地の押しつけによる経済発展の阻害にほかならない。ところが、沖縄の高失業率は、原因と結果がまるで逆であるかのように、沖縄人に基地を押しつけるために悪用されてきたのだ。

高失業率の数字は、失業者だけを恐怖させるのではない。失業者よりもはるかに大多数の現在職に就いているひとびとに対しても、いつ失業するかもわからないという恐怖をよびおこすものなのだ。いいかえれば、失業の予感であり、失業という「暴力の予感」である。このような「暴力の予感」におびえる沖縄人に対して日本国政府は、沖縄人に基地を押しつけることに

「協力」すれば経済的な「支援」を行なうが「協力」しなければ失業の恐怖に逆戻り、という意味の恫喝的メッセージを再三発してきた。そして、日本国政府の沖縄に対する「経済振興策」は、ほぼつねに基地の受けいれと引き替えに提示されてきたのである。だが、軍事基地とは戦争の道具であり、人殺しの道具である。したがって、もしも沖縄人がそれを積極的に受けいれるとすれば、「殺す多数者の側になりたい」と宣言するのも同然なのである。そして、これこそが日本人への同化にほかならない。

高失業率の数字とセットになった日本国政府による恫喝は、沖縄人に対して、同化をせまる暴力として機能する。この場合、恫喝によって沖縄人に基地を受けいれさせようとすることは、すなわち、「日本人の云ふ通りの者になれといふ要求」という意味での同化要求なのである。この吉野作造による定義は、ここでも、同化の定義としてきわめて妥当である。加えて、日本人による沖縄人虐殺やその後も継続した差別と暴力は、沖縄人の「いつかまた日本人に殺されるかもしれない」という「暴力の予感」を強化してきたのだ。したがって、失業という「暴力の予感」におびえる沖縄人ほど、日本国政府の恫喝を前にすれば、「日本人の云ふ通り」に同化をせまる暴力に屈してしまい、まさしく「日本人の云ふ通りの者」になるという意味で、沖縄人への基地の押しつけに「協力」する方向へと容易にころんでしまうであろう。つまり、同化してしまうのだ。

沖縄人への基地の押しつけに沖縄人が「協力」することは、在日米軍基地を沖縄人に過剰に押しつける日本人の暴力に対して、沖縄人自身が共犯となる行為である。だが、共犯も沖縄人である以上、基地を押しつけられることに変わりはない。したがって、沖縄人が基地の押しつけに共犯化することは、自分で自分の首を絞める結果にしかならないのである。一方、日本国政府は、沖縄人を共犯化するために、実行犯として、同化をせまる暴力を行使する。だが、このような日本国政府を構築したのは、いうまでもなく、ひとりひとりの日本人なのだ。したがって、日本人は、いかにそのことに無意識であろうとも、同化をせまる暴力の主犯にほかならず、この暴力を通して沖縄人から利益を搾取している張本人にほかならない。

このように、沖縄を高失業率に放置することは、七五パーセントもの在日米軍基地を沖縄人に押しつけるために日本人が必要としているものと理解することも可能であろう。日本人が沖縄人を基地の押しつけの共犯に仕立てるためには、沖縄を高失業率に維持することが是非とも必要なのだといえよう。

4　加害者の被害妄想

多くの日本人は、自分という日本人こそが沖縄人に基地を押しつけている加害者だということをまったく意識していない。つまり、日本人は、みずからの植民地主義に無意識なのであり、無意識的に基地を押しつけ、無意識的に沖縄人を犠牲にすることによって、無意識的に搾取しているのだ。いいかえれば、植民者としての自分をまったく意識しておらず、差別の意識もなくごく自然に沖縄人を差別しており、加害者としての意識もなく加害行為をはたらきつづけているといっても過言ではない。その意味で、日本人にとって、沖縄人に対する搾取や差別は自然化しているのであり、沖縄人に基地を押しつける加害行為の方が正常な状態と化しているといえよう。逆にいえば、沖縄人との平等を異常として嫌悪・排除する倒錯の世界に多くの日本人は生きているのだ。「基地を日本に持って帰れ」という平等要求にすぐさま反発する日本人が多いのもそのためである。

差別を差別と意識しないのは差別者や植民者の特徴であり、何の疑問もなくきわめて自然に植民地主義を実践できるのが植民者というものである。逆にいえば、植民者は平等なるものを知らないし、沖縄人との平等を知らないばかりか想像すらできない日本人も多い。したがって、「基地を日本に持って帰れ」という平等要求を不当な加害行為のようにしか認識できない日本人が多いとしてもおどろくにあたらない。本来、沖縄人が日本人に平等を要求するのは当然の権利なのだが、沖縄人との平等を想像すらできない日本人は、平等を要求されること自体を「被害」としか認識できないのである。そもそも沖縄人への基地の押しつけという加害行為を実践しているのは日本人の方であるが、ほとんどの日本人はそれを当たり前としか感覚していない。つまり、加害行為の方が自然で正常化した倒錯の世界に生きているがゆえに、多くの日本人は、「基地を日本に持って帰れ」＝「加害行為をやめて平等になろう」と要求されることを「被害」のように受けとってしまうのだ。

日本人が基地を日本に持ち帰ることは、単に沖縄人との平等を実現する行為にすぎず、そのときに日本人に発生するであろう「痛み」等もけっして被害の名に値しない。基地の押しつけという加害行為をはたらいているのはそもそも日本人の方である。したがって、基地を引き取ることによって加害行為を積極的に終焉させることは、日本人の責任以外の何ものでもない。このような責任をはたすことは、日本人がみずからの植民地主義をみずからの手で自主的に廃棄する方法のひとつであり、日本人の名誉を挽回する行為でもある。

基地を押しつけている加害者の日本人が、日本に基地を持ち帰って平等に負担することを被害と感じるのであれば、すなわち、「加害者の被害妄想」に転落しているとしかいいようがない。なぜなら、平等になることはけっして被害とはいえないからであり、日本人の側には被害の名に値する現実がまったく存在しないからである。現実でない以上、日本人は被害を「妄想」しているとしかいいようがない。一方、沖縄人への基地の押しつけという加害行為の方はまぎれもない日本人の現実である。したがって、沖縄人の側の被害もまたまぎれもない現実なのだ。被害が現実である以上、沖縄人はけっして被害を妄想することができない。つまり、被害を妄想できるのは厳密にいえば加害者だけなのであり、「被害妄想」とは日本人という加害者の専売特許にほかならない。

さて、以下の事例は、加害者の被害妄想におちいった日本人の典型である。同時に、この事例のような日本人の主張は、沖縄人を共犯化する文化の爆弾として機能してきたといっても過言ではない。したがって、以下の事例は、沖縄人を精神的に植民地化するプロセスが今も継続中だという現実を示すものにほかならず、沖縄人がおかれている現在の社会的・文化的状況において発見しうる文化の爆弾のひとつなのである。その点、批判的な分析を通して速やかに起爆装置を解除しなければならない事例といえよう。ちなみに、批判とは、問題を発見するための学問的な方法であり、非難や攻撃とは根本的に異なる。

「県外移設」主張に、「痛みを担うべき」がよく出る。誰に対して言っているのかを、主張する側は明確にすべきだ。私たちが闘うべき相手は誰なのか。そして一緒に闘ってきた人たちは誰なのか。違うテーマの運動でも、(例えば、原発、ＨＩＶの薬害感染、廃棄物、先住民族アイヌ、在日韓国朝鮮人、女性差別等)、根っこのところ(敵)は共通している。「県外移設」を打ち出すとき、この人たちとの連帯はどうなるのか。この人たち自身の運動を追いつめることになるのではないか。ここ(沖縄)もあっち(ヤマト)も状況が変わらないのは、圧倒的な力でそれをねじ伏せているものがあるからだ。／そして矛先は沖縄の運動自体にも向かうだろう。「県外移設」で誰が得をするのか。痛みを知れば、全国的な反基地運動に展開していくだろうか。移設された地域の人たちと、移設を主張した沖縄の人たちはつながれるだろうか。「宜野湾にいらないものは、名護にいらない。沖縄のどこにもいらない」。その先が「県外移設」なら、私たちがやろうと願っているものは、平和運動ではなく基地移設運動でしかなくなる。／沖縄の運動は、「沖縄戦の体験から戦争が平和を作るものではない。戦争につながる基地はいらない」という筋の通った平和への根本的な願いだったはずだ。立場を超えて一致していたからこそ、大きな力になっていたはずだ。「県外移設」議論は大いにやるべきである。しかし、運動がそこで分裂し、減速して喜ぶのは日本政府と米国政府だけだ。／「痛みを担う」論で言うのならば、沖縄も原発も産業廃棄物も公害を垂れ流す工場も担うべきだと言われたらどうするのだろう？　逆に言えば、他の問題に取り組むひとびとの痛みを、どれくらい沖縄の運動、そして社会の根底で共有してきたかということになるだろう。／これまでの運動への深い洞察と反省、そして今後構築したい社会像（沖縄という地域に限らず）抜きに、「県外移設」を主張することは非現実的対応である。［西、一九九八、五七頁］

これは西智子という日本人の主張だが、西もまた沖縄人との平等を知らないばかりか想像すらできないようだ。★22 そして、やはり日本人だけあって、日本人の利益のみを守ろうと躍起になっているといっても過言ではない。フランツ・ファノンは、平等を求める被植民者への植民者の反応を説明して、「だが彼が、自分の身のほどを忘れ、ヨーロッパ人と肩を並べようともくろむなら、そのときはヨーロッパ人は腹を立て、不心得者を排斥する」〔Fanon, 1952 = 一九九八、一二五頁〕と述べたが、右のように主張する日本人もまた、平等を求める沖縄人に「腹を立て」、「自分の身のほどを忘れ」た「不心得者」として「排斥」しようとしているのではないか。また、本書第一章の議論をふまえていえば、日本人が「県外移設」の阻止を主張することは、今後も沖縄人を犠牲にして植民地主義的に利益を搾取するつもりだと宣言するに等しい。その意味で、沖縄に「移住」までしてこのような主張をする日本人は、日本人の利益を防衛する先兵として沖縄に「植民」した文字通りの「植民者一世」といえるだろう。

つけ加えておけば、日本人は軽々しく沖縄への「移住」を口にするが、日本人に基地を押しつけられたがゆえの高失業率等が原因で沖縄を出ざるをえなくなった沖縄人は多いのだ。現状における日本人の「沖縄移住」とは、沖縄人に基地を押しつけて植民地主義的に搾取するにあきたらず、厚顔無恥にも居住地や仕事まで提供させようとする行為であり、植民といわれても仕方あるまい。その点、日本人の「沖縄移住」とは、古典的な意味での植民者に回帰する行為といえよう。植民地を思う存分収奪したかつての日本人植民者は、結局、日本に逃げ帰った。そして、いまだに、植民地を荒廃させた責任も、「原住民」を殺戮した責任もいっさいとろうとしない。現代の日本人も、都合が悪くなれば、物理的にも精神的にもいつでも沖縄から逃げだすことができる。それが植民者の特権であり、思う存分収奪して利用価値を吸い尽くしてしまえば、「もう沖縄には魅力はない」などとうそぶいて切り捨てることもできるのだ。

ところで、西という日本人が沖縄人との平等を知らないことは、「県外移設」を提案されたくらいで逆ギレしている点から容易に確認できる。「県外移設」提案に過剰に反発することによって、逆に、現状の「県内固定」という差別を当然視していることを表明してしまっているからである。第一章で議論したように、「県外移設」の主張とは、在日米軍基地の平等な負担を提案しているにすぎない。したがって、この提案に反発するということは、沖縄人との平等に反発しているのであり、平等という当然の権利を要求する沖縄人に逆ギレしているのである。

逆ギレとは、本来なら糾弾されて当然の加害者が、糾弾されたからといって、あべこべに被害者に怒りをぶちまける行為である。逆ギレによって加害者は、本来被害者のものであるはずの怒りを横取りし、被害者の位置を簒奪するのだ。しかも、自分が逆ギレしているということをまったく意識しないのも逆ギレする者の特徴である。つまり、加害者が逆ギレできるのは、糾弾という当然の報いを、あたかも一方的な被害であるかのように妄想しているからなのだ。そして、そのように妄想できるのは、あたかも当然のように加害行為を実践しているからであ

★22　この主張への批判にあたるものをあげておこう。［心に届け女たちの声ネットワーク、二〇〇〇：カマドゥー小たちの集いメンバー、二〇〇〇］

り、加害行為という意識もないからだ。

その意味で、「県外移設」の主張を「平和運動ではなく基地移設運動」でしかないと腹立ちまかせにこきおろす行為などは、加害者の被害妄想からくる逆ギレの典型といえよう。ここで逆ギレできるのは、沖縄人への基地の押しつけをあまりにも当然視しているからである。つまり、相手が沖縄人であれば基地を押しつけてもまったくかまわないが、日本人自身が基地を負担することだけはまかりならんということなのだ。多くの日本人はこのような沖縄人への差別を常識化した倒錯の世界に生きているといっても過言ではない。その結果、差別という加害行為を行使する特権が少しでも脅かされれば、あたかも被害を受けたかのような妄想的な感覚におちいってしまうのである。

また、基地の日本への移転を平和運動ではないというのであれば、沖縄人との平等は平和と両立しないといっているのと同じである。そもそも米軍基地の日本への移転による平等化を被害と妄想するのであれば、沖縄人との平等を平和への脅威と認識してしまうのも無理はない。この場合の平和とは、日本人だけの平和を意味しているのであって、沖縄人の平和はまったく含んでいないのだ。日本人は沖縄人を犠牲にすることによって自己中心的に平和を享受してきたのだから、日本人のいう平和から沖縄人の平和が排除されてもおかしくはない。実際、日本人の大好きな「平和憲法」も実質的には沖縄を除外しているではないか。つまり、「「沖縄戦の体験から戦争が平和を作るものではない。戦争につながる基地はいらない」という筋の通った平和への根本的な願い」を、日本人は、沖縄人に基地を押しつけることによってことごとく裏切ってきたのである。そして、このような自分という日本人の現実こそ、西という日本人がけっして見ようとしていないものなのだ。したがって、「非現実的対応」をくり返してきたのはむしろ西自身の方なのである。

自分自身の現実を見ようとしない「非現実的対応」は、「戦争につながる基地はいらない」という沖縄人のことばの横領を可能にしている。しかも、日本人の利益に貢献させる形での横領である。すなわち、「戦争につながる基地はいらない、したがって、沖縄から日本への基地移設もまかりならん」、と。だが、そもそも「戦争につながる基地」を沖縄人に押しつけつづけているのは日本人の方なのだ。換言すれば、沖縄人に基地を押しつけることによって、日本人は、「戦争につながる」行動をとりつづけているのである。しかも、第一章で述べたように、日本人はひとり残らず、日米安全保障条約に賛成したのも同然の結果責任を負っている。したがって、日本人は、そもそも「戦争につながる基地はいらない」ということばを裏切りつづけているのである。つまり、「戦争につながる基地」を沖縄人に押しつけることによって、日本人は、「沖縄戦の体験から戦争が平和を作るものではない。戦争につながる基地はいらない」という沖縄人の願いを裏切りつづけているのだ。

このような自分自身の現実を、日本人は、まずは直視しなければならない。そして、この現実への結果責任をはたすことこそ、日本人が第一にとるべき「現実的対応」ではなかろうか。裏切りのおとしまえをつけるのは裏切りをはたらいた者の責任である。「戦争につながる基地はいらない」という沖縄人の願いを裏切った者は、「戦争につながる」行為を今すぐやめることによって責任をとらなければならない。「戦争につながる」行為とは、いうまでもなく、「戦争につながる基地」の沖縄人への押しつけにほかならない。よって、「戦争につながる」行為をやめるためには、「戦争につながる基地」の押しつけをやめなければならないのである。そして、日本人が「戦争につながる基地」の押しつけをやめるための確実な方法こそ、基地を日本に持ち帰ることなのだ。このように、基地を日本に持ち帰って平等に負担する責任をはたそうとすることは、日本人が「戦争につながる」行為をやめていくための不可欠のプロセスなのである。

「良心的日本人」はよく「沖縄との連帯」を口にするが、基地を日本に持ち帰って平等に負担する責任をはたすことが一番の連帯である。ところが、彼／彼女らもまた、加害者の被害妄想におちいることによって、基地の日本への移転という平等化のための行為を、逆に、連帯を破壊する行為としか認識できない場合が多い。平等化への行為を日本人に被害をおよぼす行為としか認識できないがゆえに、たとえば、「移設された地域の人たちと、移設を主張した沖縄の人たちはつながれるだろうか」などと反発してしまうのだ。だが、沖縄人に基地を押しつけることによって、日本人は、沖縄人とのつながりをみずから断ち切ってきたではないか。沖縄人との連帯を破壊しているのはそもそも日本人の方なのだ。日本人が沖縄人とつながるためにはは、このような日本人自身の現実を変革する以外に方法はない。

　その意味で、日本への基地移転によって「痛み」を担ってはじめて日本人は沖縄人とつながることができるといえよう。ここで重要なのは、日本人が「痛みを担うべき」なのは日本人こそが「痛み」の原因にほかならないからだということである。「痛み」の原因たる日本人には、「痛みを担うべき」責任があるのだ。「痛みを担うべき」なのは、「痛み」をつくりだした責任があるからだ。そして、他者に「痛み」を押しつけた者には、「痛み」を除去する責任がある。日本人には、沖縄人に押しつけた「痛み」を、みずからの手で引き取る責任があるのだ。この責任をはたすことは、日本人が、植民者としてではなく、対等な人間として、沖縄人とつながる方法である。

5　加害者の被害者化と被害者の加害者化

　一方、沖縄人はけっして「痛み」の原因ではない。したがって、「痛み」の押しつけの責任を沖縄人が引き受けることは不可能だ。にもかかわらず沖縄人が責任を引き受けようとするならば、逆に無責任な結果にしかならない。その最たる例が「沖縄の痛みをよそ（日本）に移すのは心苦しい」という「思想」である。強調しなければならないのは、これはけっして美しいことばではないということである。なぜなら、日本人がこのことばに大いに甘えてきたからであり、日本人が大よろこびすることばだからだ。つまり、このことばは、日本人の責任転嫁や免罪に貢献してきたのである。したがって、沖縄人は、このことばを口にすることによって、無意識のうちに日本人の共犯となってきたといっても過言ではない。

「沖縄の痛みをよそ（日本）に移すのは心苦しい」と言ってきた沖縄人は、まずは、その結果を直視しなければならない。すなわち、自分の子や孫たちに「痛み」を押しつける結果にしかなっていないではないか。「沖縄の痛みをよそ（日本）に移すのは心苦しい」とは言うのに、なぜ「次世代の沖縄人に痛みを移すのは心苦しい」とは言わないのか。「若い世代の沖縄人に痛みを押しつけてはならない」と真っ先に言うのが沖縄人の責任ではないのか。沖縄人であれば「痛み」を押しつけてもよいのか。

ここにもまた、精神の植民地化という問題をみいだすことができる。精神を植民地化されてきたがゆえに、日本人との平等な関係を想像すらできず、無意識的に日本人に共犯化する沖縄人は少なくないということなのだ。いいかえれば、自身が搾取され不平等に処遇されることを当たり前と感覚する従順な身体としての沖縄人はいまだに多いのだ。つまり、自分自身の劣等コンプレックスに無意識なのである。この無意識が、沖縄人を犠牲にして利益を奪取している日本人のために大いに役立つのはいうまでもない。しかも、犠牲になるのは自分という沖縄人ひとりではない。無意識の劣等コンプレックスの巻き添えにされて、もっとも理不尽な犠牲を強いられるのは、他の沖縄人、とりわけ、若い世代やこれから生まれてくる沖縄人なのだ。

現状を直視するならば、「沖縄の痛みをよそ（日本）に移すのは心苦しい」と口にする沖縄人は、日本人に「痛み」を移すことだけを心苦しく思い、沖縄人の若い世代や子どもたちに「痛み」を移すことには何ら心を痛めていない、と記述されても仕方がないのではないか。このことは、「日本人の文化＝善＝優越／沖縄人の文化＝悪＝劣等」という差別的二項対立を身体化させ、日本人とその文化を畏怖しありがたがる従順な身体へと改変する植民地主義の文化の爆弾が、今も猛威をふるいつづけている現実を示しているのである。

第二章で述べたように、そもそも平等を知らなければ、平等を求めて闘うということもない。したがって、日本人との平等を想像すらできない沖縄人ほど日本人という植民者に利益をもたらすのはいうまでもない。平等も求めず、植民地主義とも闘わないことは、植民地主義に手を貸すことにほかならず、植民者の共犯となる行為以外の何ものでもない。

そして、「沖縄の痛みをよそ（日本）に移すのは心苦しい」ということばを発することによって、沖縄人は、都合よく日本人の責任を肩代わりさせられてきたのではないか。つまり、このことばに甘えた日本人によって基地をずっと押しつけられ、日本人の身代わりに「痛み」の責任を押しつけられてきたのではないか。これは、日本人の責任逃れに共犯するという意味で無責任であり、基地の押しつけという日本人の加害行為を免罪するに等しい。しかも、本来日本人のものであるはずの「痛みを担うべき」責任が、まったく責任のない若い世代の沖縄人に転嫁されてきたのだ。いいかえれば、沖縄人に生まれたというだけで、在日米軍基地の過剰な負担という、いわれのない「痛み」を押しつけられてきたのである。日本人に責任をとらせないことが、このような理不尽な結果をまねくのであれば、沖縄人としてこれほど無責任なことはない。

くり返すが、日本人が「痛みを担うべき」なのは、日本人こそが「痛み」の原因にほかならないからであり、「痛み」をつくりだした責任があるからだ。したがって、前節で引用した西智子が、「「痛みを担う」論で言うのならば、沖縄も原発も産業廃棄物も公害を垂れ流す工場も担うべきだと言われたらどうするのだろう」とせまるのは、不当な言いがかりである。より正確にいえば、そう問い詰めることによって、沖縄人を恫喝しているのだ。そして、このような恫喝が沖縄人に対する新たな文化の爆弾として機能するのである。

このことを明確にするために、逆に問いただしておくことにしよう。はたして、沖縄人は日本人がつくった「原発」による「痛み」の原因なのだろうか。沖縄人は日本人が生みだした「産業廃棄物」による「痛み」の原因なのだろうか。沖縄人は日本人がつくった「公害を垂れ流す工場」による「痛み」の原因なのだろうか。沖縄人は日本人が基地を押しつけたことによる「痛み」の原因なのだろうか。答えはすべてノーだ。基地も「原発も産業廃棄物も公害を垂れ流す工場も」すべて日本人がつくりだしたものであり、日本人こそが原因である。日本人は、これらが生みだす「痛み」の根本的な原因にほかならないのだ。したがって、「痛み」の原因である以上、「痛み」を引き受ける責任が発生するのはいうまでもない。一方、「痛み」の原因でもない沖縄人に、「痛み」を引き受ける責任など発生しようがない。そもそも日本人が原因の「痛み」に、沖縄人が責任を負う筋合いはないのだ。西の理屈が理不尽であり、あきらかに不当な言いがかりだといえるのは、責任がないはずの沖縄人に責任をとれとせまる暴力的な屁理屈だからである。

前述したように、加害者の被害妄想におちいった日本人ほど、日本への基地移転による平等化を、日本人への基地の押しつけだと誤認する。そのため、日本への基地移転の提案をあらゆる手段を使って葬り去ろうとするのも不思議なことではない。「沖縄も原発も産業廃棄物も公害を垂れ流す工場も担うべきだと言われたらどうするのだろう」などと不当に言いがかりをつけるのもそのひとつであり、その行為は、「日本に基地を持って帰れ、なんて言ったら、原発も産廃も公害もみんな押しつけてやるぞ！」と恫喝しているのと同じである。そして、この言いがかりは、前述したことばでいえば、同化をせまる暴力として沖縄人に作用するのだ。ただし、この場合は物理的暴力ではないので、「共犯化をせまる文化的暴力」といった方が適切といえよう。すなわち、このような文化的実践こそ文化の爆弾と呼ばれてしかるべきなのだ。よって、沖縄人がこの恫喝に屈して日本への基地移転要求を取り下げてしまうことは、日本人による基地の押しつけに沖縄人みずから共犯化することを意味するのである。

その点、それがまさに恫喝であり、不当な言いがかりでしかないということを、この場で論理的に分析してきたのは、恫喝に屈しないためでもある。このことが重要なのは、劣等コンプレックスを植えつけられた沖縄人ほど恫喝に屈しやすいし、自分がまさしく恫喝に屈しているということに気づかない場合もめずらしくないからだ。相手が日本人であればただそれだけで畏怖すると同時にありがたがる沖縄人、すなわち、劣等コンプレックスのかたまりのような沖縄人は、本人が気づいてないだけで、意外なほど存在する。そして日本人が、沖縄人の劣等コンプレックスにそれこそ無意識的につけこみ、沖縄人を無意識的に共犯化しようとするのもめずらしい光景ではない。

さらに分析をすすめよう。恫喝ついでに「他の問題に取り組むひとびとの痛みを、どれくらい沖縄の運動、そして社会の根底で共有してきたか」などと沖縄人に説教までたれる日本人は、厚顔無恥もはなはだしいといわざるをえない。なぜなら、基地の「痛み」の共有を六〇年も拒否しつづけてきたのはそもそも日本人の方であり、沖縄人に「痛み」を過剰に押しつけてきた張本人のひとりこそ西という日本人自身にほかならないのだから。このように、まったくもって自分という日本人の現実が見えていないということは、要するに、愚鈍なのである。

さて、加害者の被害妄想におちいるということは、「加害者の被害者化」を行なうことである。それは同時に、「被害者の加害者化」でもある。[★23] このとき加害者は、被害者に責任転嫁しているのであり、このような加害者＝植民者の精神過程を「有罪感の人種配分」と概念化したのがフランツ・ファノンである。「〔他の人種の〕権利要求の一切に対して正面から立ち向かうことのできない白人は、責任を転嫁するのである。私はこれを、有罪感の人種配分と呼ぶ」［Fanon, 1952＝一九九八、一二五頁］。

平等化を求める沖縄人の権利要求に正面から向きあうことのできない日本人は、沖縄人に責任転嫁するのである。そして、沖縄人を加害者にでっちあげ、基地の押しつけという加害行為の責任を沖縄人に転嫁するのだ。「基地を日本に持って帰れ」と主張する沖縄人を、「連帯」を破壊して「運動を追いつめる」加害者のように仕立てるのもそのためである。しかも、西という日本人は、加害者を教え諭すかのように「私たちが闘うべき相手は誰なのか」「根っこのところ（敵）は共通している」「運動がそこで分裂し、減速して喜ぶのは日本政府と米国政府だけだ」などと的外れな説教までする。

だが、西に沖縄人を教え諭すことなどできない。なぜなら、西もまた沖縄人との平等を拒否してきた日本人のひとりにほかならないからである。さらに、基地を押しつけることによって沖縄人と日本人との連帯を分裂させているのは、そもそも日本人の方なのだ。したがって、「根っこのところ（敵）は共通している」などとは絶対にいえない。また、この分裂を維持・

★23　「加害者の被害者化」「被害者の加害者化」については、［Malcolm X, 1965b＝一九九三、一〇一―一〇七頁］、および［Said, 2001＝二〇〇二］参照。

正当化することによって日本人の不当な利益を防衛しているのが日本国政府であり、そのような日本国政府を構築してきたのは、いうまでもなく、西を含む日本人なのである。日本への基地移転という平等化要求くらいで「運動がそこで分裂し、減速」するというのであれば、そもそもその運動の大半は日本国政府と同じく沖縄人への不平等な処遇や搾取を維持する運動でしかなかったといえよう。

6　共犯化をせまる文化的暴力

その意味で、西という日本人が軽々しく「私たち」を自称しているのもきわめて政治的であり、「私たち」を自称することによって、日本人と沖縄人とのあいだに存在する圧倒的に非対称な権力関係を隠蔽しているのである。より正確にいえば、「私たち」を詐称することによって、植民者と被植民者という権力的差異をあいまいにし、基地を押しつけた側と押しつけられた側という権力関係を消し去ろうとしているのだ。さらに、西は、「ここ（沖縄）もあっち（ヤマト）も状況が変わらないのは、圧倒的な力でそれをねじ伏せているものがあるからだ」というが、「圧倒的な力で」沖縄人の当然の権利としての平等を「ねじ伏せている」張本人こそ西を含む日本人にほかならない。したがって、西の主張とは反対に、「ここ（沖縄）もあっち（ヤマトン）も状況」はまったく異なるのであり、日本人は、「私たちが闘うべき相手は誰なのか」などと沖縄人とともに「私たち」を自称できる位置にはない。つまり、日本人は、圧倒的な権力をもって沖縄人に敵対しているのである。前引した関広延のことばでいえば、日本人は沖縄人に対する「簒奪者であって、仇敵」〔関、一九七六、一六頁〕以外の何ものでもない。

要するに、圧倒的な権力だからこそ、日本人は、沖縄人を「ねじ伏せ」ることができるのであり、基地を押しつけることができるのだ。いいかえれば、日本国内において他者に基地を押しつけることができるのは日本人だけなのである。逆にいえば、沖縄人は他者に基地を押しつける権力をまったくもたないし、それがあればそもそも基地を押しつけられることもなかったであろう。したがって、「原発、ＨＩＶの薬害感染、廃棄物、先住民族アイヌ、在日韓国朝鮮人、女性差別等」の「運動を追いつめる」ことも、彼／彼女らに基地を押しつけることも、沖縄人にはまったく不可能である。彼／彼女らに基地を押しつけることができるのも、「運動を追いつめる」ことができるのも、日本人だけなのだ。

ところが、西という日本人は、「県外移設」を主張する沖縄人に対して、「原発、ＨＩＶの薬害感染、廃棄物、先住民族アイヌ、在日韓国朝鮮人、女性差別等」を動員することによって、「この人たちとの連帯はどうなるのか」「この人たち自身の運動を追いつめることになるのではないか」などと沖縄人を恫喝している。「だから日本に基地を持って帰れ、なんて言うな！」とでも言いたいのだろう。これが共犯化をせまる文化的暴力として作用するのはいうまでもない。しかも、日本人に基地を押しつける加害者としてのみならず、日本国内の他のマイノリティにまで基地を押しつける加害者としても沖縄人はでっちあげられており、きわめて卑劣な形で被害者の加害者化が実践されている。その意味で、このような形での恫喝の実践は、より危険度の高い文化の爆弾といえよう。

くり返すが、日本国内において、他者に基地を押しつけることができるのは日本人だけである。沖縄人は、日本への基地移転を主張することはできても、基地を移転させうるだけの権力をまったくもたない。ましてや、日本国内の他のマイノリティに基地を押しつけることなどとうてい不可能だ。なぜなら、彼/彼女らに基地を押しつけるかどうかを決定する権力も、あくまで日本人が独占しているからである。在日米軍基地を日本国内のマイノリティに過剰に押しつける者がいるとすれば、日本人以外にはありえないのだ。この点からいえば、「先住民族アイヌ、在日韓国朝鮮人」や「原発、ＨＩＶの薬害感染、廃棄物」「女性差別」の被害者を動員し、「県外移設」が「この人たち自身の運動を追いつめることになるのではないか」と追及する行為は、純粋に彼/彼女らを守るためのものだとはけっしていえない。むしろ、彼/彼女らの政治的な利用を通して、日本への基地移転要求を沖縄人に断念させることを第一の目的とするものといえよう。しかも、日本への基地移転要求を断念させようとすることは、基地を沖縄人に押しつけて搾取し、不当に利益を奪取している日本人を防衛する行為なのである。

したがって、右のように日本国内の他のマイノリティまで動員することは、彼/彼女らを人質にする行為といっても過言ではない。つまり、「基地を日本に持って帰れ、なんて言ったら、他のマイノリティにも基地を押しつけてやるぞ!」と脅迫しているのと同じであり、沖縄人のみならず日本国内の他のマイノリティをも同時に恫喝しているのである。そして、その政治的効果は、両者ともども、日本への基地移転を主張しにくい状況に追いこむことなのだ。これは、日本人による沖縄人への在日米軍基地の押しつけに、両者ともども共犯化させようとする戦略なのである。

加害者の被害妄想におちいった日本人は、被害者の加害者化という責任転嫁によって、まずは、日本人に基地を押しつける加害者に沖縄人を仕立てあげようとする。これは、日本人という加害者を被害者化し、植民者としての権力と責任および加害性を隠蔽する行為である。つまり、沖縄人に対する日本人固有の加害責任を消去しようとする行為なのだ。だが、これだけでは自己正当化に不安が残るのであろう。前引したように、ファノンは、「〔他の人種の〕権利要求の一切に対して正面から立ち向かうことのできない白人は、責任を転嫁するのである」と白人植民者を批判したが、西という日本人植民者は、沖縄人の権利要求の一切に対して正面から立ち向かうことができないがゆえに、二重に責任転嫁するのである。すなわち、「基地を日本に持って帰れ」と主張する沖縄人は、日本人に対する加害者に仕立てられるだけでなく、日本国内の他のマイノリティに対する加害者にまで仕立てられてしまうのだ。いいかえれば、わざわざ他の被植民者やマイノリティまで動員した西の行為は、彼/彼女らに対する日本人固有の権力や加害性にもとづく責任をも、沖縄人に転嫁する行為なのである。

二重に責任転嫁することによって徹底的に加害者化することは、「基地を日本に持って帰れ」という主張の正当性を剥奪し、ひいては日本への基地移転を阻止しようとする行為である。つまり、在日米軍基地の平等な負担から逃れるという日本人の不当な利益を自己正当化するには、代わりに沖縄人の正当性を徹底して剥奪する必要があるのだ。そのためには、他の被植民者やマイノリティに基地を押しつける加害者としても沖縄人をでっちあげなければならないのである。

さて、「「県外移設」主張に、「痛みを担うべき」がよく出る。誰に対して言っているのかを、主張する側は明確にすべきだ」と西は主張する。わたしも同感である。日本人の権力の隠蔽と責任転嫁を許さないためにも、「誰に対して言っているのかを」「明確にすべき」なのだ。すなわち、「基地を日本に持って帰れ」という主張は日本人に対する要求なのであり、したがって、西に対する要求でもあるのだ。沖縄人に基地を押しつけた日本人には日本に基地を持ち帰る責任がある。日本人はだれひとりとしてこの責任から逃れられないのであり、西という日本人もこの責任から逃れられない。そして、この責任をはたさなければ、西を含む日本人はいつまでたっても植民者のままであろう。つまり、「基地を日本に持って帰れ」という要求は、基本的に、日本人という植民者に対する要求であって、「先住民族アイヌ」や「在日韓国朝鮮人」のような被植民者に対するものではないのだ。被植民者は他者に基地を押しつける権力をもたないし、植民者の共犯となるぐらいがせいぜいなのだから。まずもって責任を問われてしかるべきは日本人という主犯なのである。

その点、「原発、ＨＩＶの薬害感染、廃棄物」「女性差別」の被害者のなかにも植民者と被植民者がいることをきちんと認識しておかねばならない。日本人である以上、だれひとりとして植民者としての現実から逃れられないのであり、いかに他の差別や被害を受けていようとも、沖縄人に基地を押しつけている加害責任が消えてなくなるわけではない。いかに同じ日本人から差別されていようとも、沖縄人を差別している現実と責任はけっして相殺されない。しかも、沖縄人は他者に基地を押しつける権力をまったくもたない。したがって、「原発、ＨＩＶの薬害感染、廃棄物」「女性差別」の日本人被害者に在日米軍基地を過剰に負担させるかどうかも、あくまで日本人同士の間でしか決定しえない問題なのである。日本人の差別者や加害者が、同じ日本人の被差別者や被害者に過剰に基地を負担させてよい理由はどこにもないだろうが、日本人マイノリティに基地を押しつける権力を握っているのも同じ日本人だということは確かである。日本人マイノリティに対して、在日米軍基地の過剰な負担を押しつけようとする者がいるとすれば、この場合も、日本人以外にはありえない。

ところで、他の被植民者やマイノリティに対する加害者として沖縄人を仕立てあげることは、被植民者やマイノリティ同士を分断する行為であり、「分断し、支配する（divide and conquer）」というヨーロッパにはじまる植民地主義の鉄則を実践することである。[★24] 分断するのは敵対させるためであり、個々の被植民者同士を争わせることによって、ヨーロッパの植民者は、被植民者全体を疲弊させようとしたのだ。被植民者全体を疲弊させることが植民地支配そのものを容易にするのはいうまでもない。また、被植民者同士を敵対させることは、植民者対被植民者という絶対的な権力関係と敵対関係を隠蔽する方法でもある。沖縄人と他の被植民者やマイノリティを分断しようとすることは、このような古典的な植民地主義の戦略を実践する行為といえよう。しかしながら、西を含めて日本人の多くは、このことをまったく意識していないであろう。なぜなら、無意識的に植民地主義を実践できるということこそ植民者の基本的な特徴にほかならないからである。

★24　この問題に関連するマルコムXの発言を引用しておこう。「過去において植民地権力がわれわれ有色人種に対して用いてきた最大の武器は常に分割統治であった。アメリカは植民地権力である。」「そういうわけで、アメリカのやり口はかつて植民地権力によって用いられたのと全く同じ方法、つまり分割統治である。一人のニグロ指導者を他の指導者と対立させる。一つの組織を他の組織と対立させる。そして、たがいの目的や目標がちがっているのだと黒人大衆に思いこませる」[Malcolm X, 1965b＝一九九三、六二一—六二三頁]。

第4章　日本人と無意識の植民地主義

1　愚鈍への逃避／自己防衛的な愚鈍

日本人の多くは、自分という日本人こそが沖縄人に基地を押しつけている張本人だということを、まったく意識していない。これが単なる無知として免罪しうる問題でないのはあきらかだが、同時に問題なのは、在日米軍基地問題に関する自己の責任をけっして認めようとしない日本人もまた多いということなのだ。「わたしは基地を押しつけていない！」、と。

そして、そう思いこむために、国際情勢やら沖縄の地政学的重要性やら「悪いのはアメリカだ」等々の言説を動員して責任転嫁しようとする行為もよくみられる。だが、そもそも国際情勢や地政学も人為の産物にすぎず、不変のものではない。しかも、国際情勢や沖縄の地政学的重要性がどうであれ、日本人は、沖縄人に基地を押しつけないという決定を民主主義によって選択することが確実にできるのだ。いいかえれば、在日米軍基地の日本国民全体による平等な負担は、現在の日本人の民主主義によっても十分実現可能なのである。したがって、それを実現しようとしないのは日本人の政治的意志にほかならず、日本人は、民主主義によって、沖縄人に在日米軍基地の負担を過剰に強要する差別を選択しつづけているのである。ところが、日本人の多くは、自分自身のこの現実を、まったく意識していない。

右に述べた現実は、日本国の主権の範囲内で生じている問題であって、民主主義による日本人の決定にアメリカ合州国が介入することなどまったく不可能である。さらに、仮に「悪いのはアメリカだ」という言説が本当だったとしても、日本人は、民主主義によって、「悪いアメリカ」を拒否することが確実にできるはずなのだ。つまり、合州国が日本国の主権を侵害することは一切不可能なのであり、「悪いアメリカ」と手を結ぶこともまた日本人が民主主義を通して主体的に決定したことなのである。

沖縄人に基地を押しつけている日本人自身の現実を、多くの日本人は知らないし、積極的に知ろうともしていない。それどころか、この日本人自身の現実を否定しようとする日本人も多ければ、何としてでも「わたしは基地を押しつけてない！」と思いこみたがる日本人も多い。しかしながら、第一章で議論した通り、沖縄人に在日米軍基地を押しつけてない日本人はただのひとりも存在しない。このような自分自身の現実を知らない上に、知ろうともしない日本人は、愚かである。しかも、この愚かさは、沖縄人への基地強制に貢献するという意味で、きわめて政治的で権力的な愚鈍なのだ。したがって、日本人の多くは、ジョージ・オーウェルが概念化した「愚鈍への逃避」〔Orwell, 1968＝一九九五、三三五―四三三頁〕もしくは「自己防衛的な愚鈍」〔Owell, 1949＝一九七二、二七三頁〕という無意識的な政治戦略を実践しているのである。オーウェルは、彼の同時代の英国支配階級についてこう説明したのであった。

彼らは同胞を収奪している時でも、自ら愛国者なりと感じないではすまされなかった。そのような彼らには、明らかに逃げ道はただひとつしかなかった。愚鈍への逃避である。社会を現在の形にとどめようと思うならば、改善が可能なことを理解しえないという方法以外にはなかった。〔Orwell, 1968＝一九九五、三八頁〕

日本人は、沖縄人に基地を押しつけて収奪しているときでも、「わたしは基地を押しつけてない！」という愚鈍に逃避することによって、こころおきなく収奪することが可能となる。なぜなら、「わたしは基地を押しつけてない！」という愚鈍への逃避が、無意識的に基地を押しつけることによって、無意識的に収奪することを可能にするからである。

この愚鈍への逃避によって、日本人は、まず、不平等の「改善が可能なことを理解しえないという方法」をとることが可能になる。つまり、基地を押しつけてないのであれば、基地問題を解決すべき主体としての責任も発生しようがないのだ。その結果、日本人は、自身を第三者や傍観者と位置づけることが可能になる。第三者とは、基地問題の解決に直接責任を負う主体ではなく、不平等状態を改善する実質的な能力をもたない。したがって、第三者が「改善が可能なことを理解しえない」のは当然なのである。だがしかし、日本人は、実際には、けっして第三者や傍観者などではない。

「わたしは基地を押しつけてない！」という愚鈍な思いこみは、日本人の自己欺瞞である。換言すれば、自身を在日米軍基地問題に関する第三者と詐称する自己欺瞞なのだ。そして、日本人が第三者を詐称し、基地問題を解決する責任も能力もないと自己欺瞞することは、合州国が動かないかぎり基地も動かないとするさらなる欺瞞を可能にする。つまり、日本人が基地を動かすかどうかという問題が、合州国が基地を動かすかどうかという問題にすり替えられてしまうのだ。その結果、「合州国が動かない」と言ってさえいれば、日本人は何もしなくてもすむことになる。何もしないことが、在日米軍基地をそのまま沖縄人に押しつけつづけることを可能にするのだ。

実際には、日本人が動かないかぎり基地も動かないし、日本人には在日米軍基地を動かす能力が十分にある。だが、愚鈍への逃避は、日本人に基地を動かす能力があることを「理解しえないという方法」を可能にさせるのである。その結果、基地を日本に移転させないのは基地を動かす能力が日本人にないからだという自己正当化が可能になるのだ。このように正当化しうるかぎり、日本人は何もしないで平気でいられる。そして、何もしないからこそ、沖縄人に基地を押しつけつづけることができるのであり、沖縄人を犠牲にして基地の負担から逃れるという利益を無意識的に搾取しつづけることができるのだ。

このように、愚鈍への逃避は、合州国への責任転嫁を可能にすると同時に、在日米軍基地の負担から逃れるという日本人の利益に貢献する。すなわち、「わたしは基地を押しつけてない！」という愚鈍に逃避することは、沖縄人を犠牲にすることによって日本人が利益を奪いとるためのきわめて重要な政治的戦略なのである。愚鈍への逃避によって、日本人は、無意識的に基地を押しつけ、無意識のうちに沖縄人を犠牲にし、無意識のうちに利益を奪いとることが可能になるのだ。無意識である以上、収奪しているという意識はなく、罪悪感や不安とも無縁なので、こころおきなく収奪することができる。そうやって収奪への歯止めをとりはらうことが日本人の利益の維持に貢献するのだ。その意味で、この場合の愚鈍は、自己防衛的な愚鈍ともいいかえられるのであり、日本人の愚鈍とは、政治的・権力的な愚鈍以外の何ものでもない。そして、日本人による以上のような一連の政治的プロセスをあらわす概念として、もっとも適切なものこそ「無意識の植民地主義」にほかならない。

基地を押しつけたうえで、押しつけたこと自体を忘却する。これは愚かな行為だが、そうやって押しつけてないことにしてしまえば、基地を引き取る責任もないことにできるし、自己を第三者と位置づけることも可能になる。しかも、第三者が基地問題に無関心なのは不自然なことではないし、罪悪感も発生しない。また、自己を第三者化することが可能にする合州国への責任転嫁は、「よき日本人」として自己欺瞞することや沖縄人への同情という偽善をも可能にする。同情は、多くの場合、傲慢と表裏一体である。沖縄人への同情は、「やってあげる」という傲慢と容易に結びつくことによって、「よき日本人」に根拠なき優越感を獲得させうるのだ。さらに、第三者が基地問題や沖縄のことに無関心なのは当然かもしれないが、逆に少しでも関心を示せば、あたかも良心的にみえるという政治的効果が発生する。それが可能にするもののひとつは、第二章で議論したように、基地を押しつけている元凶としての日本人が、すぐさま救済者の衣装に着替えて沖縄人の前に再登場するという自作自演の茶番劇なのである。

このように、愚鈍への逃避は、日本人に多大な恩恵をもたらす。沖縄人との平等を拒否し、植民地主義的搾取を維持するための基本的な手段こそ愚鈍へと逃避することなのである。したがって、日本人が、「わたしは基地を押しつけてない！」という愚鈍な思いこみをなにがなんでも防衛しようとするのも不思議なことではない。愚鈍への逃避こそ、無意識の植民地主義を可能にする主たる要因にほかならないからである。

2　横領される沖縄人アイデンティティ

以下の引用は、沖縄人・知念ウシによる日本人・池澤夏樹に対する批判であり、日本人の無意識の植民地主義について考える上できわめて興味深い。

本誌三九四号（一月一一日発行）で池澤夏樹は（米国の圧倒的な武力に対抗するため、）言葉の重要性を語った。私も同感だ。だから私は彼の次のような言葉に違和感を持つ。池澤は住んで八年目の沖縄を「自分の土地」と呼び、九・一一以後の沖縄への修学旅行の大量キャンセルについてこう言う。「では、そのときに、沖縄の子どもはどうするんだ、とぼくらはまずそれを思うんですよ」。この「ぼくら」とは誰のことなのか。／池澤と同じように沖縄に住む日本人のことか？　沖縄県民？（日本人が沖縄人、日本人の区別を止揚するために「同じ沖縄県民」と主張するのは、琉球処分以来沖縄を沖縄県にした日本国の暴力を行使することだ）それとも沖縄人？　それとも名誉沖縄人？　では、私の「私たち」と池澤の「ぼくら」は同じか。／最近、沖縄人になりたがる日本人が多い。あんなに差別して殺しておいて、今度はなりたいそうだ。それでは次は何だろう。／沖縄人と日本人はちがう。沖縄人とは、沖縄を愛していようが憎んでいようが沖縄から逃げられない人のことだ。やめたくなったらやめられる、という選択肢を持っている人とは客観的にちがう。／なぜ日本人は池澤のこういう発言を批判しないのか。彼を先例にしたいからか。「私たちは皆同じ日本人じゃないか」と思っているからか。〔知念、二〇〇二a、四〇頁〕

池澤夏樹という日本人はすでに沖縄を離れた。[★25] したがって、知念ウシがいうように、池澤という日本人が沖縄からいつでも逃げられる人間であり、「やめたくなったらやめられる、という選択肢を持っている人」であることが「客観的」に証明されたわけだ。

さて、右の知念の文章は、沖縄人としてのわたし自身の位置からいえば、日本人に対するごく素朴な沖縄人の反応を記述しているにすぎない。知念は、池澤夏樹という日本人が意識せずに発した植民地主義の「体臭」を無理矢理かがされただけなのだ。その点、知念は、いわば「非礼」に対する当然の反応をしたにすぎない。しかも、知念はけっして臭いの発生源に近づいたわけでもない。日本人池澤の方が呼ばれてもいないのに勝手に沖縄にのりこんできて、一方的に沖縄人に近づいてきたのだ。そして、自分自身の植民地主義の「体臭」に自分でも気づかないまま勝手に沖縄人に近寄り、その臭いを沖縄人に無理矢理かがしておきながら、知念に指摘されるまでそのことにまったく気づきもしなかったのが池澤という日本人なのである。付言しておけば、呼ばれてもいないのにのりこんでいく行為は、過去の植民者たちとも共通の身振りである。

知念が指摘するように、池澤は、沖縄人でないにもかかわらず、軽々しくも沖縄を「自分の土地」と呼ぶ。池澤が自分で購入した土地のみを「自分の土地」と呼ぶのなら話はわからないでもない。ところが、そうではなく、沖縄全体を勝手に「自分の土地」と呼んだのだ。日本人が沖縄という沖縄人の土地を「自分の土地」と呼ぶ。そのような言説はきわめて政治的である。第一、過去の植民者たちが植民地を勝手に「自分の土地」と呼んできたことを想起すれば、その政治性はあきらかではないか。沖縄はいつから日本人の土地になったのか。沖縄は本来沖縄人の土地ではないのか。他者の土地を勝手に「自分の土地」にしてしまう行為は植民地主義以外の何ものでもないはずではないか。

池澤は、日本人が沖縄を勝手に「自分の土地」と呼ぶ行為の植民地主義的性格をまったく意識してなかったはずである。意識していれば発言を控えただろうし、意識してなかったからこそ傲慢にも沖縄を「自分の土地」と呼ぶことが可能だったのだ。このような日本人はまさに愚鈍といわざるをえない。そして、愚鈍だからこそ、言説における無意識の植民地主義が可能になっているのである。そのことばの政治性に無意識のまま、日本人が沖縄を「自分の土地」と呼ぶ行為は、日本人による言説上の「沖縄領有」にほかならない。

★25 ［池澤、二〇〇四］。このなかで池澤は自身を「「帰りそびれた観光客」だった」と総括している。

だが、この問題は言説上のみに終始しない。池澤が言説における沖縄領有を無意識的に実践したのは、日本人があまりにも当たり前のように現実の沖縄領有を実践してきたからではないだろうか。日本人はあまりにも当たり前のように七五パーセントもの在日米軍専用基地を沖縄人に押しつけてきた。これは、日本人による沖縄領有を示す現実といえよう。それが示しているのは、沖縄人の土地の強奪であり、財産権の否定であり、沖縄の現在と未来に関する決定権は沖縄人自身ではなく日本人が握っているという現実である。この植民地主義的な差別の現実は、沖縄人の意志を完全に無視して、日本国憲法によって保障された民主主義によって日本人が構築したものなのだ。すなわち、沖縄人は日本人に植民地化されており、沖縄は沖縄人の土地でありながら沖縄人の土地ではなく、日本人に領有されているといっても過言ではない。フランツ・ファノンは、「フランスの植民者はアルジェリアに生活しているのではなく、そこに君臨している」〔Fanon, 1959 = 一九八四、一五五頁〕と述べたが、日本人もまた、沖縄に生活しているのではなく、そこに君臨しているのだ。

池澤のように、日本人が沖縄を平気で「自分の土地」と呼べるのは、沖縄に生活しているのではなく、あまりにも当たり前のように沖縄に君臨しているからではないか。しかも、知念が指摘したように、池澤という日本人は、日本人が沖縄人もいっしょくたにして「ぼくら」を自称する行為の政治性にも無意識なのだ。この問題は本書第三章でも議論したのでくり返さないが、ここでは、「最近、沖縄人になりたがる日本人が多い」という現実との関連で考えたい。

言説における沖縄領有についてはすでに述べたが、「ぼくら」を自称する行為によって池澤は、無意識的に沖縄人という存在をも領有しているのではないか。そして、「最近、沖縄人になりたがる日本人が多い」のは、「沖縄人領有」への欲望を日本人が無意識的に表出しはじめたからではなかろうか。日本人が沖縄人になりたがることは、「私たちは皆同じ日本人じゃないか」という日本人の偽善と表裏一体である。

これを偽善というのは、実際には日本人は、沖縄人をけっして日本人あつかいしていないからである。在日米軍基地を押しつけることによって、日本人は、沖縄人との平等を拒否している。これは、同じ日本人としてのあつかいとは絶対にいえない。第一章で議論したように、沖縄人とは、日本人によって暴力的に植民地主義のターゲットとされた被植民者、あるいは、「日本人あつかいされないもの」と定義するよりほかない存在ともいえるのだ。「私たちは皆同じ日本人じゃないか」ということばを発することによって、日本人は、日本人自身が構築した沖縄人の被植民者というポジショナリティを隠蔽しているのである。

つまり、沖縄人であるということは、単にアイデンティティであるだけでなく、ポジショナリティでもあるのだ。好むと好まざるとにかかわらず、どちらも沖縄人という存在から切り離すことはできない。その意味で、日本人が沖縄人になりたがるのであれば、本来なら、日本人としての平等な処遇を積極的に放棄し、在日米軍基地の理不尽な強制をもすすんで受けいれねばならないはずではないか。しかも、第三章で言及したように、日本人に基地を押しつけられたがゆえの高失業率等が原因で沖縄を出ざるをえなくなった沖縄人は多いのであり、沖縄人は沖縄に居住する権利すら保障されてないといっても過言ではない。ところが、「沖縄人になりたがる日本人」は、このような被植民者としての沖縄人になろうとしているわけではけっしてないし、沖縄人に対する植民地主義をやめようともせず、当然のように植民者のままでありつづけている。

日本人が沖縄人もいっしょくたに「ぼくら」を自称することは、勝手に沖縄人を代弁＝代表する行為である。そして、「最近、沖縄人になりたがる日本人が多い」という現実は、植民地主義をやめようともしないのに、自身を沖縄人＝被植民者として都合よく表象＝代表しようとする日本人＝植民者が多いということを示している。換言すれば、植民者という権力的ポジショナリティを確保しながら、被植民者のポジショナリティではなく、そのアイデンティティだけを横領しようとしているのだ。しかも、「ぼくら」を僭称し、「沖縄人になりたがる日本人」に、その自覚はない。彼／彼女らは、意識もしないほど自然なことのように植民地主義を身体化しているのであろう。

このような表象＝代表という問題は、エドワード・サイードがポストコロニアリズム研究の古典的大著『オリエンタリズム』で提起したように、すぐれて植民地主義的な問題である。[★26]この問題を今まさしく発生させている日本人は、植民地主義がいまだに終わっていないということを、身をもって証明しているのだ。さらには、「最近、沖縄人になりたがる日本人が多い」

という現実は、日本人による沖縄人の植民地化が仕上げの段階に突入したことを示す徴候かもしれない。

その意味で、今のうちに以下のようにシミュレーションしておくのもけっして無駄なことではない。もし仮に、日本人が沖縄人をかたり、沖縄人を代表することができたとする。すると、極論すれば、日本人の望む通りに沖縄人への基地の押しつけに積極的に賛成することによって沖縄人を代表しようとするかもしれない。第一、日本人が直接沖縄人を代表できれば、沖縄人をわざわざ日本人の共犯に仕立てあげるような手間も省けるのだから。

しかしながら、沖縄人みずから基地の押しつけに賛成することは、そもそも自分や他の沖縄人の生命の危険をかえりみない行為であり、自分で自分の首を絞めることになるのはあきらかだ。ところが、沖縄人になりたがり、沖縄人を代表しようとする日本人にとって、そんなことはまったく問題ではない。なぜなら、そもそも彼／彼女らは沖縄人ではないし、いざとなったらいつでも沖縄から逃げだすことができるからだ。

池澤夏樹という日本人がそうであったように、彼／彼女らは日本人＝植民者としての特権的なポジショナリティをしっかり確保しており、いつでも沖縄から逃げだすことができる。用が

★26　［Said, 1978＝一九九三］参照。

済んだら、文字通り沖縄を用済みにして廃棄できるし、ゴミだけ残してすぐに出ていくことができるのだ。沖縄人アイデンティティだけを都合よく横領しようとする日本人は、知念がいうように、沖縄人を「やめたくなったらやめられる」し、アイデンティティのみならず沖縄全体をいつでも簡単に捨てることができるのである。

3 「良心的日本人」という無意識の茶番劇

池澤夏樹の場合もそうだが、沖縄に思いをよせ、しばしば足を運ぶなり住むなりして、沖縄の現状について発言する日本人は、「良心的日本人」と評価されることがよくある。だがそれは、これまで何度か言及してきたように、基地を押しつけている元凶としての日本人が、すぐさま救済者のような顔をして再登場するという自作自演の茶番劇である。なぜなら、「良心的日本人」は、他の日本人と同じく、けっして日本に基地を持ち帰ろうとはしないからだ。第一、本当に良心的なら、とっくの昔に基地を持ち帰っているはずではないか。ところが、どんなに頻繁に沖縄に足を運ぼうとも、他の日本人と同じく「良心的日本人」もまた、いつもゴミだけ残して帰っていくといっても過言ではない。彼／彼女らが残していった最大のものこそ米軍基地にほかならない。

マルコムXは、「善意の白人たちはほかの白人の内面にひそんでいる人種差別主義にたいして、積極的かつ直接的に闘うべきだ」［Malcolm X, 1965a＝二〇〇二、二四四頁］と語った。同じように、善意の日本人たちも日本人の内部に存在する差別と植民地主義に対して、直接的に闘うべきではないか。そのために日本人が真っ先にすべきことは、マルコムXにならっていえば、沖縄に来ることでもなければ、沖縄に住むことでもない。

黒人組織に参加したがる白人は、ほんとうのところ、自分の良心の痛みをいやすことだけが目的の逃避主義者ではないかという根づよい感触を私はいだいている。われわれ黒人につきまとっていることで、自分が〝黒人といっしょ〟であることを〝証明〟しようとしているのだ。だが、こんなことはアメリカの人種問題の解決に役だちはしないというのが、冷厳な事実だ。黒人が人種差別主義者だからではない。ほんとうに誠実な白人が〝身の証〟をたてるのに必要なのは、犠牲者である黒人に立ち交じるのではなく、アメリカの人種差別が現実に存在するその外の闘いの場である。——それは、彼ら自身が住んでいる地域社会のなかだ。アメリカの人種差別は彼らの仲間である白人のあいだに存在している。そこでこそ、ほんとうに何かをしようと本気で考えている白人たちが活動しなければならない場所だ。［Malcolm X, 1965a＝二〇〇二、二四五頁］

沖縄に足を運び、沖縄に住みたがり、沖縄について発言し、沖縄人に立ち交じる「良心的日本人」は、「ほんとうのところ、自分の良心の痛みをいやすことだけが目的の逃避主義者ではないか」。だが、沖縄人に植民地主義的に基地を押しつけているのは日本人自身であり、沖縄人に対する差別や植民地主義は日本人のあいだに存在している。したがって、「ほんとうに何かをしようと本気で考えている」日本人たちが「活動しなければならない場所」は、沖縄ではなく、日本にほかならない。

「良心的日本人」が「〃身の証〃をたてるのに必要なのは」、沖縄に来て運動することや沖縄人に向けて発言することではない。日本において、沖縄から日本に基地を持ち帰る運動を、同じ日本人に向けて展開しなければならない。そうすることによって、在日米軍基地の日本国民全体での平等な負担を実現していかなければならない。なぜなら、沖縄人に基地を押しつけている日本人には基地を日本に持ち帰る責任があるからであり、本当に良心的であるならば、この責任をはたして当然だからだ。

しかしながら、日本に基地を持ち帰ろうとする「良心的日本人」は皆無だ。その一方で、良心的にみせかける茶番劇を無意識的に自作自演しているとしかいいようのない日本人は少なくない。ここでは、そのような「良心的日本人」の分析を試みたい。

（1）「良心的日本人」と愚鈍への逃避

以下は、若林千代という日本人による一見良心的な議論からの引用である。「良心的日本人」を無意識的に自作自演する日本人の典型として批判的分析を要する事例といえよう。

新聞や雑誌で、複数の沖縄の論者によって。日本社会における沖縄の「文化」の消費やその暴力性が厳しく語られ、「そんなに沖縄が好きなら、基地の一つも持って帰って欲しい」という発言が繰り返された。／だが、そのような発言に驚いてみせることも、今日の日本社会では別段難しいことではないように思われる。「本土」に基地を引き取るという政策を本気で日本政府がやろうとするわけはない、という暗黙の前提が根深く共有されており、少なくとも議論が「文化」の問題に収斂されているとみなされる限り、日本社会では、こうした構造を作り上げている日本の政治や外交関係、安全保障問題について、主権の問題に立ち入ったような根本的な大議論をする必要はないと思われているからだ。／こうした対応は、過去に何も起こらなかったふりをして今を悲しむという態度、すなわち、「強者」の自己憐憫につながるだろう。少なくとも、大規模な反基地運動が繰り返し形成されながら、なぜ沖縄に米軍基地が集中し、しかも施政権返還をこえて長期にわたる駐留が維持されているのか、その国内的国際的な歴史的文脈を捨象することなく、もっとも矛盾が集中してしわ寄せされている地域の個別具体的な現実から出発することが重要である。そして、それが回避されつづけるならば、何ぴとにとっても、出口がどこにあるのかということを見極めることは困難となるだろう。〔若林、二〇〇二、一五七―一五八頁〕

「そんなに沖縄が好きなら、基地の一つも持って帰って欲しい」という要求は、すべての日本人に対するものであり、もちろん若林に対する要求でもある。その点からいえば、右引用文のような反応は、一見良心的ではあるが、とても誠実な応答といえるものではない。その大きな理由は、あたかも第三者のように議論していることにある。だが、日本人である以上、何をしようがけっして第三者になることはできない。したがって、正確には、右のように議論を展開することによって、自身を第三者化しようとしているのである。しかも、当事者であるはずの日本人が第三者のようにふるまうことは、自分を棚上げにすることによって責任逃れをはかる行為でしかない。

このような第三者化は、日本人が自身を良心的にみせるための基本的な条件である。すでに述べたように、第三者が基地問題や沖縄のことに無関心なのは当然であり、逆に少しでも関心を示せば、あたかも良心的にみえるという政治的効果が発生するからである。しかしながら、基地を押しつけておきながら、いかにも良心的にふるまう日本人の行為は、そもそも偽善以外の何ものでもない。その意味で、「過去に何も起こらなかったふりをして今を悲しむという態度、すなわち、「強者」の自己憐憫」におちいっているのは、ほかならぬ若林本人なのである。この偽善的な第三者化は、沖縄に思いをよせる「良心的日本人」にほぼ共通する無意識的な政治的戦略である。そして、日本人が自身を第三者化する上で不可欠なのが、前述した「愚鈍への逃避」なのだ。

つまり、若林という日本人は、いかにも良心的に「そんなに沖縄が好きなら、基地の一つも持って帰って欲しい」ということばを取り上げているにもかかわらず、けっして自分に対する要求とは思っていないのだ。それを可能にしているのが「わたしは基地を押しつけてない！」という愚鈍への逃避なのである。ここまでは多くの日本人にほぼ共通する問題であり、けっして若林ひとりの問題ではない。その一方で、若林という日本人の事例は、わたしにとって特別に興味深い。なぜなら、最初に「そんなに沖縄が好きなら、基地の一つも持って帰って欲しい」という意味の発言をしたのは、管見のかぎり、わたし自身だからである。[★27]ところが、若林は出典を一切あきらかにしていないのだ。本来なら、出典を明記した上で論理的な批判を正々堂々と展開するのが学問的手続きというものである。それを怠ると、学問界では、研究者としての資質を疑われて当然である。

さらに、この発言の初出から右の若林の文章が発表される時点までに明確に同じ意味の発言をしたのは、管見のかぎり、二人である。ひとりは知念ウシ［知念、二〇〇二b］。もうひとりがわたし。[★28]知念がその論考を発表したメディアは新聞、わたしは雑誌。しかも、「新聞や雑誌で、複数の沖縄の論者によって、日本社会における沖縄の「文化」の消費やその暴力性が厳しく語られ、「そんなに沖縄が好きなら、基地の一つも持って帰って欲しい」という発言が繰り返された」と述べたのは若林自身なのだ。したがって、若林がわたしの議論を読んでいてもおかしくはないし、若林のいう「複数の沖縄の論者」にわたしが含まれていると考えても不自然ではないだろう。仮に事実はそうではないと反論されたとしても、「そんなに沖縄が好きだったら基地ぐらい日本にもって帰れるだろう」と最初に発言したのがわたし自身である以上、実質的にわたしが含まれているのと同じである。しかも、わたしはこの発言を複数の文献でくり返してきたのだ。以上を考慮していえば、右に引用した議論は、若林の真意がどうであれ、わたしへの非難と受けとってしかるべきであろう。

そこで当然疑問となるのは、若林はなぜ出典を明記しなかったのかということである。[★29] 批判対象となる文献の名称や論者名等、出典情報の明記は学問的な批判を展開する場合のルールとして基本中の基本であり、初心者でもあるまいし、若林がこのことを知らなかったとは考えにくい。それを知っていて出典をあかさなかったのであれば、出典情報の隠蔽という重大なルール違反であり、研究者の基本的倫理に著しく反する行為となる。出典情報がなければ、読者のほとんどは原典にあたることが不可能となり、当該言述を自分自身で検証する機会と権利を事実上奪われてしまうのだ。出典の隠蔽が学問的に重大なルール違反となるのはこのためであり、事の重大性に気づいてなかったとすれば、愚鈍であると同時に研究者としてもきわめて未熟といわざるをえない。

このような出典情報の脱落ないし隠蔽は、「「本土」に基地を引き取るという政策を本気で日本政府がやろうとするわけはない」ということばを可能にした要因のひとつでもあるだろう。このことばによって「そんなに沖縄が好きなら、基地の一つも持って帰って欲しい」という要求を批判しえたかのようにみせかけているが、若林という日本人は、きわめて不自然なことに、「「本土」に基地を引き取るという政策を本気で日本政府がやろうとするわけはない」のはなぜなのか、その肝心の原因については何ひとつ説明しようとしない。この沈黙と深く関係しているのが先の出典情報の脱落ないし隠蔽ではないだろうか。なぜなら、日本国政府が

★27　[野村、二〇〇一b、一五七頁]。このなかでは、「そんなに沖縄が好きだったら基地ぐらい日本にもって帰れるだろう」と記している。

★28　[野村、二〇〇二b、三頁：野村、二〇〇二c、九〇頁]。前者については、第一章第一節として本書に収録した。

★29　出典情報が示されたものとしては、たとえば、論者名を明記した上で「かれは「オキナワ、大好き」という内地のひとには、決まってこう言うのだという。「そんなに好きなら、基地を持って帰って。」」と引用した上野千鶴子の事例があげられる[上野、二〇〇三、四七頁]。

基地を日本に引き取ろうとしない原因については、若林が出典をあきらかにしなかった文献のなかでわたし自身がすでに説明しているからである。もちろんその原因とは、本書において再三説明してきたことでもある。

まずは本書第一章第一節で述べたことをほぼそのまま引用すれば、「沖縄人への七五パーセントもの在日米軍基地負担の強要」は、「日本国の民主主義によって正当化されており、民主主義は日本国憲法によって保障されている」のである。つまり、「「本土」に基地を引き取るという政策を本気で日本政府がやろうとするわけはない」のは、そもそも若林を含むひとりひとりの日本人が民主主義によってそのような日本国政府をつくってきたからなのだ。この日本人の現実について真摯に考えるならば、「わたしは基地を押しつけてない！」という愚鈍への逃避を防衛することなど不可能となるであろう。

若林という日本人がわたしの文献を読んでいたとして、このことが理解できなかったとすれば、理解しえないという愚鈍に逃避しているか、とにかくそれを否定しているかのどちらかである。否定するのであれば、出典もあきらかにして正々堂々と批判することによって論理的に否定しうることを証明しなければならないはずだが、それも無理だったのであろう。また、読んでなかったとしよう。その場合は、先行研究の渉猟という研究者に要求される最低限の作業すら怠ったということであり、信頼できる研究など望むべくもないだろう。

いずれの場合であれ、結局のところ若林という日本人は「わたしは基地を押しつけてない！」

という愚鈍への逃避を防衛しているのである。これは重要なポイントである。そして、それが可能になったのは、日本人が沖縄人に基地を押しつけているという現実を、理解できないか、否定するか、知らないという状態を維持しえたからなのだ。いいかえれば、若林という日本人は、自分という日本人こそが沖縄人に基地を押しつけている張本人だということを、けっして認めようとしていないのである。それを認めてしまっては、自身を第三者化し、「良心的日本人」を自作自演する無意識が崩壊してしまうのだ。

このような愚鈍への逃避によって、日本人は、基地を押しつけている当事者であるにもかかわらず、第三者として自己を認識することが可能になる。そして、第三者化は、日本人が「良心的日本人」を無意識的に自作自演するための不可欠の条件である。若林という日本人の事例は、多くの日本人に共通するこの欺瞞のプロセスを典型的に示している。前述したように、愚鈍への逃避によって、日本人は、無意識的に基地を押しつけ、無意識のうちに沖縄人を犠牲にし、無意識のうちに利益を奪いとることが可能になる。すなわち、無意識の植民地主義である。日本人による愚鈍への逃避を許さず、さらには、無意識の植民地主義を許さないためにも、若林という「良心的日本人」の事例は、ここで徹底的に分析しておく必要があるのである。

（2）偽善

若林という日本人が「「そんなに沖縄が好きなら、基地の一つも持って帰って欲しい」という発言」の出典をあきらかにしなかったことは、その真意がどうであれ、「良心的日本人」という自作自演に不都合な情報を隠蔽する行為であることだけは確かだ。基地を押しつけている元凶としての日本人が「良心的日本人」を演ずることは、要するに、偽善である。「良心的日本人」とは、無意識的な偽善者であり、それを可能にしているのが「わたしは基地を押しつけてない！」という愚鈍への逃避なのである。日本人による愚鈍への逃避や無意識の植民地主義を許さないためにも、このような偽善者としての「良心的日本人」という問題を分析しておく必要があるだろう。そして、ここでもまた、日本人のなかでのその典型的な事例として、若林の偽善者ぶりを検証してみたい。その検証には、「良心的日本人」に不都合な情報の流通を促進するだけでよい。

さて、若林という日本人は、「もっとも矛盾が集中してしわ寄せされている地域の個別具体的な現実から出発することが重要」などと高邁な理想を述べるが、「出発」した後にはいったいどこへ行くつもりなのだろうか。はたして、「しわ寄せ」の根本的な原因に到達する気があるのだろうか。本来、「もっとも矛盾が集中してしわ寄せされている」という問題を解決しようとすれば、「しわ寄せ」の原因を解明して除去しなければならないはずである。ところが、なぜか若林は「しわ寄せ」の原因に一切触れようとはしないし、近づこうともしない。なぜなら、基地という矛盾を沖縄人に「集中してしわ寄せ」しているのが若林を含む日本人自身だからである。これは、「良心的日本人」にとって不都合な情報なのだ。つまり、自分という日本人こそが基地を「集中してしわ寄せ」している原因だということを自覚すれば、「もっとも矛盾が集中してしわ寄せされている地域の個別具体的な現実から出発することが重要」などと説教することも恥ずかしくてできなくなってしまうのだ。要は、それが偽善だと意識できた場合、偽善の続行自体が困難になってしまうのである。したがって、「良心的日本人」という自己認識を維持するためには、偽善者としての自分にも無意識でなければならないのである。

若林がけっして自分という「しわ寄せ」の原因に触れようとしないのはこのためである。原因を理解すれば、「良心的日本人」という自作自演を可能にする無意識が崩壊してしまうのだ。それを防ぐためには、原因の判明を回避しなければならず、先の出典の隠蔽もその一環といえよう。「しわ寄せ」の原因が掲載された文献を排除しておけば、さしあたり原因の判明を回避できるし、自分が原因であることにとりあえずは無意識でありつづけることが可能になる。さらに、このような無意識を維持するもっとも確実な方法は、ジョージ・オーウェルのいう「理解しえないという方法」としての愚鈍への逃避にほかならない。自分という日本人こそが基地押しつけの根本的な原因だということが理解できなければ、「良心的日本人」という偽善を可能にする無意識が崩壊することもないのである。

しかしながら、そもそも若林を含む日本人が基地の「しわ寄せ」さえしなければ、「もっとも矛盾が集中してしわ寄せされている地域」も発生しなかったはずなのだ。さらに、沖縄人に基地を過剰に「しわ寄せ」した日本人が、「しわ寄せ」という行為自体をやめないかぎり、問題の根本的な解決もありえない。にもかかわらず、若林は、在日米軍基地の「しわ寄せ」をやめようともしないばかりか、あたかも無関係の第三者が救済に名乗りをあげたかのように良心的かつ倫理的な美辞麗句をもてあそぶ。したがって、若林の議論は、「良心的日本人」を自作自演する無意識の茶番劇としかいいようがない。

在日米軍基地を沖縄人に過剰に「しわ寄せ」することは不正行為であり、不正を容易に実践しえている日本人は特権をもった存在である。若林という日本人は、他の日本人と同じく、「「本土」に基地を引き取るという政策を本気で日本政府がやろうとするわけはない」などと安心しきっているが、それは特権に開き直っているからなのだ。では、なぜ安心していられるのか。それは、そもそも若林を含む日本人自身が、「「本土」に基地を引き取るという政策」を絶対にやらない日本国政府を、民主主義によって構築してきたからである。日本国政府だけではない。日本人は、「「本土」に基地を引き取るという政策」の日本の政党を、ただのひとつも存在させてこなかったのだ。つまり、日本人にとって、そのような政党に投票しないことはあまりにも自明な行動だったのである。いいかえれば、在日米軍基地を日本国民全体で平等に負担しようと主張する政党が仮にあったとしても、若林を含むほとんどの日本人は絶対に支持しないのだ。このことが最初からあきらかだったからこそ「「本土」に基地を引き取るという政策」の日本の政党も一切存在しないのである。

したがって、実質的にはすべての日本人が、在日米軍基地を沖縄人に押しつけるという差別政策に長期にわたって賛成票を投じてきたのである。沖縄人を犠牲にすることによって基地の平等な負担から逃れることを、民主主義を通して積極的に実現してきたのである。つまり、沖縄人との平等を民主主義によって拒否し、沖縄人を犠牲にして利益を得てきた張本人のひとりこそ若林という日本人にほかならず、日本人としての自分の過去と現在をまったく省みないことによって第三者のようにふるまい、「過去に何も起こらなかったふりをして今を悲しむという態度」をとっている偽善者のひとりこそ若林自身にほかならない。

若林という日本人は、今さらながらに、「大規模な反基地運動が繰り返し形成されながら、なぜ沖縄に米軍基地が集中し、しかも施政権返還をこえて長期にわたる駐留が維持されているのか」といかにも良心的な問いを発しているが、その答えもとっくにあきらかなのだ。すなわち、若林を含む日本人が民主主義によって沖縄に米軍基地を集中させることを決定してきたからである。日本人は、民主主義によって「大規模な反基地運動」をことごとく圧倒し、沖縄人への基地の押しつけを実現してきたのだ。ことほどさように、日本人とは、そして、若林という日本人とは、圧倒的な権力以外の何ものでもない。

圧倒的な権力であるがゆえに、日本人にとって、「そんなに沖縄が好きなら、基地の一つも持って帰って欲しい」という「発言に驚いてみせることも、今日の日本社会では別段難しいことではない」のは当たり前である。そもそも日本人という権力にとって、沖縄人に基地を押しつけることからして「別段難しいことではない」のだから、こんなことはわかりきったことであり、発見でもなんでもない。実際、すでに知念ウシも、「「沖縄が好き」とニコニコ顔の日本人に「だったら基地を一つか二つ持って帰って」と言うと黙られてしまう」［知念、二〇〇二b］と述べていたのだ。つまり、日本人は、おどろいてみせようがどうしようが、結局は沈黙に逃げこむことができるのであり、黙ってさえいれば基地をそのまま沖縄人に押しつけつづけることができるのだ。このような沈黙は、「権力的沈黙」と概念化しなければならない。しかも、若林を含む日本人が「そのような発言に驚いてみせ」たからといって、権力を失うわけでもなければ、基地を押しつけることができなくなるわけでもない。したがって、日本人は安心して思う存分おどろいてみせることができるのだ。

ところで、「そんなに沖縄が好きなら、基地の一つも持って帰って欲しい」ということばは、あくまで「基地を持って帰れ」と要求しているのであって、おどろかすことを目的としたものではない。平等を実現しようとするのか、それとも、これまで通り植民地主義的搾取をつづけるのかどうかの選択をせまっているのであり、「そのような発言に驚いてみせることも、今日の日本社会では別段難しいことではない」と反応するだけでは何かを述べたことにはまったくならない。つまり、「基地を持って帰れ」という要求に真剣に応答しようとすることもなく、ただただはぐらかしているだけであり、まともに耳を傾けようともしていないのだ。「そんなに沖縄が好きなら、基地の一つも持って帰って欲しい」ということばも、「もっとも矛盾が集中してしわ寄せされている地域の個別具体的な現実」のひとつにほかならない。それに応答しようとしないのだから、この「個別具体的な現実」から「出発」する気はさらさらないのだ。したがって、若林という日本人は、「もっとも矛盾が集中してしわ寄せされている地域の個別具体的な現実から出発することが重要」という自分自身の良心的な言葉を、もののみごとに裏切っているのである。

つまり、実際には、「そんなに沖縄が好きなら、基地の一つも持って帰って欲しい」という「個別具体的な現実」からの「出発」だけは「回避」しているのだ。しかも、それが回避されるとどうなるかは、若林が自分で説明している。すなわち、「それが回避されつづけるならば、何ぴとにとっても、出口がどこにあるのかということを見極めることは困難となるだろう」。したがって、このように他人事のごとく説教している若林自身こそ「出口」を見失った張本人なのである。「出口」を見失ってしまうのは、「わたしは基地を押しつけてない！」という愚鈍への逃避を脅かさないような「個別具体的な現実」、あるいは、日本人に都合のよい「個別具体的な現実」からの「出発」だけをえり好みするからだ。このような無意識的なえり好みこそ、偽善の明白な証拠にほかならないのである。

（3）「はぐらかし」と「おとしめ」

「そんなに沖縄が好きなら、基地の一つも持って帰って欲しい」という呼びかけに真剣に耳を傾けようとしないのは、もちろん、基地を持ち帰ることを拒否したいからである。つまり、聞いてなければ答える必要も発生しないがゆえに耳を傾けようとしないのだ。これは、日本人にとって好都合である。なぜなら、答えずに黙ってさえいれば、沖縄人に基地を押しつけている現状には何の影響もおよぼさないからである。その結果、沖縄人を犠牲にして基地の平等な負担から逃れるという日本人の利益も容易に防衛できることとなる。圧倒的な権力である日本人は、ただ沈黙を守るだけで自分の利益を守ることができるのであり、日本人の多くは、このような権力的沈黙を無意識的に実践しているのだ。

また、聞きたくないのは、基地を持ち帰る義務はないと思いこんでいたいからであり、「わたしは基地を押しつけてない！」という愚鈍への逃避を脅かされたくないからである。この愚鈍への逃避が崩壊してしまえば、あたかも無関係の第三者が救済に名乗りをあげたかのように良心的にふるまうことなどできない。また、基地を押しつけている張本人が良心的なはずはないのだから、このことを認めてしまえば「良心的日本人」という無意識の自作自演自体が崩壊する。だから聞きたくないのだが、かといってあからさまに聞くことを拒否してみせるのも権力的であり、「良心的日本人」というイメージに傷がつく。

このようなジレンマを解消する方法のひとつが「はぐらかし」であり、若林もこの方法を使っている。「そんなに沖縄が好きなら、基地の一つも持って帰って欲しい」という声は聞きたくもないが、「良心的日本人」としては「そんなことは聞きたくない！」というあからさまに権力的な態度もとれない。だからこそ、とりあえず「そんなに沖縄が好きなら、基地の一つも持って帰って欲しい」という発言を引用して耳を傾けているかのようにみせかける。その一方で、「そのような発言に驚いてみせることも、今日の日本社会では別段難しいことではない」などと、聞かれてもいないことに論点をずらすことによってはぐらかすのだ。

はぐらかしとは、この場合、沖縄人との平等は拒否したいが「良心的日本人」というイメージと優越感だけは維持したいという欲張りで虫の良い欲求を満足させる方法なのである。沖縄という「もっとも矛盾が集中してしわ寄せされている地域」に関心をもつ自分は他の圧倒的多数の無関心な日本人よりも良心的だという優越感にひたるためには、「これからも沖縄人を差別します」とは口が裂けても言えないだろうし、自分という日本人が基地を押しつけて搾取している植民者にほかならないという現実をどこまでも無視してごまかさねばならないのだろう。

また、日本人が簡単に「そのような発言に驚いてみせる」ことができる理由について、まるで他人事のように「客観的」に述べる若林のやり方も、フランツ・ファノンが「私は客観的であろうとは望まなかった。その上、それは間違っている」［Fanon, 1952＝一九九八、一〇九頁］と喝破したように、植民者としての自分をごまかす方法のひとつである。しかも、「主権の問題に立ち入ったような根本的な大議論をする必要はないと思われている」とまでつけ加えているのだ。ここでわざわざ「主権」という概念までもちだしたのは、合州国が日本国の主権を侵害しているから在日米軍基地が沖縄に集中しているのだとでもいいたいからであろう。だが、前述したように、日本国の主権を侵害することは、いかに合州国といえどもまったく不可能だ。したがって、主権侵害を云々することは、合州国に責任転嫁する行為でしかない。責任転嫁という卑劣な行為にまでおよぶ理由は、「わたしは基地を押しつけてない！」という愚鈍への逃避をなにがなんでも防衛したいからである。

ところで、前述したように、「そんなに沖縄が好きなら、基地の一つも持って帰って欲しい」ということばは、あくまで「基地を持って帰れ」と要求しているのであって、おどろかせることと目的としたものではない。したがって、「そのような発言に驚いてみせることも、今日の日本社会では別段難しいことではない」などと、聞かれてもいないことに論点をずらす返し方は、「そのような発言」があたかもおどろかすことが目的のセンセーショナルな発言であるかのように、読者の印象を誘導する危険がある。

論点ずらしとは、ずらした論点があたかももともとの論点であったかのようにみせかける方法である。これとの関連で確認しておきたいのは、「そんなに沖縄が好きなら、基地の一つも持って帰って欲しい」という発言のもともとの論点は、ひとりひとりの日本人に対して「基地を持って帰れ」と要求している点だということなのだ。つまり、基地を日本に持って帰って沖縄人との平等を実現しようとするのか、それとも、これまで通り沖縄人を差別しつづけていくのかどうかの選択を日本人にせまっているのである。よって、この論点からすれば、日本人は、どちらを選択するのかをはっきり答えなければならないはずである。それが筋というものだ。

ところが、「そのような発言に驚いてみせることも、今日の日本社会では別段難しいことではない」などという筋違いの返答によって、若林という日本人は、「そのような発言」があたかも最初からおどろかすことをねらったものであるかのように論点をずらしているのである。しかも、「そのような発言」の出典までもしっかり隠蔽した上でそうしているのだ。さらに、若林は、別の「複数の沖縄の論者」については出典をていねいに明記しているだけでなく、ほとんど手放しで評価してもいる。おそらく、彼らは若林という日本人にとってたいへん都合のよい沖縄人なのであろう。以上のように言説を構成することによって、若林という日本人は、「そんなセンセーションねらいの不純な発言にはまともに耳を傾ける価値はない。したがって、出典を示すほどの価値もない」という暗黙のメッセージを発信しているといっても過言ではない。これらの行為が示しているのは、「そんなに沖縄が好きなら、基地の一つも持って帰って欲しい」という言説の価値を、若林が一方的におとしめているということなのである。

一方的な価値のおとしめは、アルベール・メンミのいう「シーソー効果」を発生させる方法である。メンミは、差別について、「片方を上げるには、もう片方を下げねばならない、あの子供のシーソーに比べられる」と述べた〔Memmi, 1994 = 一九九六、四頁〕。「そんなに沖縄が好きなら、基地の一つも持って帰って欲しい」という言説の価値を一方的におとしめることは、シーソーの一方が下がると同時にもう一方が上がるかのように、若林の言説に自動的に価値付与する方法でもあるのだ。その政治的効果は、もちろん、若林の言説に読者の同調をうながすことである。

若林は、「そんなに沖縄が好きなら、基地の一つも持って帰って欲しい」という部分しかとりあげず、前後の文脈を無視するばかりか出典まで隠蔽している。したがって、読者は、若林が論点をずらしていることにも答えをはぐらかしていることにも気づきにくい。それに気づかせないことが、「そんなに沖縄が好きなら、基地の一つも持って帰って欲しい」という言説の価値のおとしめと、若林の言説への読者の同調を促進するのである。したがって、このような政治を実現するためには、出典情報の隠蔽という研究者の基本的倫理に著しく反する卑劣な行為も不可欠だったということなのであろう。しかも、若林は、自分に都合のよい「複数の沖縄の論者」に関しては、きちんと出典を明記したうえで引用しているのだ。若林が彼らを動員したのは、おそらく、「基地を日本に持って帰れ」とは絶対に言わないはずだと判断したからである。そして、「そんなに沖縄が好きなら、基地の一つも持って帰って欲しい」という言説の価値をおとしめ、若林の言説に価値付与するシーソー効果に貢献させようとしたのであろう。つまり、ここでは、本書第三章で議論したような「共犯化の政治」が実践されているのである。[★30] これは、被植民者のなかから植民者に共犯する者を調達することによって植民地主義的支配に貢献させようとするものであり、植民者の古典的な戦略にほかならない。

若林が特に評価して引用しているのは、「九五年以降の沖縄は、女性たちに運動のバトンを委ねればよかった。政治問題に集約させるのではなく、いわゆる「女・子ども」問題に集約させればよかったと思う。「女・子ども」の小さな声を聴き、その権利を守って、弱さを弱さとして認められる地点からものごとを考えていきたい」[★31]という沖縄人・新城和博のことばである。沖縄人が「「女・子ども」の小さな声を聴き、その権利を守って」いこうとするならば、まずもって沖縄人の「女・子ども」のことを最優先に考えようとするはずではないのか。したがって、沖縄人の「「女・子ども」の小さな声を聴き、その権利を守って」いこうとすればするほど、日本人に対して「基地を日本に持って帰れ」と要求せずにはいられなくなるはずである。なぜなら、沖縄人に基地を押しつけることによって、沖縄人の「女・子ども」の声に少しも耳を傾けようとせず、沖縄人の「女・子ども」の権利を平気で踏みにじっている張本人こそ若林を含む日本人にほかならないからだ。基地を日本に持ち帰らないことによって、日本人・若林は、

★30　これ以外で「共犯化の政治」について主に議論した拙論は以下の通り。［野村、二〇〇〇：野村、二〇〇一a］

これからもずっと沖縄人の「女・子ども」を犠牲にしつづける。沖縄人の「女・子ども」であれば犠牲にしてよいということなのであろう。

4 植民地主義の身体化

「良心的日本人」は、以上で議論してきたような彼／彼女ら自身の政治性に無意識である。さらには、この無意識を崩壊させないための策までも無意識的に実践しているといっても過言ではない。それほど植民地主義を身体化しているということなのであろう。彼／彼女らが沖縄人に対して「優しい顔」ができるのはそのためであり、救済者のようにふるまえるのもみずからの植民地主義に無意識だからである。だが、無意識の植民地主義の維持に脅威となる被植民者が登場し、あくまで平等を要求しようものなら、彼／彼女らの表情は一変する。救済者のような優しげな表情が、権力者の醜く恐ろしい形相へと一気に変貌するのだ。このような反応は、「そんなに沖縄が好きなら、基地の一つも持って帰って欲しい」という平等要求に遭遇したときの若林という日本人のものでもあったであろう。

第三章で引用したように、フランツ・ファノンは、平等を求める被植民者への植民者の反応を説明して、「だが彼が、自分の身のほどを忘れ、ヨーロッパ人と肩を並べようともくろむなら、そのときはヨーロッパ人は腹を立て、不心得者を排斥する」と述べた〔Fanon, 1952＝一九九八、一二五頁〕。ここから導きうるのは、植民者にとって被植民者との平等は思いもよらないものであり、植民者ほど被植民者との平等を積極的に阻害するという命題なのである。この命題は、他の日本人と同じく「良心的日本人」にも確実に当てはまるといえよう。しかしながら、多くの日本人は、このことに無意識であり、積極的に意識しようとすることもない。つまり、日本人にとって、沖縄人との平等は思いもよらないものなのである。平等が思いもよらないものであるということは、日本人は、自分自身が今この瞬間も沖縄人を不平等に処遇しているという現実をほとんど意識していないのだ。不平等という現実が意識されないのであれば、平等の実現という課題が意識されるはずもない。そして、不平等な処遇とは、要するに、沖縄人に対する植民地主義的搾取であり、収奪にほかならない。その最たるものが在日米軍基地の七五パーセントもの押しつけなのである。

★31　〔新城・仲村・屋嘉、二〇〇二、三三頁〕。引用文中にあるような「女・子ども」「小さな声」「弱さ」等のことばを男性が使用することについては最大限の注意が必要である。なぜなら、これらのことばを疑問もなく使用できる前提として、自身の権力性や差別性を無意識的に正当化している男性は少なくないからだ。

このことについては、「良心的日本人」といえども、他の日本人とまったく同じである。にもかかわらず、自他ともに「良心的日本人」とみなされるのであれば、むしろ、より悪質な日本人といわざるをえないだろう。しかも、「良心的日本人」もまた、沖縄人に対して不平等な処遇を実践している自分自身に無意識なのだ。無意識である以上、収奪しているという意識はなく、罪悪感や不安とも無縁なので、こころおきなく収奪することができる。つまり、無意識的に基地を押しつけ、無意識のうちに沖縄人を犠牲にし、無意識のうちに利益を奪いとっているのである。

植民地主義が終わらない原因のひとつは、このような無意識の植民地主義を日本人自身が解体していないことにある。それを解体するには、まずは日本人が自分自身の植民地主義をきちんと意識しておかなければならない。この意識は、米軍基地を沖縄から日本に持ち帰る行為の原動力となりうるものであり、ひいては植民地主義を終焉させる基盤ともなりうるのである。

以上のように、「良心的日本人」とは、今のところ、より悪質な日本人としかいいようがない。しかしながら、彼／彼女らが、語の厳密な意味において、良心的日本人になることはけっして不可能ではない。そのもっとも確実な方法は、沖縄から日本に基地を持ち帰ることによって在日米軍基地の日本国民全体での平等な負担を実現することである。それを実現させないかぎり、語の厳密な意味において、良心的日本人と呼べる日本人は、ただのひとりも存在しないのである。

第5章　愛という名の支配
――「沖縄病」考

1　権力の隠蔽

前章で引用した、「「本土」に基地を引き取るという政策を本気で日本政府がやろうとするわけはない、という暗黙の前提が根深く共有されて」いるという若林のことばをはじめてみたとき、わたしはすぐに「またか」と思ったし、「こんなこと日本人に言われてもねー」という気持ちになった。なぜなら、このような経験はめずらしくないし、別の「良心的日本人」からも直接同じようなことを言われたことがあるからだ。「基地は動かないでしょうね。日本政府がよほど方針を変えない限り、米軍は沖縄から出ていかないでしょう。一地域に押しつけて、それを忘れたふりをして五十数年、結局日本はその程度の国なんですよ」とまるで他人事のように語った池澤夏樹に対して、わたしは「「基地は動かないでしょうね」と日本人から言われても……。そういう日本をだれがつくってきたか」と問い返したことがある〔池澤・ラミス・野村、二〇〇二、九三―九四頁〕。このやりとりは、知念ウシによってすでに分析されている。

まさしく、「こういうこと日本人に言われてもねー」である。「所詮その程度の国」に支配されて四百年の沖縄人は、「いささか」以上の「疲労感」をおぼえ続けているが、それでも他に生きる場所がないから闘うしかない。こんなことを沖縄人に聞かせ、また、日本人に読ませて池澤氏はどうしようというのだろうか。あきらめるように説いているのか。武装蜂起でも勧めているのか。もし、沖縄が武装蜂起したら、池澤氏にとって文章の題材にはなるかもしれないが……。／それに、私はこの発言に女性ならおなじみのこんな場面を思い出した。／女性が何人か集まって性差別に憤慨し、男性批判をしている。そこにたまたま一人男性が同席し黙って聞いている。あるいは時々一緒に批判するかもしれない。そして、彼は最後に言うのだ。「男って所詮その程度なんだよ」／男性を批判しているようでいて、実は弁解、擁護している発言。男性が女性にそう言う時、それは「男とはそういうものだから、変えるのは不可能。受け入れなさい、あきらめなさい」になる。池澤氏の発言はこれに似ている感じがする。〔知念、二〇〇二c、四四頁〕

若林という日本人のことばもこれに似ている感じがする。「日本人とはそういうものだから、変えるのは不可能。受け入れなさい、あきらめなさい」と言っているのではないか。「日本人って所詮その程度なんだよ」と、日本人を批判しているようでいて、「実は弁解、擁護している」のではないか。すなわち、池澤も若林も、自分自身の権力に居直っているのである。

多くの日本人は主権者としての自覚がうすい。なぜなら、主権者としての自覚がなくともほとんど不利益にならないからであり、場合によっては大きな利益となることすらあるからだ。「「本土」に基地を引き取るという政策を本気で日本政府がやろうとするわけはない」などと他人事のように語れるのは主権者としての自覚がほとんどないからであり、この無自覚が「基地は動かないでしょうね。日本政府がよほど方針を変えない限り、米軍は沖縄から出ていかないでしょう」などという日本国政府への責任転嫁を可能にしているのである。つまり、主権者の自覚がないのは愚鈍であるが、この場合の愚鈍はまさしく自己防衛的な愚鈍として機能しているのであり、それが日本人の利益を構成しているのである。しかも、日本国政府は責任転嫁する日本人にほとんど文句も言わないばかりか、沖縄人への基地の押しつけを実行することですすんで汚れ役を引き受け、若林や池澤を含む日本人の利益を徹底的に守っているのだ。その理由は、若林や池澤を含む日本人こそ日本国政府をつくった権力にほかならないからである。その意味では、日本国政府は日本人という権力の下僕なのである。

主権者の自覚がないということは、みずからを無意識的に第三者化しているということであり、このことは、「悪いのは日本政府だ」とか「本当の敵は日本政府だ」などという責任転嫁を可能にする。いいかえれば、悪や敵のでっちあげが可能になるのだ。おそらく、「良心的日本人」がもっとも必要とするのがこれなのであろう。すなわち、「悪いのはやつらだ」という責任転嫁やでっちあげを行なってはじめて、みずからを「良心的日本人」に分類する根拠を調達（ねつ造）することができるのだ。「悪いのは日本国政府である、したがって、自分は悪くないのだ」、「悪い日本国政府を批判しているのだから自分は良心的なのだ」、と。ここでも、第四章で言及したシーソー効果が存分に活用されている。日本国政府をおとしめ、安心して責任転嫁できることによって、「良心的日本人」という自己認識もまた容易に維持することができるのだ。

つまり、日本人の多くは、無意識的に自己を第三者化することによって、無意識的に自己の権力を隠蔽しているのである。権力を隠蔽することは、あたかも権力をもっていないかのように偽装することであり、この偽装によって、権力を無傷のまま保持することも可能になるのだ。そして、みずからの権力を無意識的に隠蔽しているからこそ、若林や池澤は、「「本土」に基地を引き取るという政策を本気で日本政府がやろうとするわけはない」とか、「基地は動かないでしょうね」などと、まるで他人事のように言い放つことができるのだ。そう言い放つ若林や池澤が得ているのは、これまで通り沖縄人に基地を押しつけつづけるという利益であり、沖縄人を植民地主義的に搾取する日本人の権力を維持することなのである。

一方、「そんなに沖縄が好きなら、基地の一つも持って帰って欲しい」という言説は、日本人がせっかく隠蔽した日本人自身の権力を、あっけなく暴露してしまう。それは、「わたしは基地を押しつけてない！」という愚鈍への逃避に対する脅威であり、日本人の無意識の植民地主義も崩壊の危機に瀕することとなる。無意識的に基地を押しつけ、無意識のうちに沖縄人を犠牲にすることよって、無意識のうちに利益を奪いとる植民地主義——搾取という悪行をはたらく者に精神的安定という特典までもたらす一石二鳥の植民地主義——が崩壊の危機に瀕するのだ。

したがって、多くの日本人は、「そんなに沖縄が好きなら、基地の一つも持って帰って欲しい」という発言を沖縄人にしてほしくはないはずだし、聞きたくもないはずだ。前述したように、若林という日本人が「はぐらかし」や「おとしめ」という挙におよんだのもこのためである。つまり、「基地を日本に持って帰れ、なんて言うな！」「日本人の利益になることだけを言え！」と言いたいのであり、基地を持ち帰らないかわりに、「研究成果」という個人的利益と「良心的日本人」というイメージだけを沖縄から安心して持ち帰りたいということなのであろう。これは、物理的のみならず文化的にも沖縄人を搾取することを意味するのであり、後に議論する「沖縄ストーカー」に共通の姿勢でもある。

2　権力への居直り

それでも、沖縄人からの批判や「基地を日本に持って帰れ」という声を阻止できない場合、日本人は、最終的には、みずからの権力に居直るという方法を選択することができる。つまり、「日本人とはそういうものだから、変えるのは不可能。受け入れなさい、あきらめなさい」、したがって、「どんなに基地を日本に持って帰れと言ったって無駄なのだ」、と。そのような明示的あるいは暗黙のメッセージを発信しつづけることによって沖縄人を消耗させ、無力感におちいらせる戦略に打って出ることができるのだ。その具体的な方法のひとつは前述した権力的沈黙である。日本人という権力は、「聞かない特権」をもっている。聞きたくないことは無視できるし、黙って放置することのできる権力なのだ〔新垣・野村、二〇〇二、一七頁〕。そうやって放っておきさえすれば、現状を維持することができる。現状維持が可能だということは、要するに、米軍基地をそのまま沖縄人に押しつけつづけることができるということなのだ。

そして、権力への居直りのもうひとつの具体的な方法は、愚鈍への逃避である。たとえば、「基地を日本に持って帰れ」と言われても、その意味すらわからないほど愚鈍であれば、結果的に現状維持が達成されてしまうのだ。つまり、ただ黙って無視するだけとか、愚鈍であるだけでよいのだから、日本人という権力にとって、みずからの権力に居直るという方法はきわめて簡単便利である。そして、「良心的日本人」が好むのは、どちらかといえば、後者の方だといえよう。前者のように、ただ黙って無視するというのは不誠実な失礼な態度であり、それこそ「良心」が許さないはずだからだ。

一方、後者の愚鈍への逃避の場合、実際には聞いてなくても聞いているかのようにみせかけることができる。聞くという態度は必ずしも理解を保証しないが、「良心的」にみせかけることだけは可能なのだ。同時に、愚鈍が改善されるかどうかは最終的には個人の能力の問題に行き着くのであり、改善されなかったとしても他者はどうすることもできない。どんなに理路整然と懇切ていねいに説明されても、愚鈍だからわからないという可能性がどこまでも残るのである。したがって、愚鈍には、免罪の余地がつねに確保されることとなる。しかも、このことによって、逆に、説明する側への責任転嫁までもが可能になるのだ。つまり、愚鈍な者ほど、説明する側を「説明不足」として糾弾することができるのである。「愚鈍への逃避」が政治的戦略となるのはこのためであり、それを概念化したジョージ・オーウェルは、この現実を看破していたのだ。

オーウェルは、英国支配階級が愚鈍への逃避を実現した方法について、「主として過去にのみ目をむけ、周囲に起こっている変化には頑として目をつむることによって、彼らはなんとかそれをやりおおせたのだ」[Orwell, 1968＝一九九五、三八頁] と説明する。これにならっていえば、日本人の多くは、沖縄人に基地を押しつけている自分自身の現実に「頑として目をつむること」を実践しているのだ。それによって、「わたしは基地を押しつけてない！」という愚鈍への逃避を「やりおおせた」のである。

　愚鈍への逃避という政治的戦略は、在日米軍基地の押しつけや日本人の植民地主義の問題について、日本人自身による「改善が可能なことを理解しえないという方法」［Orwell, 1968 = 一九九五、三八頁］に打って出ることである。それは、「改善が可能なこと」をどんなに理路整然と説明されても、「改善が可能なことを理解しえない」という愚鈍にどこまでもとどまるという方法なのだ。このような愚鈍が説明する側を消耗させるのは必至である。また、「理解しえない」という愚鈍は、説明する側を無限の説明責任に囲いこむことによって無力感におとしいれる。つまり、説明する側がどんなに理路整然と懇切ていねいに説明したとしても、しかもそれを何万回くり返したとしても、「理解しえないという方法」は、説明する側への責任転嫁を可能にし、説明不足として永遠に糾弾することを可能にするのだ。

　このような愚鈍への逃避が、前節で議論した「基地は動かないでしょう。一地域に押しつけて、それを忘れたふりをして五十数年、結局日本はその程度の国なんですよ」という池澤夏樹の無責任なことばを可能にしているのである。また、前章から議論している「「本土」に基地を引き取るという政策を本気で日本政府がやろうとするわけはない」という若林千代のことばについても同じである。池澤も若林も、「「本土」に基地を引き取るという政策を本気で日本政府がやろうとするわけはない」のは、そもそも彼／彼女を含む日本人自身がそのような日本国政府をつくったからだということを、けっして「理解しえない」という愚鈍に逃げこんでいるのだ。日本人が自分自身の行為を「改善」し、基地を日本に持って帰れば、沖縄人への基地の押しつけや日本人の植民地主義の問題も「改善が可能」なのだということを、「理解しえないという方法」を実践しているのだ。そうやっていつまでたっても愚鈍でありつづけ、愚鈍さを見せつけることが「日本人とはそういうものだから、変えるのは不可能。受け入れなさい、あきらめなさい」、したがって、「どんなに基地を日本に持って帰れと言ったって無駄なのだ」というメッセージとして機能するのである。

愚鈍への逃避とは、日本人のこのような権力への居直りを可能にする方法である。その意味で、日本人という植民者にとって、愚鈍は、権力を構成する重大な要素にほかならない。そして、日本人が自分自身の権力に居直るためには、みずからの愚鈍さを見せつけるだけでよい。いいかえれば、「「本土」に基地を引き取るという政策を本気で日本政府がやろうとするわけはない」のはなぜなのか、その原因を理解する能力がないほど無能であればよい。日本人自身がそのような日本国政府をつくったことがその原因だということを理解する能力をもたなければよい。日本人は断じて第三者ではないということを理解できないほど無能であればよい。日本人が沖縄人に基地を押しつけている元凶だということを理解できないほど無能であればよい。自分という日本人こそが沖縄人を搾取する植民者にほかならないということを理解できないほど無能であればよい。

日本人の愚鈍さを見せつけられる沖縄人は、消耗し、無力感にさいなまれる。なぜなら、日本人が彼／彼女ら自身の愚鈍さを見せつけることは、権力を見せつけることだからである。だからといって、沖縄人が愚鈍になってしまえば、それこそ自分で自分の首を絞めることになり、命取りとなる。なぜなら、愚鈍への逃避とは、日本人という権力のみが独占する植民者の特権にほかならないからである。

3　加害者を癒す沖縄ブーム

日本人が沖縄人に暴力的に基地を押しつけ、植民地主義的に搾取し、沖縄人を犠牲にして利益を奪取しているがゆえに、沖縄人はけっして癒されることがない。この日本人自身の現実に、ほとんどの日本人は無意識である。でなければ、これほど大量の日本人が「癒しの島」としての沖縄を恥も外聞もなく欲望するなどということは不可能だったはずである。しかしながら、本来、真っ先に癒されなければならないのは、日本人ではなく、沖縄人の方ではないのか。にもかかわらず、沖縄人に対する在日米軍基地の強制という搾取、すなわち、植民地主義的加害行為をいまだにやめようともせず、けっして沖縄人を癒そうともしない日本人が、今度は、沖縄人から癒しまで搾取しようとしている。このような日本人の癒しは卑しい。

日本人のあいだでは、なぜか「沖縄ブーム」である。さらに、なぜか沖縄は「癒しの島」と喧伝されている。在日米軍基地の押しつけという加害行為をやめようともせず、けっして沖縄人を癒そうともしない日本人が、一方的に沖縄人から癒しを得ようとするなんて虫がよすぎはしないか。しかも、みずからが負担すべき基地を沖縄人に押しつけてきたのだから、日本人は、すでにじゅうぶん癒されたはずではなかったか。だが、それでも、日本人には癒されないものがあるのだ。さらにいえば、他からではなく、あえて沖縄人から癒しを搾取しなければならない事情が日本人にはあるのだ。相手が沖縄人でなければまったく意味がないのだ。

日本人が沖縄（人）に癒しを求めるのは、基地の押しつけをはじめとする植民地主義的加害行為をけっしてやめようとしていないからであり、加害行為を臆面もなく継続するためには、自己の加害性から生じる精神的負荷や罪悪感を癒さなければならないからである。このような癒しを、日本人が沖縄人以外から得ることはまったく不可能だ。なぜなら、加害者が癒されるためには自己の加害性を抹消しなければならないからであり、そのためには、被害者の手を借りることが不可欠だからである。したがって、「沖縄ブーム」とは、「加害者を癒す沖縄ブーム」以外の何ものでもない。

実際、「青い海・青い空」が表象するエキゾチシズムや「唄・三線」「エイサー」などの芸能文化、また、「沖縄料理」等の食文化や「長寿」「あかるさ」「やさしさ」といった文化の側面を過度にもちあげてほめ殺しすることで、日本人の植民地主義がもたらした傷痕や日本人を告発する文化の側面を「沖縄ブーム」は隠蔽している。日本人による沖縄人への基地の強制という暴力の文化やそれが今この瞬間も沖縄人に与えている傷、あるいは、反基地・反植民地主義の文化といったものは、あたかも存在しないかのように、きれいさっぱり排除されている。つまり、「沖縄ブーム」を通して、日本人が徹底して抹消しようとしているのは、沖縄人を差別し、蔑視し、殺してきただけでなく、七五パーセントもの在日米軍専用基地を押しつけることによって今なお沖縄人を犠牲にして恥じない日本人自身の醜い姿なのだ。これらの現実を完ぺきに抹消した『ちゅらさん』や『ナビィの恋』等の映像作品の大ヒットは、「沖縄ブーム」の政治性を明白に物語っている。

すなわち、「沖縄ブーム」においては、新崎盛暉がいうように、「もてはやされる異質性と排除される異質性が、はっきり選別されている」のであり、ある一部の面が過度に強調されることによって「その他の面がおおい隠される」[新崎、一九九三、一五六頁]。そして、「沖縄ブーム」で日本人が求めているのは、要するに、日本人の植民地主義と加害性をおおい隠し、忘れさせてくれる沖縄(人)なのだ。この忘却が、日本人の「わたしは基地を押しつけてない!」という愚鈍への逃避を効果的に防衛するのはいうまでもない。しかも、自己の加害性を忘却できれば、罪悪感もけっして発生しないのだ。このようなプロセスについては、アリス・ウォーカーの議論がたいへん参考になる。

ここに、美しい女を、たとえば五番目か六番目の花嫁を手に入れたい男がいるとする。そして彼女は男を拒絶する。あるいは他の男のほうを好む。あるいは男が彼女を犯すとき、いやな顔をしたり、嫌悪に満ちた声や叫びを上げたとする。あるいは抵抗したとする。怒りに駆られた男が、信じている〝秘密の本〟が許しているとおり、彼女の鼻と両耳を切り取ったとしたら、そのあと、どうするだろう？　とくに、彼女が息子を産み、彼らの母親になったとしたら？／きっと、傷を隠せと命令するだろう。男がそれを見なくてもすむように。あるいは彼女に嫌われたこと、それに対して自分がなにをしたかを毎日思い出さなくてすむように。千年後、彼女の子孫である娘は、〝伝統的に〟女の顔に対してなにがなされてきたかではなく、女の顔自体が攻撃を引き起こすのだと信じ込むようになる。

［Walker, 1997＝二〇〇三、八〇―八一頁］

自己の植民地主義と加害性を「見なくてもすむように」することによって、そのような自分自身の現実に積極的に無意識となってきたからこそ、近年、「沖縄大好き！」を無邪気に連発し「沖縄病患者」を自称してはしゃぐ日本人も増殖してきたのであろう。かつてはあからさまに沖縄人の文化を差別していた日本人が、今度は、三線だのエイサーだの『ちゅらさん』だの「オバァ」だのとほめ殺しすることによって沖縄文化をつまみ食いしている。沖縄人を犠牲にすることによって在日米軍基地の平等な負担から逃れるという利益を搾取しておきながら、なおかつ沖縄人の文化からおいしいところだけをむさぼっているのだから、日本人が行使しているのは二重の搾取ではないのか。

これを搾取と呼ぶ理由は、ウォーカーが説明する「男」と同様のことを日本人が実践していることにある。「彼女の鼻と両耳を切り取った」ことは、「男」が「彼女」に傷という負担を強要する行為であり、搾取である。さらに、「彼女」に「傷を隠せと命令」することは、「彼女」に再び負担を強要する行為であり、二重の搾取なのだ。つまり、「男」は、「彼女」に二重に負担を強要し、二重に搾取することによって、「彼女」に依存しているのである。いいかえれば、「男」が「自分がなにをしたかを毎日思い出さなくてすむように」するためには、「彼女」の傷を隠すという行為に依存しなければならないのだ。このことは、「男」という加害者が癒しを得るためには、「彼女」という被害者への依存が不可欠だということを示している。これと同じように、日本人が沖縄人の文化を選別的に消費することは、沖縄人に対して、日本人が与えた「傷を隠せと命令」するようなものなのだ。

そもそも在日米軍基地の過剰な負担を強要することは、沖縄人に傷を加える行為であると同時に、その傷に依存する行為である。日本人は、この加害性によって、沖縄人にすでに十二分に依存している。しかも、「沖縄ブーム」にあきらかなのは、日本人の見たい沖縄（人）だけが選別的に消費され、見たくない沖縄（人）は排除されるという日本人の文化現象なのだ。そして、日本人の見たくないものの筆頭は、沖縄人を傷つけ犠牲にして恥じない日本人自身の醜い姿であり、それを否応なく思いださせるような沖縄（人）にほかならない。つまり、沖縄人の文化を選別的に消費することによって、日本人は、自身の加害性を隠蔽しているのである。その意味で、このような隠蔽は、日本人が沖縄人に文化的に依存している現実を示しているのだ。

さらに、この場合の依存は、同時に、搾取でもある。なぜなら、日本人の見たい沖縄（人）だけが沖縄（人）のすべてでは絶対にないからだ。そもそも日本人の見たくない沖縄（人）を含むすべてがあってはじめて沖縄（人）は存在しているはずである。したがって、その一部だけを無理やり切り取ってしまえば、必ず血が流れるといっても過言ではないのだ。

このように、基地の押しつけという植民地主義的加害行為によってすでに沖縄人に依存している日本人は、今度は文化的に沖縄人に依存することによって自己の加害性から生じる精神的な負荷を癒しているのである。換言すれば、日本人は、基地の押しつけという搾取を、文化の搾取によって忘却しようとしているのだ。そして、物理的搾取と文化的搾取という二重の搾取によってそもそも成立しているものこそ植民地主義にほかならないのである。

以上のような文化の選別的な消費によって、日本人は、沖縄人を再び深く傷つけているのではないだろうか。このことについて参考になるのが石井政之の議論である。

「見る・見られる」構造があるということは、その人間を見つめているという関係があることであり、救いがある。見られていることは、人間としての最低限の尊厳である。見られなくなったとき、人間はその存在価値を否定される。〔石井、二〇〇三、一八二―一八三頁〕

基地の押しつけや日本人による差別によって与えられた傷は、それがどんなに否定的なものであろうとも、沖縄人の今日の文化を構成する重要な要素となっているのだ。沖縄音楽やエイサーなどの文化もこの傷と分離して考えることはできないのであり、耳を澄ませば、日本人が与えた植民地主義的傷痕の響きが聴こえてくるはずである。その傷を見ようとしないことによって、日本人は、沖縄人の「人間としての最低限の尊厳」を汚し、「存在価値を否定」しているのかもしれない。

4　沖縄ストーカー

文化の選別的消費によって、日本人は、みずからの植民地主義をますます隠蔽することが可能になり、みずからの加害性にますます無意識となることができるようになる。日本人がどんなに沖縄文化をほめ殺したり消費したりしても、一般の沖縄人には一円にもならない上に、けっして基地がなくなることがないのもそのためである。日本人が「沖縄大好き！」と言って沖縄人の文化から「おいしいとこどり」することとは、沖縄人を犠牲にして基地の負担から逃れるという「おいしいとこどり」に貢献するだけなのだ。

文化の選別的消費によって自己の植民地主義と加害性に積極的に無意識となってきたからこそ、前述したように、「沖縄大好き！」を無邪気に連発し「沖縄病患者」を自称してはしゃぐ日本人も増殖してきたのである。かつては沖縄人をあからさまに差別していた日本人が、手のひらを返したように、今度はほめ殺しである。さらに、沖縄人になりたがる日本人や沖縄に平気で「移住」（植民！）できる日本人まで多数発生し、日本人向けに沖縄（人）をおもしろおかしく描いた本や「沖縄移住本」の出版も活発だ。そして、もちろん、これらの日本人や本たちが、日本人の沖縄人に対する植民地主義や加害行為を真正面から問題化することは、ほぼ一〇〇パーセントない。

また、「沖縄大好き！」とでも言ってほめ殺してやれば、すべての沖縄人がよろこぶはずだとか、よき行いをしていると思いこむ日本人は多い。そのような押しつけがましい態度がとれるのは、第四章で論じたように、ほとんどの日本人が植民地主義および基地の押しつけという日本人問題について、無意識的に自身を第三者化しているからである。その結果、ほんの少し沖縄に関心をもっただけで、「関心をもってあげている」という傲慢な優越感にひたることができ、「良心的日本人」という偽善も可能になるのだ。

だが、「沖縄大好き！」とほめ殺しする日本人や「沖縄病患者」に、気持ち悪さを感じたり、直感的に不信の念をいだく沖縄人は少なくないはずだ。なぜなら、ほめ殺しもまた、「殺し」であることに変わりはなく、差別の一形態にほかならないからである。もちろん、ほめ殺しされてよろこぶ沖縄人がいるのも事実だ。しかしながら、被差別者や被植民者がほめ殺しに弱いのは、差別される経験ばかりでほとんどリスペクトされた経験がないからである。その意味で、ほめ殺しとは、そのような彼／彼女らの「弱み」につけこむ行為であり、あたかも差別がなくなったかのように錯覚させる方法なのだ。つまり、日本人にほめ殺しされてよろこぶ沖縄人は、ぬかよろこびしているにすぎないのである。実際、日本人は、どんなに沖縄人をほめ殺そうとも、在日米軍基地の七五パーセントもの押しつけという差別をけっしてやめようとしないではないか。このように、ほめ殺しとは、差別が多少巧妙化したものでしかないのである。

したがって、「沖縄大好き！」の「沖縄病患者」に対して、「そんなに沖縄が好きだったら基地ぐらい日本に持って帰れるだろう」とでも言おうものなら、逆ギレされるのがオチである。あるいは、きれいさっぱり無視されるかのどちらかであろう。つまり、権力的沈黙である。そして、やはり。だれひとりとして基地を日本に持ち帰ろうとはしない［野村、二〇〇一b、一五七頁：野村、二〇〇二c、九〇頁］。すなわち、「沖縄大好き！」の「沖縄病患者」たちは、「基地のある沖縄」こそが大好きだと言っているのだ。米軍基地を押しつけて搾取できるだけでなく、沖縄人の文化まで搾取できるからこそ、「沖縄大好き！」なのだ。基地の押しつけという搾取を、文化の搾取によって忘却してしまえるからこそ、「沖縄大好き！」なのだ。文化の搾取によって、ますます基地を強制しえているからこそ、「沖縄大好き！」なのだ。

　このような日本人を「沖縄病患者」と呼ぶのは不適切である。彼／彼女らは、けっして医学的な意味での患者ではない。また、彼／彼女らの行為は、本人の責任を問いようがない生理的自然的現象としての病気とは根本的に異なる。ましてや、その「沖縄病」とやらは沖縄（人）を病原菌の発生源とする伝染病などでは絶対にない。病原菌が存在するとすれば、それは日本人以外ではありえないし、発生源も日本人にほかならない。したがって、日本人の植民地主義と加害性を明確化する概念によって呼びなおされなければならないのである。

　マルコムXは、「黒人組織に参加したがる白人は、ほんとうのところ、自分の良心の痛みをいやすことだけが目的の逃避主義者ではないかという根づよい感触を私はいだいている。われわれ黒人につきまとっていることで、自分が〝黒人といっしょ〟であることを〝証明〟しようとしているのだ」［Malcolm X, 1965a ＝二〇〇二、二四五頁］と述べた。「黒人組織に参加したがる白人」が「自分の良心の痛みをいやすこと」ができるのは、黒人に対するみずからの物理的搾取や差別を隠蔽しているからである。「黒人につきまとっている」ことによって、搾取や差別の隠蔽が可能になるからこそ、白人は、「自分の良心の痛みをいやすこと」ができるのだ。この場合、「黒人につきまとっている」ことによって、白人は、黒人を文化的に搾取しているのである。このことからヒントを得ていえば、「沖縄病患者」や「沖縄大好き！」の日本人は、「沖縄ストーカー」と概念化しなおすべきである。

ストーカーが他者に行使するのは「愛という名の支配」であり、愛の名において最終的には他者の命すら奪う。命を奪うことは他者を犠牲にする究極の行為であり、それによってストーカーは完全なる支配を達成するのだ。したがって、ストーカーが欲望するのは、あくまで支配することであり、犠牲者との対等な関係などそもそも眼中にない。つまり、支配を愛と取り違えているのであり、相手を支配しえていないことに寂しさを感じ、欲求不満となるのである。すなわち、ストーカーにとって、支配こそ愛なのだ。しかも、ストーカーは、その責任をも犠牲者に転嫁する。支配されようとしない犠牲者の方が悪いのだ、と。支配に従順でない犠牲者の方が悪いのだ、と。要するに、逆ギレである。えてしてストーカーが凶暴なのはそのためであり、支配できないかぎり欲望を満足させることもできないのだ。そのためのもっとも手身近な手段が暴力なのである。

このように考えれば、「沖縄大好き!」の日本人が沖縄人を平気で犠牲にしていることもけっして不思議なことではない。沖縄人を支配し、犠牲にできるからこそ「沖縄大好き!」なのであり、彼/彼女らが大好きなのは、犠牲にされてもけっして日本人に刃向かったりせず、まかりまちがっても「基地を日本に持って帰れ」などと抵抗したりしない「やさしい沖縄人」なのである。いいかえれば、支配しうるかぎりにおいて、「沖縄大好き!」なのだ。沖縄人が従順であるかぎりにおいて、「沖縄大好き!」なのだ。これは、ストーカーが行使する「愛という名の支配」と同様であり、「条件つきの愛情」である。だが、そもそも愛に条件などいらないはずだ。その点、ストーカーが支配を愛と取り違えているのと同様に、「沖縄大好き！」と無邪気に言える日本人は、多くの場合、「沖縄（人）支配が大好き！」と正直に告白しているのも同然なのである。

ところで、沖縄人が従順であって抵抗もしないのであれば、日本人は沖縄人をますます容易に犠牲にできるし、沖縄人は破壊されるばかりである。そして、抵抗しない沖縄人、あるいは、「やさしい沖縄人」は、イクバール・アフマドにならっていえば、もっとも大切なものを失う危険をおかしているのだ。

抑圧された人間の集団こそが闘争をとおして、彼ら自身を、彼ら自身の力を、そして彼ら自身の人間性を発見するのです。もし、あなたが抵抗しないのなら、もしあなたが闘争しないのなら、あなたはそうしたことを発見しないだろう。あなたは、あなた自身の人間性を発見しないばかりか、他人の人間性をも発見することはない。[Ahmad, 2000＝二〇〇三、一〇五頁]

みずからの人間性を発見しない沖縄人とは、抵抗しない沖縄人であり、精神的に殺された沖縄人である。植民地主義は、今この瞬間も沖縄人の精神を植民地化することによって、抵抗しない沖縄人、すなわち、自分自身の力と人間性を発見できない沖縄人を生みだしているのかもしれない。沖縄人が自分自身の力と人間性を発見しないのであれば、日本人にとって、これほど搾取しやすい存在はないのである。

5　沖縄ストーカーにならないために

「沖縄大好き!」の「沖縄病患者」だけが沖縄ストーカーなのではない。第四章で主に議論した「良心的日本人」および沖縄に思いをよせる日本人、そして、沖縄に「移住」=植民している日本人のほとんども、今のところ、沖縄ストーカーの一類型といわなければならない。なぜなら、物理的にも文化的にも、沖縄人を搾取しているからである。すでに、すべての日本人が、沖縄人を支配し、犠牲にしている。そのなかでも、沖縄ストーカーがより悪質といえるのは、沖縄人を文化的に搾取することによって物理的な搾取を隠蔽しているからである。しかも、彼/彼女らの多くは、沖縄に接近・上陸することや沖縄人につきまとうことによって、無意識的にそれを実践しているのだ。[★32]

犠牲者が抵抗した場合、ストーカーは逆ギレし、臆面もなくその凶暴さをあらわにすることが多い。第三章で分析した西智子という日本人の事例もこれに当てはまるものといえよう。また、第四章二節で、池澤夏樹という日本人の言説を批判した知念ウシの論考を引用したが、これに対してもストーカー的逆ギレといえるような反応があった。知念は、「なぜ日本人は池澤のこういう発言を批判しないのか」〔知念、二〇〇二a、四〇頁〕と問うていたのだが、読者からは、逆に以下のような反応があったのである。

私はこれを読んでいやな寂しい気持ちになった。知念ウシ氏は池澤夏樹氏を敵と思っているのか？　こんな風に沖縄人と日本人をことさらに区別していったい何の意味があるのか。敵にする人を間違っているのではないか。／「あんなに差別して殺しておいて、今度は（沖縄人に）なりたいそうだ。」という言い方では、沖縄人を差別し殺した者たちと、沖縄の歴史と現状に心を寄せ、自分のできるところで係わり行動したいと思っている人々とが一緒くたにされていて、なんで⁉　という感じ。沖縄人にだって権力におもねってうまい汁を吸おうとする者がいるだろう。／知念さん、あなたの言い方では本来友人となるはずの人を遠ざけ、本当の敵を喜ばせるだけなのではないでしょうか〔小山、二〇〇二、六三頁〕

くり返しになるが、わたしが考えるに、知念は、日本人に対するごく素朴な沖縄人の反応を記述したにすぎない。そして、沖縄人は、素朴であればあるほど、日本人に不評となるらしい。素朴であるということは、日本人に同化せず、精神を植民地化されていないということで

★32 大阪大正区で関西沖縄文庫を主宰する金城馨は、日本人による沖縄ストーカー的な文化的搾取について、具体的に報告している。きわめて重要な報告なので、できるだけ長く引用する。「今年のエイサー祭りには六千人ぐらい集まりましたね。だからすごいということじゃなくて、逆にそのことによって自分たち沖縄人の主体性を失うことになったと思うんです。ヤマトンチュ（大和人＝いわゆる日本人）というのは、「楽しみたい」とか「沖縄を知りたい」とかいう言葉をつかいながら、彼らの都合のいいものを要求してくる。「かっこいい！」と拍手されると、拍手されたほうはその要望に応えるようになるんです。／自分たちがはじめたエイサーは、沖縄人の青年が沖縄人としての誇りを取り戻すということが基本にあって、差別をはね返す力を文化に求めたわけです。だからエイサーは目的じゃなくて手段なんです。だけどいまはエイサーを演じることによって拍手をもらい、自分たちが受け入れられたという錯覚におちいるわけです。言ってみればほめ殺しですよ。」「祭りに来たヤマトンチュが「おれたちはいつ踊ったらいいんだ」と聞いてくるから、「勝手に踊るな。おまえたちが楽しむためにやってるんじゃないんだ」と言ったら変な顔をしますね。要するに楽しみたい、騒ぎたいわけであって、理解したいわけじゃないんです。／もし彼らが沖縄のことを理解したいと思うならば、「ひく」という行為をしないとあかんわけです。つまり距離感をもっということ。それなしに理解するというのはありえない。その距離感をもてないヤマトンチュは、自分たちウチナンチュのなかに踏みこんできて、かき回して、グジャグジャにして帰る。それはマジョリティ（多数者）によるマイノリティ（少数者）に対する文化的侵略ですよ。マジョリティというのは数の多さ自体が暴力ですから、無意識のうちにそういうことをやるんです。それが理解することになると思いこんでいる。／オジィ、オバァがいちばんカチャーシーを踊りたくなるのは、たとえば「唐船どーい」というテンポの速い曲ですね。青年たちがたたく太鼓のパワフルなリズムに体が反応する。エイサーというのは青年が主役になる場面ではあるんだけども、地域のオジィ、オバァにも主役であってほしいというのが基本にあるんです。オジィ、オバァが、悔しい思いもあっただろうし、楽しいこともあっただろうし、いろんな思いに入り乱れながら、自らの沖縄性を表に出さないという生き方をしてきたにもかかわらず、そのみんなが見ている場に出てきてしまう。それもすっととび出てこないで、なんかこうそわそわしながら出てくる。その揺れ動きや〝間〟といったものが、距離感をもつことによって見えてくるはずなんだけど、その距離感をもたないヤマトンチュは太鼓のリズムが速くなったらすぐにとんで出てきて走り回る。そうしたらオジィ、オバァが出てくる場面がなくなってしまうんです」［金城、二〇〇三、八一一〇頁］。この報告は、関西在住の沖縄人が祭りを通して取り戻した沖縄人の文化を、日本人が、ほめ殺しを通じた文化的搾取によって破壊した事実についての重大な証言である。山之口貘は、「ぼくはかつて（大正十二年）、関西のある工場の見習工募集の門前広告に「但し朝鮮人と琉球人はお断り」とあるのを発見した」［山之口、二〇〇四、二二五頁］と述べたが、金城のいう「オジィ、オバァ」とは、このような日本人の差別に苦しめられてきた沖縄人なのだ。しかも、かつては踊りや歌をはじめ沖縄文化を表出することも、日本人による差別のターゲットとなることと同義であった。つまり、彼／彼女らは、「自らの沖縄性を表に出さないという生き方」を日本人によって強いられ、自文化を破壊されてきたのである。したがって、祭りのなかで「オジィ、オバァ」が踊り出すことは、日本人の差別によって奪われた沖縄人の文化を彼／彼女ら自身の身体に取り戻す行為にほかならない。その意味で、無意識的に沖縄人の祭りを破壊し、自文化を取り戻す機会を沖縄人から奪った日本人は、沖縄人の文化を再び破壊したといわざるをえない。

ある。このことが日本人の利益に反するがゆえに、素朴な沖縄人ほど日本人に不評となるのであろう。

ここでは、一読者の投書を引用したのだが、素朴な沖縄人に対する日本人の反応としては、けっしてめずらしい内容ではない。というより、日本人の反応としてみれば、きわめて一般的な部類に属するものともいえよう。その点は、日本人に同化し、精神を植民地化された沖縄人の場合も同様である。したがって、これから検討することもけっして一読者のみの問題ではない。右の引用文を分析することによって、むしろ日本人一般に共通する問題を析出しうるはずなのだ。その共通の問題とは、日本人の多くが、すでに沖縄ストーカーであるか、沖縄ストーカーになりうる存在であるという問題である。そして、日本人が沖縄ストーカーにならないための方法のひとつは、沖縄ストーカーの存在を直視し、彼／彼女らについて批判的に分析し、その思考および行動パターンの問題性を認識することによって、自分自身の反面教師として活用することといえよう。

さて、右引用文の論者は、知念ウシの文章を読んで「いやな寂しい気持ちになった」という。では、なぜ「寂しい」という感情までもがいちいち発生したのか。ストーカーとの類比でいえば、「愛情」を求めたにもかかわらず、それを得ることができなかったからなのだ。そして、この場合の「愛情」とは、知念という沖縄人を支配することであり、日本人への従順さを知念が示すことなのである。また、何が「いや」なのかといえば、支配という欲望を満足できなかったことがいやなのであり、その欲望を満足させてくれなかった知念という沖縄人のことがいやなのだ。つまり、知念に責任転嫁しているのである。まずはこのように、ストーカーと同様の特徴をみいだすことができるし、この論者の眼中に沖縄人との対等な関係などないことがよくわかる。

「寂しい」という感情がきわめて明白に物語っているのは、他者を尊重して対等な関係をもとうとするのではなく、いきなり他者に「愛情」を求めるストーカー的な厚かましさである。第一、単なる対等な関係であれば、知念の池澤批判に一時的に憤慨することはあっても、「寂しい」とまで感じることは不可能であろう。このことは、逆に知念の場合を考えればよりあきらかとなるはずだ。なぜなら、この論者の反応に対して、知念が「寂しい」という感情をもつことなどとうていありえないはずだからである。そして、先に述べたように、ストーカーは支配を愛と取り違えており、相手を支配しえていないことに寂しさを感じ、欲求不満となる。つまり、この論者は、知念を支配できないからこそ「寂しい」のだ。

ストーカーは、犠牲者に責任転嫁するがゆえに、抵抗する犠牲者に逆ギレする。「知念ウシ氏は池澤夏樹氏を敵と思っているのか？」[★33]「敵にする人を間違っているのではないか」と非難するこの論者は、知念に責任転嫁し、逆ギレしているのである。そして、ここには、まず、マルコムXが以下のように例示した問題が存在する。

ある人の家が火事になり、だれかが「火事だ！」と叫んで走り込んできた時、叫び声で起こされた家人は、しばしばこんな誤りを冒すことがある。つまり、火事を知らせてくれた本人に感謝するかわりに、自分を起こしてくれた彼が放火犯であると錯覚して非難するというとんでもないミスを犯しがちである。［Malcolm X, 1965b ＝ 一九九三、五七頁］

「あんなに差別して殺しておいて、今度は（沖縄人に）なりたいそうだ」という知念のことばも、池澤および日本人の現実を素朴かつ率直に記述したものでしかない。日本人の現実を率直に記述することは、日本人の暴力性を問題化することとほぼ同義であり、同時に、日本人に警告を発する行為ともなりうる。そして、日本人の暴力性が問題化されるのは、それが厳然と存在しているからなのだ。その意味で、知念の記述行為は、日本人に「火事だ‼」と知らせるようなものである。知念を非難する論者は、知念に「感謝するかわりに」、知念が「放火犯であると錯覚して非難するというとんでもないミスを犯し」ているといえよう。

暴力性という日本人の現実は、本書でたびたび論じてきたように、在日米軍専用基地の七五パーセントもの押しつけをはじめとする植民地主義的加害行為に存分に示されている。これは、日本人が一方的に沖縄人に敵対していることを示す現実なのである。つまり、池澤および日本人の方こそがそもそも沖縄人に敵対しているのであって、知念という沖縄人が日本人に敵対しているのではない。しかも、件の知念の文章中に、「敵」ということばはまったく見当たらないのだ。また、知念が「沖縄人と日本人をことさらに区別して」いるという非難もなされているが、日本人による沖縄人への基地の押しつけという敵対的な加害行為こそ、「沖縄人と日本人をことさらに区別」する行為そのものである。「沖縄人と日本人をことさらに区別して」いるのは、断じて沖縄人ではなく、日本人の方なのだ。

知念は、沖縄人に一方的に敵対している日本人の現実を単純に記述しただけである。だが、その記述は、「敵対行為をやめろ」という被害者側からの告発としても機能するのだ。したがって、日本人が沖縄人に一方的に敵対している現実を記述されたくなければ、まずもって日本人自身が敵対行為をやめなければならない。にもかかわらず、日本人はいっこうに敵対行為をやめようとしない。よって、「知念ウシ氏は池澤夏樹氏を敵と思っているのか?」「敵にする人を間違っているのではないか」という非難は、敵対行為を実践している加害者があべこべに被害

★33　このことばを目にしたとき、わたしはすぐにマルコムXの以下の発言を思いだした。「白人が黒人に、おまえは俺を憎んでいるのか、と聞くのは、強姦者が犯した相手に、あるいは狼が羊に、「おまえは俺を憎むのか?」と聞くのも同然です。白人はほかのいかなるひとにたいしても、憎悪することをとがめられるような、道徳的立場にはないのです!」[Malcolm X, 1965a＝二〇〇二、一八頁]。

者を非難する行為にほかならず、逆ギレ以外の何ものでもないのである。

ほとんどの日本人は、ほかならぬ自分という日本人が沖縄人に一方的に敵対しているという現実を心底意識していない。そのため、現実をつきつけられると、本書第三章で議論したような「加害者の被害妄想」に容易に転落してしまうのだ。逆ギレする理由のひとつはそれである。しかしながら、日本人が自分自身の加害性という現実を意識することは確実に可能であり、被害者に責任転嫁しないこともまた可能である。しかも、現実を意識すればするほど逆ギレもなくなっていくはずであり、自分自身の加害性を意識することは、日本人が加害行為をやめる可能性を大いに高めていくはずなのだ。ところが、ストーカーは、このプロセスをけっしてふまない。逆ギレすることを通して他者に責任転嫁しつづけ、自分自身の現実を直視せず、あくまで愚鈍への逃避にとどまりつづけるのだ。

ストーカー的な逆ギレも、もちろん逆ギレ一般の特徴を有している。そして、マルコムXが「白人社会は、白人が黒人にたいして犯してきた罪を、人が、とくに黒人が話すのを憎む」[Malcolm X, 1965a =二〇〇二、二三〇頁] と説明した白人の逆ギレと同様の特徴をもつ。つまり、逆ギレするのは、「わたしは加害者ではない!」といった愚鈍への逃避を防衛したいからである。逆ギレする者は、その凶暴さをあらわにすることによって、前引したアリス・ウォーカーのことばでいえば、「傷を隠せと命令」しているのだ。「自分がなにをしたかを毎日思い出さなくてすむように」[Walker, 1997 =二〇〇三、八〇頁]。いいかえれば、凶暴化して相手を恐怖させることは、「傷を隠さなければ命はないぞ！」と恫喝する行為なのである。その意味で、日本人の現実を記述する沖縄人への逆ギレは、「日本人の現実を記述するな！」「日本人が与えた傷を見せるな！」と命令する恫喝として作用しうる。このとき、逆ギレする日本人は、「傷を隠さなかったおまえが悪いのだ！」と沖縄人に責任転嫁しているのである。★34

沖縄人につきまとっていながら、沖縄人に与えた傷を日本人が見ようとしないことは、沖縄人の文化を選別的に消費する行為である。その傷を見ないことによって、沖縄人に対する自身の加害性を隠蔽する日本人は、沖縄人を文化的に搾取しているのである。

★34　逆ギレする日本人がつねに凶暴さをあらわにするとはかぎらない。「傷を隠さなかったおまえが悪いのだ！」と逆ギレして権力的沈黙にいたる場合もよくある。権力的沈黙は、「無視されたくなかったら傷を隠せという命令に従順になれ！」という恫喝として作用しうるからである。その一方で、いちいち恫喝しなくても、日本人は、沖縄人を権力的に無視することによって切り捨てることもできる。その後、「傷を隠せ」という命令に従順な別の沖縄人を、ほめ殺しによって新たに調達し、つきまとうこともできる。なぜなら、第二章および第三章でみてきたように、精神を植民地化され、従順な身体となった劣等コンプレックスのかたまりのような沖縄人は、けっして少ない数ではないからだ。

ところで、「知念さん、あなたの言い方では本来友人となるはずの人を遠ざけ、本当の敵を喜ばせるだけなのではないでしょうか」という非難には、すぐさま「だれが敵でだれが友であるべきかを他人に教えてもらってはいけない」[Malcolm X, 1965b＝一九九三、一一四頁]と反論することができる。したがって、「あなたのためを思って教えてあげているのだ」とでも言いたげな右の傲慢かつ権力的な非難が可能なのは、無意識的に自身を優位に位置づけ、知念をけっして対等とはみなさず、倫理的に劣位に位置づけているからなのだ。

そして、このような倫理的優位性を調達（ねつ造）する方法のひとつが、選別的な消費という文化的実践なのである。具体的には、「沖縄人にだって権力におもねってうまい汁を吸おうとする者がいる」といった現実だけを見ようとする行為がそれに該当する。それだけをつまみ食いすることによって、そのような沖縄人とくらべれば「沖縄の歴史と現状に心を寄せ、自分のできるところで係わり行動したいと思っている」日本人の方がはるかに倫理的で良心的だと思いこむことが可能になるのだ。この場合、第四章で言及した「シーソー効果」を活用することによって、日本人は、「倫理性」という利益を奪取しているのである。したがって、現実の一部だけを見ることは、沖縄人を文化的に搾取する行為にほかならない。そして、このような行為こそ、沖縄ストーカーの特徴のひとつとして銘記されなければならないのである。

ここで選別的に排除されている現実は、「権力におもねって」いようとなかろうと関係なく、すべての沖縄人が日本人によって基地を押しつけられているという現実である。沖縄人である以上、日本人によって基地を押しつけられている現実に例外はないのだ。沖縄人は、「権力におもねって」いようがいまいが、等しく、日本人による基地の押しつけという植民地主義的加害行為の犠牲者にほかならない。いいかえれば、日本人は「沖縄人を差別し殺した者たちと、沖縄の歴史と現状に心を寄せ、自分のできるところで係わり行動したいと思っている人々とが一緒くたに」なって、すべての沖縄人に基地を押しつけているのだ。日本人である以上、沖縄人に基地を押しつけている現実に例外はない。どのような日本人も、「権力におもねって」いる沖縄人に対しても、そうでない沖縄人に対しても、等しく基地を押しつけているのだ。このことによって、「沖縄の歴史と現状に心を寄せ」る日本人を含むすべての日本人が、在日米軍基地の平等な負担から逃れるという利益を沖縄人から搾取しているのである。したがって、「沖縄の歴史と現状に心を寄せ、自分のできるところで係わり行動したいと思っている」日本人もまた、けっして倫理的とも良心的ともいえないはずなのだ。

　このような日本人自身の現実に積極的に無意識となってきたからこそ、現実をつきつけられると、「沖縄人を差別し殺した者たちと、沖縄の歴史と現状に心を寄せ、自分のできるところで係わり行動したいと思っている人々とが一緒くたにされていて、なんで!?」[★35]などと、恥知らずに非難するしか能のない加害者の被害妄想に転落してしまうのである。さらに、この無意識は、「本当の敵」なるものを平気でねつ造し、責任転嫁することをも可能にする。しかしながら、これまで議論してきたように、もしも「本当の敵」が存在するとすれば、そもそもひとりひとりの日本人以外ではありえないはずである。したがって、「本当の敵を喜ばせるだけなのではないでしょうか」と知念を非難する行為は、架空の「本当の敵」の共犯に知念を仕立てようとするものなのだ。つまり、第三章でみてきた「共犯化の政治」である。架空の「本当の敵」の共犯に仕立てることは、要するに、知念をおとしめる行為にほかならず、シーソー効果を活用しようとするものであるのはあきらかだ。

「本当の敵」のねつ造は、多くの日本人が、侵略戦争や植民地支配の責任を「A級戦犯」等に転嫁することによって被害者ヅラしてきたパターンと同じである。日本人の多くは、「A級戦犯」等だけを「悪い日本人」に仕立てることによって責任をすべて押しつけ、みずからを免罪してきたのではなかったか。だが、「A級戦犯」等と他の日本人のちがいは、究極のところ、直接手を汚したか否かにすぎない。そして、多くの日本人は、自分は直接手を汚さずに、侵略と植民地主義の利益だけはしっかり手にいれてきたのである。その意味で、こちらの方が「A級戦犯」等よりも卑劣といわざるをえないのではないだろうか。

日本人の多くは、いまだに、このような「悪い日本人」と「よい日本人」との恣意的な分断を日常的に行なっているといっても過言ではない。しかも、自分を「よい日本人」に勝手に分類し、「政府が悪い」だの「日本軍が悪い」だのと、「本当の敵」をでっちあげて責任転嫁している。より正確には、本章一節でも論じたように、「政府が悪い」とか「悪いのはやつらだ」などと、ねつ造した「本当の敵」や「悪い日本人」に責任転嫁してはじめて、自分を「よい日本人」に分類することができるのだ。これは、「悪い日本人」を搾取する文化的実践にほかならない。そしてこのとき、「政府が悪い」とすれば、その責任は政府をつくった自分という日本人にこそあるという現実だけは、選別的に排除されるのだ。結果、この日本人自身の現実はまったく意識されなくなる。これは、愚鈍への逃避という文化的実践にほかならない。

このような日本人の現実をみれば、沖縄ストーカーになりうる危険な傾向を、日本人がもともと有していたことがわかる。責任転嫁、逆ギレ、文化的搾取、愚鈍への逃避。これらは、

★35　これと同様の非難は、三五年も前の一九七〇年に発表された新川明の論文のなかで、すでに報告されている。「以上のように書きすすめることに対して、たちまち数多くの批難が準備されるだろうことをわたしはよく承知している。たとえば、日本とそこに住む民衆、げんざいの日本政府ならびにそれを支える独占資本を混同し、つまり支配者としての階級と被支配者の階級を同一化して混同し、観念的に日本総体に対して沖縄の総抵抗を夢想するだけだという種類の批難である」［新川、一九七〇、三二頁］、後に、［新川、一九七一＝新川、一九九六］所収。そして、新川は、こう断言する。「沖縄（人）にとって日本（人）とは、国家権力もその国民である被支配者・民衆も、十把ひとからげに同質のヤマトゥであり、ヤマトゥンチュである」［新川、一九七一、三五―三六頁］。

日本人が沖縄ストーカーとなる場合の主要な構成要素である。だが、被植民者は、沖縄人だけではない。したがって、相手が被植民者であれば、日本人という植民者は、だれに対してでもストーカー的にふるまう可能性があるといえよう。しかも、そのような事態はすでに発生している。そして、日本人は、沖縄人に飽きたら、今度は別の被植民者に「お乗り換え」することができる。そんな日本人はかなり前から存在しており、彼／彼女らのことを、わたしは、「マイノリティころがし」と呼んできたのである［中根ほか、二〇〇三、九三頁］。

第6章　「希望」と観光テロリズム

1　「最低の方法だけが有効なのだ」

「今オキナワに必要なのは、数千人のデモでもなければ、数万人の集会でもなく、一人のアメリカ人の幼児の死なのだ」〔目取真、二〇〇一、二八八頁〕。目取真俊の小説「希望」の一節である。この犯行声明文を新聞社に送りつけ、白人の子どもを殺害した人物は言う。「最低の方法だけが有効なのだ」〔目取真、二〇〇一、二八九頁〕。「ある時突然、不安に怯え続けた小さな生物の体液が毒に変わるように、自分の行為はこの島にとって自然であり、必然なのだ」〔目取真、二〇〇一、二九〇頁〕。目取真俊は、小説のなかで、沖縄人にテロを実行させたのである。

このような小説が沖縄人の手によって書かれたことは、まさに「自然であり、必然なのだ」

といえよう。いやそれ以上に、絶対的に沖縄人によって書かれなければならなかったのだ。沖縄人は、「不安に怯え続けた」ことを想像力という力に変えることによって、暴力と闘う力を創造する必要があるのだから。沖縄人に日々行使されている圧倒的な暴力に抵抗するためには、「小さな生物の体液が毒に変わるように」、想像力という毒をもって毒を制する必要もあるのだから。したがって、この小説を「過激だ!」と決めつける評価に出くわした場合は、すぐさまつぎの反論を参考にすればよい。「われわれが過激主義者だとしてもそれは少しも恥ずべきことではない。現実にわれわれ黒人がおかれている状態はぎりぎりであり、極悪の病は穏健な薬で治すことはできないのだ」[Malcolm X, 1970 = 一九九三、一五九頁]。

さて、小説「希望」を高く評価する徐京植の批評がある一方で、まさしく徐が予測していた通りに、「テロの奨励」だの「暴力礼賛」だの非難や罵詈雑言があったのも事実である[★36][徐、二〇〇二]。「テロはいけない」、「暴力はいけない」、だからこの小説とそれを書いた目取真俊はまちがっている、と。しかしながら、「加害者は、犠牲者がみた現実と真実を認めることができないがゆえに、犠牲者の現実の見方はいつもまちがっていると言うのだ[★37]」。これは、「自衛のためのブラック・パンサー党(The Black Panther Party for Self-Defense)」のヒューイ・ニュートンの発言である。このことばは、小説「希望」に対する非難や罵詈雑言について考える上でもきわめて示唆的だといえよう。すなわち、この小説に非難や罵詈雑言を浴びせる者こそ、実は、「加害者」なのかもしれない。加害者だということに無意識なだけかもしれない。

このように考えると、非難や罵詈雑言も、目取真俊という小説家があらかじめ想定していた反応にすぎないともいえるだろう。その意味では、読者の方こそがこの小説に試されているのだ。おまえはいったいだれなのか、と。おまえこそ加害者ではないのか、と。つまり、思考すべき問題として設定されなければならないのは、この小説に「テロはいけない」とか「暴力はいけない」などと反応してしまう読者の方なのだ。いいかえれば、問題化しなければならないのは、ある種の読者が行使する無意識の暴力である。

小説「希望」のなかでは、「三名の米兵が少女を強姦した事件に、八万余の人が集まりながら何一つできなかった茶番」[目取真、二〇〇一、二九〇頁]という総括とともに一九九五年の小

★36 二〇〇〇年五月の講演において、目取真俊は、「昨年、米兵の赤子を殺す架空のエッセイ(『白人の子殺し』)を書いたところテロを煽るような教師は馘首せよという批判が校長に届いた」と報告している[伊高、二〇〇二、三二頁]。

★37 [Newton, 1995: 133]より、著者による訳出。ブラック・パンサー党は、マルコムXの思想を受け継いだヒューイ・ニュートンとホビー・シールによって一九六六年に合州国カリフォルニア州オークランドで結成された黒人政治組織。比較的入手しやすい日本語の文献でブラック・パンサーに関する記述があるものとしては、[Walker, 1997=二〇〇三:吉田、一九七九:酒井、二〇〇四]。

学生レイプ事件が想起される。そして白人の子どもの殺害を実行した沖縄人は、「あの日会場の隅で思ったことをやっと実行できた」と独白しつつ、みずからの身体に火を放つ〔目取真、二〇〇一、二九〇頁〕。だが、白人の子どもが沖縄人に殺されるのはあくまでフィクションとしてであって、現実にはそのようなことは起きていない。その一方で、まぎれもない現実なのは、沖縄人の子どもが殺されてきたことなのである。そしてそれは、今後もありえないとは言い切れない。過去をみれば、沖縄人の子どもは、まず日本人の軍人に殺され、その後はアメリカ人の軍人に殺された。[★38] どちらの殺人犯も、沖縄人がたのんだわけでもないのに、支配のために有無を言わさず上陸してきた圧倒的な暴力の構成員であった。しかも、沖縄人は、彼／彼女らに同様の暴力をふるうことも、報復することも、ほとんどなかったのだ。[★39]

しかしながら、「希望」は、沖縄人の子どもが殺されてきた現実を直接は語らない。かわりに、あえて、沖縄人による白人の子どもの殺害を描くのだ。このことによって、逆にわたしは、沖縄人の子どもが殺された現実を想起することを強く促されたような気がする。

ところが、このような想起の可能性を、「テロの奨励」「暴力礼賛」という読みが、あたかも抵抗を鎮圧するかのごとく急襲する。いきなり「後頭部を打ち砕くハンマー」のように、「テロはいけない」「暴力はいけない」という「非暴力主義」のことばたちが襲いかかる〔徐、二〇〇一、一四六頁〕。襲いかかるのは、だれなのか。そして、なぜなのか。

いきなり非暴力主義のことばによって急襲されてしまえば、沖縄人の子どもが殺された現実を想起するための精神的・時間的余裕すら奪われてしまうかもしれない。それは、沖縄人に暴力を行使してきた加害者の特定を阻害することにつながるのである。では、加害者とはだれなのか。

　圧倒的な暴力によって沖縄を占領し、沖縄人の生命をもてあそぶと同時に銃剣とブルドーザーで土地を強奪し、いとも軽々しく沖縄人の意志と人権を無視して居座っている加害者は、アメリカ合州国軍隊という植民者である。しかも、このことを、あろうことか民主主義によって承認し、沖縄人の意志と人権を暴力的に踏みにじるとともに生命を脅かして恥じない加害者は、いうまでもなく、日本人という植民者にほかならない。さかのぼれば日本人もまた、琉球を武力によって植民地主義的に征服し、有無を言わさず日本国の領土に組みこんだ。そして沖縄戦では、沖縄人を「捨て石」にし、作戦の邪魔だの敵のスパイだのと責任転嫁して、たとえ幼児であろうと躊躇なく虐殺した。戦争に負けたと思ったら今度はまるで戦利品のようにさっ

★38 ［大田、一九九四：富村、一九七二：高里、一九九六］参照。また、一九九六年、沖縄に「移住」した日本人によって沖縄人の中学生が拉致され、必死の捜索にもかかわらず、救出することができなかった。殺害された後に半年余も山中に放置されていた遺体が発見されたのは、一九九七年一月一日のことであった。

さと沖縄を合州国に差しだした。このことは、琉球を征服した日本人にとって、沖縄がそもそも戦利品としての植民地にすぎなかったことを物語っている。

このように、沖縄とは、外部からやってきた巨大な暴力に絶望的に支配された空間といっても過言ではない。そして、圧倒的に暴力を占有する者が沖縄人を殺すことはたやすいが、その逆はきわめて困難だ。したがって、沖縄人が報復的暴力に訴えることがほとんどなかったのは、沖縄人が「やさしい」からとか「平和を愛する民族」だからでは断じてない。暴力の配分が圧倒的に非対称な空間では、殺された経験は、殺された側に対して「また殺されるかもしれない……殺されるだろう……」という恐怖、すなわち、「暴力の予感」を喚起するだけなのである。抵抗したらまた殺される、いや、もっとたくさんの沖縄人が殺される、と。こうして、沖縄人は従順化せざるをえなくなり、抵抗は未然に鎮圧されてきたのではなかったか。これは、本書第三章で議論した概念でいえば、「同化をせまる暴力」である。つまり、暴力で恐怖させることによって、「抵抗するな！」という命令に同化させ、従わせてきたのである。「平和を愛する癒しの島。反吐が出る」［目取真、二〇〇一、二八八頁］。

殺した側が殺された側を支配していくためには、殺された側の抵抗を鎮圧しつづけていかなければならない。そして、抵抗の鎮圧に効果的なのが、暴力によって恐怖させることなのである。これを恐怖政治という。しかも、恐怖政治の元来の意味は、すなわち、テロリズムなのだ。したがって、同化をせまる暴力とは、テロリズムとほとんど同義なのだといえよう。その意味

★39
ただし、アメリカ軍人の暴虐に対して沖縄人がまったく抵抗しなかったというわけではない。新聞報道から引用しよう（『沖縄タイムス』二〇〇〇年四月二六日、夕刊）。「第二次大戦末期に行方不明となっていた米兵三人の遺体が、名護市勝山の壕で見つかり、五十五年ぶりに遺族へ返還されていたことが二十六日、分かった。／米軍に占領されていた同市では当時、数人の米兵が女性に暴行したとして、住民らに報復で殺されたと伝えられている。県警は既に時効を迎えているため調査しない方針だが、この事件の関係者の可能性が高いとみている。／県警などによると、住民から米兵殺害の言い伝えを聞いた米軍関係者から、一九九七年九月に問い合わせがあった。／地元住民の協力で翌年二月、同市勝山の通称「クロンボガマ」の中で白骨化した遺体を発見、回収。身元確認のため、米軍を通じハワイの米陸軍身元調査中央研究所に遺体を送っていたが、今月十一日に米海兵隊所属の一等兵ら三人と確認され、遺族らに返還された。／住民らの話によると、沖縄戦終了後の四五年夏ごろ、米兵による女性暴行が多発。旧日本軍兵士や地元住民が女性暴行の報復として米兵数人を殺害し、ガマの中に捨てたという。／当時、米軍が捜査したが関係者は口をつぐみ遺体も見つからなかったため、三人を行方不明としていた」。また、報道されたこの事実をもとに創作された劇画作品としては、［比嘉、二〇〇三］。

で、日本人とアメリカ人は、テロリズムによって沖縄人の抵抗を鎮圧してきたといっても過言ではない。

小説「希望」において、目取真俊は、「最低の方法だけが有効なのだ」という独白とともに、沖縄人にテロリズムを実行させる。「最低の方法」とは、テロリズムのことである。もちろん、目取真が描いた沖縄人のテロリズムはフィクションである。それに対して、日本人とアメリカ人のテロリズムは、けっしてフィクションではない。まぎれもない現実なのだ。したがって、日本人とアメリカ人は、「最低の方法」を用いることによって、きわめて効果的に、沖縄人を支配しつづけてきたのだといえよう。その意味で、「最低の方法だけが有効なのだ」というせりふは、実際には、沖縄人のものではない。現実の世界で、このせりふを日々独白しているのは、日本人とアメリカ人という、沖縄人の頭上に君臨する植民者たちなのだ。

2　日本人と無意識のテロリズム

「脅迫や強要、あるいは心理的恐怖を通じて、その本質上政治的、宗教的、イデオロギー的であるような目的を達するため、計算された暴力を行使し、あるいは、その脅しを行なうこと」。これがテロリズムの定義である。しかも、この定義の出典は、現代アメリカ軍の軍事マニュアルなのだ［Chomsky, 2000＝二〇〇三、七頁］。この定義に従えば、ハワード・ジンが「私たちはアフガニスタンにテロ行為をしかけているのです」と的確に指摘したように、合州国自体がイラクやアフガニスタンで行なっていることもあきらかにテロリズムである［Zinn, 2002＝二〇〇三、六頁］。同時に、この定義に則れば、同化をせまる暴力等、日本人とアメリカ人が沖縄人を支配するために駆使してきた方法も、テロリズムに該当するのは明白だ。

したがって、テロリズムはけっして「弱者の武器」とはいえない。ノーム・チョムスキーがいうように、「テロリズムに関する公式の定義に従うとすれば、それを単に貧者の武器として定義するのは、重大な誤りだといえる。テロリズムとは、他の武器と同様、強者の手によって用いられた場合にこそ、はるかに大きな効果をもたらすことができるものだからである」［Chomsky, 2000＝二〇〇三、一九頁］。このことをふまえれば、ダグラス・ラミスがこう総括するのも必然といえよう。「つまり、テロルは「弱者の戦略」といわれているが、それは間違っている。歴史記録を見てみると、テロルは主に強者、つまり国家、が使ったやり方だ」。テロリズムは、元来、植民者や支配者などの強者が占有する武器といっても過言ではなく、「二十世紀の初めから、特に飛行機が現れて以降、反政府テロよりも国家テロの方が圧倒的に多かったのは明白だ」［ラミス、二〇〇三、四一頁］。よって、強者の無意識はつねにうそぶいているのだ。「最低の方法だけが有効なのだ」、と。

さて、同化をせまる暴力を沖縄人に対して行使してきた日本人は、テロリズムに手を染めてきたのも同然だといえよう。もちろん、ほとんどの日本人は、この自分自身の現実をまったく意識していない。一方、「希望」という小説は、この日本人の醜悪な現実をいちいち説明したりせず、いきなり沖縄人にテロを実行させるのだ。だが、テロリズムに手を染めてきた日本人の現実をあえて語らずに、フィクションの力で沖縄人のテロを描くからこそ、「希望」という鏡に映った自己を、日本人は、強烈に突きつけられるのではないだろうか。

　それでも、日本人の多くは、テロに手を染めてきた日本人自身の現実を容易に認めることはないだろうし、そのことを意識したくもないだろう。しかしながら、だからこそ「希望」は危険なのだ。テロリズムに手を染めてきた日本人自身の現実をけっして意識したくないからこそ、彼/彼女らは慌てふためき、冷静さを失い、その意識を抑圧しようと躍起になってしまうのではないだろうか。その結果、「テロの奨励」「暴力礼賛」といった手持ちの非暴力主義の「ハンマー」でこの小説を急襲せざるをえなくなるのではないだろうか。よって、「テロはいけない」「暴力はいけない」と主張して小説「希望」や目取真俊を告発することは、「わたしは非暴力主義者であって、テロリストの仲間ではない」という愚鈍への逃避を防衛する先制攻撃ではないだろうか。

「なぜ告発者は自己正当化のために相手を告発せざるをえないと感じるのか。それは、彼らが犠牲者に対して罪悪感を感じているからだ」[Memmi. 1994 = 一九九六、一七〇頁]。

「テロの奨励」「暴力礼賛」という非難も、加害者が自己正当化のために犠牲者を告発する行為といえるのではないか。そして、「希望」や目取真に責任転嫁することによって、自己の加害性を隠蔽しようとしているのではないか。つまり、小説「希望」を告発・非難する反応があるのは、加害者が自己の無意識に閉じこめた罪悪感を、それが強く刺激するからなのだ。いいかえれば、小説「希望」は、加害者の無意識の扉をこじ開け、そこに閉じこめたはずの彼／彼女ら自身の醜悪な現実を、意識の明るみに引きずりだそうとするのだ。加害者の無意識を意識の明るみに引きずりだすことは、一方で、被害者に希望の光をもたらす行為でもある。

いかに無意識であろうとも、米軍基地を押しつけることによって沖縄人を犠牲にしている現実はけっして消すことができない。また、それを恐怖政治によって維持してきた現実も、もちろん消去不能である。そして、まさしくそれが加害者の罪悪感の原因なのだ。したがって、沖縄人のテロは、沖縄人にとってリアリティがあるのではなく、日本人という加害者にとってこそリアリティがあるのだといえよう。沖縄人を犠牲にしている加害者にほかならないからこそ、日本人にとって、沖縄人のテロはありえないことではないのだ。沖縄人の側にテロに訴える気がさらさらなかったとしても、日本人は、「加害者の被害妄想」によって、沖縄人のテロをありうることだと勝手に恐怖してしまうのだ。つまり、「やりかえされても仕方がないのだ」、と。このような恐怖とその原因としての加害性の認識を、日本人は、自己の無意識の奥底に閉じこめてきたのではないだろうか。この恐怖は、加害者としての罪悪感と一体のものである。したがって、加害行為をやめればおのずと消えるはずのものなのだが、加害行為をやめようともしていない以上、日本人がこの恐怖と罪悪感から根本的に解放されることはありえないのだ。

小説「希望」は、この日本人の無意識の恐怖を、みごとに描いてみせたのである。それゆえ、加害者の罪悪感を強烈に刺激し、「自己正当化のために相手を告発せざるをえない」という日本人の逆ギレを誘発するのだといえよう。つまり、日本人の無意識の恐怖を暴露することは、彼／彼女らの無意識の加害性を暴露することと一体なのである。したがって、この小説に対する「テロの奨励」「暴力礼賛」といった非難も、自己の加害性を意識したくないがゆえの逆ギレにほかならず、思わず非難を口にした日本人は、加害者という正体を小説によって暴露されたのだ。また、そのように逆ギレする日本人は、第五章で述べたように、「日本人の現実を記述するな！」「日本人が沖縄人に与えた傷を隠せ！」と恫喝しているのも同然である。なぜなら、沖縄人のテロというフィクションは、日本人の無意識を記述したものであり、沖縄人に対するテロや暴力を示唆しているという意味で、日本人が沖縄人に与えつづけている傷を象徴するものだからである。自身の加害行為を原因とする罪悪感にたえられない加害者＝日本人は、罪悪感をおぼえなくてもすむように、被害者＝沖縄人に対して、加害行為のまぎれもない証拠としての傷を、隠蔽せよと命令するのである。

ところで、小説「希望」に対して「テロの奨励」「暴力礼賛」などと非難する者のなかに、「希望」を評価する読者に対しても「おまえはテロを認めるのか」「暴力を容認するのか」と恫喝する者がいることは容易に予測できる。そう恫喝することが可能なのは、自分自身を非暴力主義者と確信しているからであろう。しかも、非暴力は正しく、反論の余地などないようにみえる。したがって、テロリスト呼ばわりされることを恐れる者たちは、いかに「希望」に光を感じていようとも、沈黙を余儀なくされることとなるであろう。すなわち、「希望」がひらくはずの日本人の暴力に抵抗する可能性が、非暴力主義の生みだす恐怖によって、暴力的に鎮圧されるのだ。しかも、沖縄人にとっては、日本人の暴力に抵抗しないことは、日本人という加害者の共犯になることと同義なのである。

ここには、非暴力が暴力として機能するというあきらかな矛盾が存在する。つまり、恐怖政治＝テロリズムが発生しているのだ。そして、恐怖政治＝テロリズムという暴力を、非暴力が作動させることによって、暴力の共犯までもがつくりだされる。換言すれば、暴力の被害者さえも、暴力の加害者の共犯に仕立ててしまう「文化の爆弾」が、非暴力を起爆装置とすることによって爆発するのである。またそれは、第三章で議論した「共犯化をせまる文化的暴力」として非暴力が作用する事態といいかえることもできるだろう。したがって、つぎに検討すべきは、非暴力それ自体である。

3　非暴力という名の暴力

国家や植民者は暴力を独占する。これは教科書的な知識である。だが、教科書にとどまることを知らなかったフランツ・ファノンの思考は、必然的に、植民者が教科書に書かなかった現実を発見することとなった。「彼らはまさしく植民地的状況が創り出したとも言うべき新たな概念を持ちこんでくる。すなわち非暴力」[Fanon, 1961 = 一九九六、六二頁]。ファノンは、暴力のみならず非暴力をも植民者が独占している現実を直視していた。非暴力とは、そもそも植民者の武器なのだ。

また、マルコムXは、非暴力を唱える植民者の偽善についてこう述べる。「彼らはわれわれにもう一つの頬を出せと説く。しかし彼ら自身はもう一つの頬をさし出したりはしない」[Malcolm X, 1970 = 一九九三、四一頁]。そして、暴力と非暴力を同時に独占し、みずからの利益のために悪用する植民者を痛烈に批判する。「白人どもがアゴをなぐりつけているのに、もう一方の頬を向けよなどとホザク奴には味方しない。だれも白人には非暴力であれなどとはいっていないのに、黒人にだけ非暴力であれというような奴には味方しない」[Malcolm X, 1965b = 一九九三、一二六頁]。問題は、非暴力に関して、植民者と被植民者がいっさい平等にあつかわれていないということなのである。

もし諸君がライフル銃を手にするなら、私もライフル銃を持たなければならない。もし諸君が棍棒を持つなら、私も棍棒を持たなければならない。これが平等というものである。もし合衆国政府が、諸君や私にライフル銃を持たせたくないなら、あの人種差別主義者からライフル銃を取り上げるべきである。もし政府が、諸君や私に棍棒を使わせたくなかったら、人種差別主義者の手から棍棒を奪いとるべきである。もし政府が、諸君や私を暴力的にさせたくなかったら、人種差別主義者が暴力的に振舞うことをやめさせるべきである。あの南部の人種差別主義者が暴力的である間は、われわれに非暴力のお説教をすべきではない。［Malcolm X. 1970＝一九九三、五九―六〇頁］

つまり、被植民者に対してのみ非暴力を要求し、植民者の暴力は野放しにする。このような不平等こそが問題なのだ。これは、まさしく植民地状況そのものである。そして、このような不平等状態が、植民者に多大な利益をもたらす一方で、被植民者に圧倒的に不利益となるのはいうまでもない。

非暴力運動の指導者たちが白人社会の内部に入り、非暴力主義を教えることができるならそれはけっこうなことである。私はそのことに賛成するだろう。だが彼らが黒人社会の中だけで非暴力主義を説くのであれば、われわれはそれに同調できないのだ。われわれは平等を信じている。諸君があちらでよしと認められたことはここでもよしとされなければならない。そして黒人大衆のみが非暴力であるなら、それは不公平というものだ。われわれはみずから自己防衛の権利を放棄することになる。［Malcolm X. 1965b＝一九九三、一五四頁］

マルコムXは非暴力に反対していたのではなく、積極的に賛成していたのである。そして、暴力に強く反対していたからこそ、被植民者に非暴力が要求される一方で、植民者の暴力が野放しにされる状況を告発せざるをえなかったのだ。なぜなら、そのような状況が放置されるかぎり、被植民者は自分たちの生命を守ることができないからである。加害者が何も規制されずに暴力を行使しつづけているのに、被害者にはなすすべがないということになれば、被害者に向かって、すすんで殺されろと言っているのと同じである。したがって、「残虐行為を被っている人間に向かって、自衛のためになんら行動を起こすことなくその残虐行為を受け続けろと教えるような奴は犯罪者だ」［Malcolm X. 1970＝一九九三、二一一頁］。

沖縄人の子どもが殺されてきたのは、沖縄人が自己防衛できない状況に放置されてきたからである。そして、前述したように、暴力の配分が圧倒的に非対称な空間では、殺された経験は、殺された側に対して「また殺されるかもしれない……殺されるだろう……」という恐怖を喚起する。このとき作動するのが恐怖政治＝テロリズムという暴力なのだ。つまり、沖縄人の側だけが非暴力の状態におかれてきたからこそ、テロリズムによる支配が可能だったのである。

このような状況を維持したまま、沖縄人に向かって「テロはいけない」「暴力はいけない」などと説教する日本人は、偽善者だ。すなわち、彼／彼女らは、「われわれにもう一つの頬を出せと説く。しかし彼ら自身はもう一つの頬をさし出したりはしない」。沖縄人に対して、基地という暴力を、それこそ暴力的に押しつけることによって、すべての日本人が、「テロはいけない」「暴力はいけない」という非暴力主義のことばを、はなはだしく裏切っているのである。したがって、「おまえはテロを認めるのか」「暴力を容認するのか」などと他者を問いただす資格は、日本人にはいっさいない。日本人は、沖縄人に非暴力を説く前に、沖縄人に対する暴力とテロリズムをやめなければならないのだ。そして、その確実な方法のひとつは、米軍基地を日本に持ち帰ることなのである。また、非暴力を説きたければ、なおさら基地を持ち帰ることによって、すすんで「もう一つの頬」を差しださねばならない。なぜなら、非暴力へと変化しなければならないのは、沖縄人ではなく、日本人の方なのだから。「あなた方は自分の方がかわらないでいて、何故われわれをかえようと望むのか？　われわれを現在のような状態に追い込んでおく原因をとり除かないで、われわれがかわることを期待することができるのだろうか」［Malcolm X, 1965b＝一九九三、一六七頁］。

さて、マルコムXは、非暴力を説く植民者の偽善者ぶりをこのようにあばいてみせた。「アメリカで暴力がいけないのなら、外国でだっていけないだろう。もし、黒人の女性や子供たち、赤ん坊でも男たちでも、彼らを守るための暴力が間違っているのなら、アメリカを守るためにわれわれを徴兵し、よその国に送って戦わせることもまちがっていよう」［Malcolm X, 1965b ＝一九九三、一四頁］。これにならっていえば、もし小説「希望」というフィクションがまちがっているのなら、沖縄人への基地の押しつけという日本人の暴力の現実もまちがっていよう。もし暴力がいけないのなら、米軍基地という暴力もまちがっていよう。そして、もし米軍基地という暴力がいけないのなら、米軍基地を沖縄人に暴力的に押しつけている日本人の方こそがよっぽどまちがっていよう。

ところで、マルコムXは、被植民者に対してこう警告することも忘れなかった。

昔の奴隷主がフィールド・ニグロを抑えつけるために、トムすなわちハウス・ニグロを利用したように、今日の同じ元奴隷主はあなた方や私を抑え、支配するために、われわれを受身に、穏健に、非暴力的にしておくために、現代のアンクル・トム、二〇世紀のアンクル・トムを使っている。あなた方に非暴力をおしつけているのはこのトムなのだ。［Malcolm X, 1965b ＝一九九三、一八頁］

被植民者のなかには、現に暴力を行使している植民者に非暴力を説くのではなく、植民者の利益のために、被植民者に対してのみ非暴力を説く者がいた。彼／彼女らは、植民者の偽善的な非暴力主義をそのままくり返していたのである。そして、その多くは、モデル・マイノリティとしての被植民者、すなわち、植民地エリートであった。なぜ彼／彼女らがエリートになれたのかといえば、「あなた方が白人の味方でいる限り、白人はあなた方を黒人社会の別格の地位につけてくれる。いわゆるスポークスマンになれる」［Malcolm X, 1965b＝一九九三、一九七頁］からである。このような被植民者をアンクル・トムと呼ぶのであり、彼／彼女らは、植民者のためにはたらくことによって、個人的利益を得ていたのである。したがって、彼／彼女らが一生懸命はたらけばはたらくほど、必然的に、被植民者全体にとっては不利益がもたらされることとなった。なぜなら、植民者のためにはたらくことは、被植民者に対する搾取の共犯になることだからである。植民者は、一握りの被植民者に地位や利益を恵んでやることで手なずけ、被植民者全体の支配のために利用してきたのだ。

現代のアンクル・トムは、全世界の被植民者のなかに今も存在しつづけており、沖縄人の場合も例外ではない。また、現代のアンクル・トムも、研究者、教員、公務員といった植民地エリートが中心である。アンクル・トムを見分ける指標を、これまでの議論との関係でひとつだけ述べれば、たとえば、沖縄人のエリートのなかにも、小説「希望」を「テロの奨励」「暴力礼賛」と非難する者がいるであろう。そのような沖縄人をわたしはまだみつけてはないが、もしも特に研究者のなかにいるとすれば、日本人のためだけにはたらくことによって沖縄人を裏切り、日本人の共犯となって沖縄人を搾取するアンクル・トムである可能性は高いといえよう。その上、本人がそのことに無自覚である可能性もまた高い。

しかしながら、沖縄人アンクル・トムといえども沖縄人である以上、米軍基地を押しつけられることによって、日本人に搾取されていることに変わりはない。しかも、沖縄人アンクル・トムをもっとも必要とし、彼／彼女らを利用することによって沖縄人をもっとも激しく収奪し、もっとも多くの利益をむさぼりつづけているのは、ほかならぬ日本人なのだ。アンクル・トムにかぎらず、沖縄人の悪役をみつけて安心する前に、日本人は、自分こそが本物の悪者だということを思いださなければならない。

4　基地を押しつける恐怖政治

沖縄人の土地を暴力で強奪することによって建設が強行された米軍基地。それは、そこで農民として暮らしていた沖縄人から、生きる糧も住いもすべて奪いつくした。どうやって生きていけばよいのか。途方に暮れた沖縄人に米軍があてがったもののひとつ。それは、なんと、奪われた土地を軍事基地に変える仕事に従事させることであった。土地を強奪された者が、強奪した者のために、生命の糧を恵んでくれるはずの自分の土地を、みずからの手で、生命を奪う軍事基地に変えなければならない屈辱。土地を強奪された沖縄人のなかには、生きるために、そうするしかなかったひとも多い。生きるために、基地ではたらくほかなかったひとは多い。

そして米軍人は、沖縄人が抵抗しようものなら、「首を切るぞ！」と脅した。沖縄人は恐怖に震えた。職を奪われたら生きていけない。生命の糧を恵んでくれる自分の土地はもうないのだから。職を奪われることは、殺されるのも同然なのだ。よって、生きるためには、米軍という植民者に従うほかなかった。土地どろぼうに従うほかなかったのだ。

これは、恐怖政治である。テロリズムである。土地を奪われた沖縄人の抵抗を抑え、軍事基地を安定的に維持するためには、沖縄人を恐怖させなければならない。そして、恐怖させるためには基地に依存させなければならない。依存させるためには沖縄人を自立させてはならない。

右に述べたことは、直接的には、「日本復帰」前の沖縄の状況である。したがって、自己利益のために沖縄人を合州国に売り飛ばした日本人には、沖縄人を右のような状況に追いこんだ責任があるのだ。だが、日本人は責任をとるどころか、「日本復帰」後も、基本的に、右に述べたような恐怖政治＝テロリズムによる支配の方法を変えようとはしなかったのである。

恐怖政治＝テロリズムは、「抵抗したら殺されるかもしれない」という「暴力の予感」を被植民者に喚起することによって機能する。重要なのは、暴力や死を予感させることなのだ。その点では、失業もほとんど同じである。職を奪って食えなくさせ、そのまま放置しておけば、そのうち確実に死ぬのだから。それは、直接殺す手間をはぶいた、いわば時間差殺人である。したがって、失業させることもまた暴力であり、死を予感させる暴力なのだ。

沖縄の米軍基地は、恐怖政治＝テロリズムによって維持されてきた側面が大きい。しかも、そこでの恐怖政治＝テロリズムの手段は、前述した沖縄人の子どもの殺害をはじめとする直接の物理的暴力ばかりではない。失業等をめぐる経済的な暴力もまた、テロリズムの手段としてきわめて効果的に運用されてきたのである。

さて、職をあてがうことは、同時に、失業の可能性をつくりだすことでもある。また、米軍基地の職をあてがうことは、経済的に基地に依存させることであると同時に、失業によって経済的依存から排除される可能性をつくりだすことでもある。このような経済的依存と依存から排除される可能性のセットこそ、米軍基地の押しつけを維持するための恐怖政治＝テロリズムが機能する基本的な条件なのである。

沖縄の「日本復帰」を前後して基地労働者（軍雇用員）が大量に解雇された。「首を切るなら土地を返せ」という沖縄人の声に対して、日本国政府は、土地を返すことも他の十分な職を用意することもなかった。その一方で、米軍基地をそのまま押しつける見返りとして、「軍用地料だの補助金だの基地がひり落とす糞のような金」［目取真、二〇〇一、二八八頁］をあてがったのだ。つまり、米軍が実施してきた政策と同じように、基地の押しつけを継続したのみならず、事実上基地に経済的に依存させることをも継続したのだ。それは、米軍基地の押しつけを維持するための恐怖政治＝テロリズムが機能する条件を保持することでもあった。したがって、在日米軍専用基地の七五パーセントもの押しつけが現在まで維持されてきたのも、その帰結という側面が大きいといえよう。

米軍基地の過剰な押しつけは、沖縄の経済発展を阻害する重大な要因でありつづけている。そして、観光以外の産業を日本国政府がまともに振興できなかったこともあって、「日本復帰」以降の沖縄の失業率は、つねに日本全国平均の約二倍に維持されてきた。このような経済状況が放置されれば、米軍基地関連やその他の日本国政府の経済支援に依存せざるをえなくなるのは当然である。ここで重要なのは、高失業率を維持しつつ同時に経済的に依存させることこそ、恐怖政治＝テロリズムによって基地を押しつけるための絶好の条件だということなのである。

第三章で述べたように、高失業率の数字を維持することによって、現在職に就いている大多数の沖縄人に対しても、いつか失業するかもしれないという恐怖をもたらすことが可能となる。そして、日本国政府は、基地の押しつけに「協力」するのであれば引きつづき経済的な支援を惜しまないが抵抗すればどうなるかわからない、という意味のメッセージ＝恫喝をたびたび発してきたのである。したがって、失業や経済的困窮を恐怖する沖縄人ほど、日本国政府の恫喝に従うほかなくなっていくといえよう。すなわち、依存させ、恐怖させ、そして、基地の押しつけへの抵抗を抑えるのである。しかも、このような政策を実践する日本国政府を構築した張本人は、いうまでもなく、ひとりひとりの日本人にほかならない。

経済的に依存させることは、同時に、依存から排除される可能性をつくりだすことである。この排除の可能性が、「暴力の予感」としての恐怖を喚起する原動力となる。そこに、すかさず、

「基地の押しつけに抵抗したらどうなるかわからないぞ！」という恫喝が加えられる。この恫喝のもたらす恐怖が、基地の押しつけに抵抗する力を、沖縄人から奪う効果を発揮するのはあきらかだ。沖縄人に基地を押しつけるための恐怖政治＝テロリズムは、このようにして、今この瞬間も作動しつづけているのである。

5　観光テロリズム

米軍基地の過剰な押しつけが沖縄の経済発展を阻害するとの批判に対して、日本国政府は、沖縄の自然条件を活かした産業はこれしかないと、観光に力をいれてきた。しかも、「基地にかわる平和産業」というふれこみで。そして、今では年間五〇〇万人もの観光客が訪れる巨大産業となった。しかしながら、なぜ観光なのだろうか。本当にこれしかないのだろうか。観光がこれだけ巨大に発展できたのだから、本気でやろうと思えば、他の産業も十分振興できたのではないだろうか。

だが、やはり観光しかなかったのだ。沖縄人に対する米軍基地の過剰な押しつけを維持するためには、観光という産業だけを肥大させなければならなかったのだ。他の産業を発展させるべきではないのだ。その理由は、二〇〇一年九月一一日の「同時テロ」以降の現実によってはっきりと示されたといえよう。

もちろん、観光という産業そのものに問題があるわけではけっしてない。問題は、まず、観光産業だけを大きく発展させる一方で、それに匹敵する複数の「平和産業」が発展していない経済構造にある。つまり、観光というひとつの産業に過度に依存する経済構造に問題があるのだ。なぜなら、高失業率が維持されたままの沖縄で、観光というただひとつの大きな「平和産業」が打撃を受ければ、沖縄社会全体が深刻な混乱をきたすのは必至だからである。しかも、前述したように、経済的な依存は、恐怖政治＝テロリズムを機能させる条件でもある。

また、観光という「平和産業」が、基地の押しつけという非平和的な政治にもっとも悪用されやすい産業のひとつであることも否定できない。これは、もちろん、観光産業そのものに内在する問題ではない。だが、注意を怠ってはならない問題であることだけは確かである。いいかえれば、観光は、植民地主義にもっとも利用されやすい産業のひとつなのだ。九・一一後の沖縄観光をめぐる混乱とその収束のプロセスは、このことを明白に証明したといえるのではないだろうか。

さて、九・一一直後から、米軍基地が集中する沖縄はテロ攻撃の対象となる危険があるとの理由で日本人観光客が急激に減少し、沖縄社会にきわめて深刻な経済的打撃を与えた。この状況をみて、わたしは、すぐさま思った。また「捨て石」にされたのか、と。沖縄戦で日本人が沖縄人を「捨て石」にして四人にひとりの命を犠牲にしたように、今回もまた「捨て石」にされたのか、と。戦争のたんびに沖縄人は「捨て石」にされるのか、と。

考えてみれば、沖縄人は、それまでもずっと「捨て石」にされたままだったのだ。沖縄人にこれほど米軍基地が押しつけられているのも、そもそも敗戦処理の「捨て石」として日本人が沖縄人を戦利品のように合州国に差しだしたからだ。ただし、「捨て石」にも利用価値はある。でなければ戦利品にもならなかっただろう。「捨て石」としての最大の利用価値は、米軍基地を押しつけることなのである。そして、今後も基地を押しつけておく「捨て石」として沖縄人を利用しつづけるために活用されたのが、九・一一後に発生した日本人旅行者の激減ではないだろうか。それは意図せざる結果だったのかもしれないが。

要するに、日本人観光客の激減とは、沖縄人に対する無意識的なテロなのだ。観光テロリズムなのだ。しかも、家でただじっとしているだけで実行できる経済的な暴力なのだ。その意味では、「ひきこもり系」テロリズムだ。つまり、沖縄経済を高い度合いで観光に依存させることによって、沖縄に行かないというただそれだけの日本人の行為を、いうなれば高度な攻撃兵器として使用することが可能になるのだ。

その証拠に、日本人による大量の沖縄観光キャンセルや「自粛」によって、壊滅的な損害を、しかも一瞬で、沖縄人にもたらしたではないか。それは、対抗策を講じる時間も、抵抗する時間も、避難する時間もまったく与えることなく、一気に絶望へと追いこむ行為だったのだ。他の産業であれば、資本の引き揚げであれ何であれ、ある程度の時間が必要となるし、善後策を講ずる時間的余裕もないわけではない。それに対して、観光という産業の場合は、瞬時に観光客を引き揚げ、一気に大損害をもたらすことが可能なのだ。そして、日本人は、無意識のうちにこれをやってのけたのである。しかも、無意識であるからには罪悪感もほとんど生じない。このように、物理的負担はおろか心理的負担すらほぼ皆無なのだから、テロリストからすれば、まったく理想的なテロリズムといえよう。

沖縄が危険だとされたのは、米軍がテロ攻撃のターゲットになる可能性が高いといわれたからである。つまり、テロの対象となる米軍基地が集中する沖縄は危険なのだ、と。それを理由に、沖縄旅行をとりやめる日本人が続出したのである。しかしながら、沖縄が危険でなかったことなどあるのだろうか。第二次大戦時から今日のこの日まで、沖縄はつねに危険でありつづけてきたのだ。安全な日など一日たりともなかったのだ。理由の大部分は、まさしく在日米軍基地の集中にある。基地があって危険だというが、そもそもこの六〇年ものあいだ、一分一秒の例外もなく、沖縄はずっと危険だったのだ。それでも、日本人観光客は問題なく沖縄を訪れていたのである。では、なぜ九・一一後の場合だけ沖縄観光を避けたのか。

理由は簡単だ。日本人は、このときだけ、身の危険を感じたのである。自分もテロの被害者になるかもしれない、と。だが、沖縄戦で日本人のテロの犠牲にされたことから数えて六〇年、沖縄人はずっとテロの被害者だったのだ。本章でみてきたように、米軍基地こそテロの発生源であり、アメリカ人のテロの犠牲になって命を奪われた沖縄人は、大人ばかりでなく子どもにまでおよんでいるのだ。すなわち、米軍基地の存在自体がテロなのである。そして、米軍のみならず日本人も、米軍基地を沖縄人に押しつけるための恐怖政治＝テロリズムを沖縄人に対して実践してきた。したがって、日本人は、沖縄人がテロの被害者であるかぎり、何も問題を感じなかったというわけだ。沖縄人の犠牲において日本人の安全さえ守ることができればそれでよいというわけだ。実際、この事件のはるか以前から声を大にして基地撤去を叫んできた沖縄人に対して、日本人はほとんど聞く耳すらもたなかったのだから。

それゆえ、「基地は危険だから沖縄から撤去しよう」という運動がこのとき日本人のなかから巻き起こることなどあるはずもなかった。そして、日本人が身の危険を感じなくなった頃から、沖縄観光は回復しはじめたのである。しかしながら、日本人旅行者数が回復に転じたのは沖縄が安全になったからではない。沖縄人は依然として基地という危険な暴力を押しつけられたままなのだから。変わったのは、在沖米軍基地へのテロ攻撃の可能性が低下したとされたことにより、日本人が身の危険を感じなくなったことだけである。つまり、日本人の安全さえ確保されればそれでよいということなのだ。テロ攻撃の危険が去って、日本人の安全が確保されたと感じたとき、日本人は再び沖縄観光へと向かいはじめたのである。逆にいえば、ほとんどの日本人にとって、沖縄人の安全など眼中になかったのだ。

この場合、日本人の安全にとっての問題は、要するに、米軍を主要なターゲットとするテロ攻撃の可能性だけだったといっても過言ではない。その一方で、沖縄人にとっては、テロ攻撃の可能性だけでなく、米軍基地の存在そのものがテロなのだ。よって、米軍へのテロ攻撃の有無にかかわらず、そもそも米軍基地をなくさないかぎりけっして安全ではない。だが、日本人の場合は、極論すれば、日本人が身の危険を感じることさえなければよいわけで、基本的に、沖縄から米軍基地をなくさなくても安全は確保できる。というより、沖縄人に暴力的に基地という危険を押しつけ、沖縄から基地をなくそうとしないからこそ安全なのだといえよう。日本人は、沖縄人を、米軍基地という危険で巨大な暴力の犠牲にすることによって、日本人だけの安全という不当な利益をむさぼっているのだ。したがって、日本人が安全なのは、米軍基地の負担から勝手に逃れることによって、危険のほとんどを沖縄人に無理やり肩代わりさせているからなのである。当然負担しなければならないはずの米軍基地を沖縄人に一方的に押しつけているからこそ、日本人は自分たちだけの身勝手な安全を確保できているのだ。

このように、日本人にとっての安全や危険と沖縄人にとっての安全や危険は、同じことばであっても、それが意味する具体的内容は大きく異なる。この場合、日本人にとっての「安全」は、沖縄人にとって「危険」なのだ。[★40] そうなってしまうのは、日本人が沖縄人を差別しているからである。日本人による沖縄人への米軍基地の押しつけほど明白な差別はないのだ。そして

★40 〔知念、二〇〇二c、四一—四二頁〕参照。

差別は、両者のあいだに分割線を引き、ポジショナリティ（政治的権力的位置）を構築するのである。この日本人と沖縄人とのポジショナリティのちがいによって、同じ「安全」ということばであっても、日本人にとっては本当かもしれないが、沖縄人にとっては大嘘であるといった事態が発生してしまうのだ。そして、日本人は、米軍をねらったテロの巻き添えになる危険性でも感じないかぎり身の危険を感じることもなく、通常は、沖縄にいながらにして、「沖縄は安全だ」と能天気に言っていられることとなる。それは、彼／彼女らが、一時的な滞在者としての日本人旅行者であるか、沖縄からいつでも逃げだせる日本人「移住者」＝植民者一世だからである。

ところが、米軍基地という巨大な暴力を日本人によって押しつけられているがゆえに、沖縄人は、テロ攻撃の有無にかかわらず、常時危険な生活を強いられているのだ。よって、「沖縄は安全だ」と嘘をついてしまえば、自分の首を絞めることになるのはいうまでもない。しかも、沖縄人の口からそのような嘘を言わせることができれば、基地の押しつけを正当化する上で、まったくもって好都合なのである。

日本人が沖縄人に基地を押しつけている現状においては、「沖縄は安全だ」ということばは、通常、「沖縄は日本人にとってのみ安全だ」という意味にしかなりようがない。一方、「沖縄は危険だ」ということばは、厳密にいえば、「沖縄は沖縄人にとってのみ危険だ」という意味にしかなりようがないのだ。しかしながら、日本人はもちろん、沖縄人も、このことを明確に認識しているとはいいがたい。したがって、日本人にとっての安全や危険と沖縄人にとってのそれとが混同されたまま、「沖縄は安全だ」ということばや「沖縄は危険だ」ということばだけがひとり歩きしているのである。しかも、この混同はきわめて政治的に機能する危険性を有している。なぜなら、「沖縄は危険だ」ということばの意味は、日本人の身に危険がせまっているという意味と混同されてもおかしくはないからだ。

6 再び、文化の爆弾

九・一一事件に端を発する沖縄観光における日本人観光客の激減は、その後、「だいじょうぶさぁー沖縄キャンペーン」や「安全宣言」等にみられる虚偽を含んだ反応を、沖縄人側から引きだした。米軍基地という危険で巨大な暴力をそれこそ暴力的に沖縄人に押しつけておきながら、日本人は、「沖縄は安全だ」などという大嘘を、ついに沖縄人の口から言わしめたのだ。このような反応を引きだす上で強力に作用したのが、「沖縄は危険だと言ったらまた観光客が来なくなる」という沖縄人側の恐怖なのである。実際、日本人旅行者の激減は「沖縄は危険だ」との理由で発生したのだから、沖縄人がそのように恐怖したのも無理はない。

恐怖によって支配すること。それを恐怖政治＝テロリズムというのである。しかも、恐怖を与えることを通して、沖縄人の口から「沖縄は安全だ」と嘘を言わせることは、沖縄人に対する基地の押しつけの維持という政治に貢献する。したがって、九・一一後に発生した日本人旅行者の激減は、この政治的目的を達成しようとした無意識的なテロリズムと理解することが可能といえよう。この場合、だれもテロを起こそうなどという意識はなかっただろうが、現実に恐怖政治＝テロリズムとして機能したことは確かなのである。

さて、前述したように、沖縄にいながらにして、「沖縄は安全だ」などと能天気に言っていられるのは、日本人旅行者や沖縄からいつでも逃げだせる日本人「移住者」＝植民者一世ぐらいである。一方、沖縄人が「沖縄は安全だ」と嘘を言うことは自殺行為に近い。一九八〇年代のことと記憶しているが、「基地は危険だから受けいれられない」と訴える沖縄人に対して、「基地は安全だから受けいれろ」と要求した日本人の政治家がいた。基地が安全なら自分の選挙区で受けいれればよいものを、それだけは絶対に受けいれようとはしなかった。したがって、この日本人政治家は、自分の言う「安全」が嘘でしかなかったことをみずから証明してみせたのである。つまり、基地は危険だからこそ、自分の選挙区で受けいれることは、この日本人政治家にとって自殺行為にほかならなかったのだ。よって、この「安全」という嘘を真に受けることは、沖縄人にとっても同じく自殺行為なのである。

その一方で、もしも日本人が沖縄人にこの嘘を本当だと思わせることができれば、これまで以上に安定的に、沖縄人を犠牲にすることによって日本人だけの安全という利益をむさぼることができる。なぜなら、米軍基地という危険な暴力は、日本人が沖縄人に押しつけたものだからであり、沖縄人だけが基地という暴力の犠牲になるのはほぼ確実だからである。

それでは、沖縄人が「基地は安全だ」という嘘を真に受けてしまったらどうなるか。米軍基地がもしも安全だとすれば、基地を受けいれることも容易だということになるであろう。そして、もしも沖縄人が基地を受けいれてしまえば、論理的には、もはや沖縄人への基地の「押しつけ」は存在しないということになる。また、そもそも基地の「押しつけ」が存在しないのであれば、「押しつけ」への「抵抗」も存在しえないということになる。したがって、「沖縄は安全だ」という嘘は、基地の押しつけという植民地主義的加害行為への抵抗を消滅させようとするものであり、沖縄人という被害者を加害行為の共犯に仕立てることに貢献するのである。

さらに、もしも、米軍基地が安全であるがゆえに沖縄も安全だということにされてしまえば、危険はもはや存在しないということとなる。危険が存在しなければ、危険除去の必要性もありえないということになる。したがって、日本人は、何もする必要がないということになるし、現状維持でよいということになるのだ。現状維持とは、すなわち、沖縄人に対する基地の押しつけを維持することにほかならない。

要するに、「基地は危険だ」という現実を直視し、「沖縄は危険だ」と言いつづけていかなければ、米軍基地という危険で巨大な暴力に抵抗することは不可能なのだ。沖縄人が安全という当然の権利をとりもどすためには、危険なものは危険だと言いつづけていかなければならないのである。

けれども、「沖縄は危険だと言ったらまた観光客が来なくなる」としたら、どうすればよいのだろう？　「沖縄は危険だ」と言ってしまったがために、観光客がまた来なくなったとしたら？　だれが責任をとる？　しかも、「沖縄は危険だ」という理由で一度日本人観光客が来なくなったのは事実なのだから。

九・一一事件によって日本人観光客が激減したとき、沖縄人のあいだでさかんに交わされたのは、このようなやりとりではなかったか。そして、「沖縄は危険だ」と言えないような、本当のことが言いにくくなるような抑圧的な雰囲気に支配されていったのではなかったか。

前述したように、「沖縄は危険だ」ということばは、厳密には、「沖縄は沖縄人にとってのみ危険だ」という意味にしかなりようがない。ところが、同時にこのことばは、日本人の身に危険がせまっているという意味で受けとられる可能性をも有しているのである。したがって、それを回避したければ、「沖縄は危険だ」とは言わない方が得策ということになる。日本人の身が危ないという意味で受けとられてしまえば、「また観光客が来なくなる」のは容易に予測可能なのだから。このような恐怖に追いこまれた沖縄人にとって、「沖縄は危険だ」と言うこともまた、危険な行為となってしまうのである。さらに、「また観光客が来なくなる」とすれば、観光で生きていくことが不可能になるかもしれない。「沖縄は危険だ」ということばは、このような恐怖を喚起するのであり、生きていけなくなるくらいなら、嘘をついてでも「沖縄は安全だ」と言っておいた方が身のためだという判断へと沖縄人を追いこんでいくのである。

したがって、「沖縄は安全だ」と嘘をついた沖縄人は、生きるために、嘘をつかなければならなかったのである。実際、多くの沖縄人が、まさしく生きるために、生きることを脅かす基地に直接抵抗できなくなるという矛盾に追いこまれている。いいかえれば、抵抗の手段を奪われているのだ。そして、このような矛盾を指し示す概念こそ、「植民地状況」という概念にほかならない。

沖縄人に生きるための嘘をつかせた恐怖は、沖縄人の内部で自己増殖することによって、嘘を連鎖させていく。「沖縄は危険だと言ったらまた観光客が来なくなる」と恐怖する沖縄人にとって、危険を連想させる沖縄の現実は、右のような恐怖を増殖させるものとして作用するのだ。米軍基地をはじめとする沖縄の危険な現実を見せてしまったら、「また観光客が来なくなる」のではないか、と。よって、基地は隠しておいた方が身のためだ、と。その意味で、日本人は、前に引用したアリス・ウォーカーのことばでいえば、沖縄人に恐怖をもたらすことによって、「傷を隠せと命令」していたのだといえよう。日本人が「それを見なくてもすむようにに」。沖縄人に対して日本人が「なにをしたかを毎日思い出さなくてすむように」［Walker, 1997＝二〇〇三、八〇頁］。

米軍基地とは、民主主義という暴力によって日本人が沖縄人にもたらした巨大なむごたらしい傷なのだ。日本人にとって、沖縄で米軍基地を見ることは、究極的には、沖縄人に傷をもたらしつづけている自分自身と向き合わざるをえなくなることを意味する。それは、最終的には、米軍基地を暴力的に押しつけることによって沖縄人を傷つけ犠牲にして恥じない自分自身の醜い姿との対面へと日本人を導いていく。日本人が気づいてなくても、沖縄人の多くは、このことに気づいている。さらに、本書第五章で論じたように、日本人のほとんどは、もちろん、自分が沖縄人にもたらした傷を見たくて沖縄に来るのではない。その逆だ。したがって、傷を見せられると、「傷を隠さなかったおまえが悪いのだ!」と沖縄人に対して逆ギレすることが予想される。沖縄人の多くは、このような日本人のことにも、経験的、身体感覚的に、すでに気づいている。いいかえれば、日本人自身がもたらした沖縄人の傷を見せると日本人は逆ギレし、沖縄人を再び攻撃するかもしれないということを、ことばよりも身体的記憶として知っている。

そして、日本人に攻撃されないように傷を隠さなければ、あるいは、日本人の逆鱗にふれないように傷を隠しておかなければ、といった注意深さをもって日本人に接する沖縄人は少なくない。沖縄人は、意識的もしくは無意識的に、このような恐怖の感覚を共有しているといえよう。

アリス・ウォーカーは、「傷を隠せと命令」される側の反応についてこう述べた。「千年後、彼女の子孫である娘は、〝伝統的に〟女の顔に対してなにがなされてきたかではなく、女の顔自体が攻撃を引き起こすのだと信じ込むようになる」［Walker, 1997 = 二〇〇三、八一頁］。沖縄人もまた、日本人がもたらした傷のついた沖縄人の顔自体が、日本人の攻撃を引き起こすであろうということを身体感覚的に理解している。このような恐怖こそ、沖縄人が日本人に対して

「やさしい沖縄人」とならざるをえない重大な要因のひとつなのである。そして、「やさしい沖縄人」ほど、日本人による沖縄人虐殺や米軍基地の暴力的な押しつけなどの傷を、日本人に見せることに二の足を踏む。なぜなら、傷を見せたら日本人に再び攻撃されてさらに深い傷を負わされてしまうだろうという恐怖が作用するからである。

九・一一事件後に「基地は危険だから沖縄から撤去しよう」という運動が日本人のなかから巻き起こることなどあるはずもなかったと前述したが、そのような運動は沖縄人の側でもあまり盛りあがることはなかった。このことも、恐怖政治＝テロリズムの作動を示す現実のひとつといえよう。なぜなら、日本人観光客の激減に恐怖させられた「やさしい沖縄人」にとって、そういった運動が無謀な自殺行為にしかみえなかったとしてもおかしくはないからだ。沖縄から基地をなくす運動とは、要するに、日本人が沖縄人にもたらした米軍基地という傷を日本人自身に見せつけ、日本人自身の醜い姿と対面させるものなのだ。そんなことをすれば、日本人は逆ギレし、再び沖縄人を攻撃するかもしれないではないか。沖縄人の多くは、このような恐怖の感覚を共有している。そして、この場合の再攻撃は、「また観光客が来なくなる」という形で予想されたのだといえよう。

さて、「沖縄は危険だと言ったらまた観光客が来なくなる」と恐怖させられたとしても、沖縄人にとって、「沖縄は危険だ」ということはまぎれもない現実であり、現実である以上、米軍基地という巨大な傷をいつまでも隠し通すことは不可能だ。また、いくら「沖縄は安全だ」と連呼したとしても、それが嘘に変わりないことは沖縄人自身がいちばんよく知っている。では、どうすれば嘘をつき通すことができるのか。その方法については新垣誠が報告している。

九・一一事件のあと、沖縄の観光産業がものすごく落ち込んだとき、商工会議所とかが集まって沖縄の観光産業をどうするか、みたいなシンポジウムを開いたんだけど、そこでやられてた議論っていうのがまったくのお笑いで、「根本的な問題はウチナーンチュ自体が基地が危ないと思ってるから観光客がこないんです。意識改革をしてウチナーンチュ自身が〝基地は危なくない〟と思ったら内地の人も来ますよ」ってことを話してるわけ(笑)。
〔新垣・野村、二〇〇二、一七頁〕

沖縄人にはこれを笑っていられるだけの余裕が今はまだあるだろう。しかしながら、けっして見落としてはならない問題は、ここでいわれているような「意識改革」こそ、まさしく精神の植民地化にほかならないということなのである。「沖縄は危険だと言ったらまた観光客が来なくなる」という恐怖の作用によって、たとえ少数といえども、これほどまでに精神を植民地化された沖縄人がすでに存在しているという現実。すすんで奴隷に成り果てたかのような沖縄人がすでに存在しているというこの残酷な現実は、沖縄人の植民地化が最終段階に突入したことを示唆しているのかもしれない。そもそも沖縄人に対する米軍基地の押しつけとは、巨大な暴力である。だが、もしも多数の沖縄人をここまで精神的に植民地化することができれば、基地の押しつけという暴力を維持するための万全の体制が整うことになるであろう。

さらに、ここでいわれている「意識改革」とは、実は、「愚鈍への逃避」以外の何ものでもない。愚鈍に逃避してしまえば、自分が嘘をついていることにも気づかずにすむし、良心の呵責や罪悪感も発生しないのだ。だが、前にも述べたように、愚鈍は日本人という植民者にとっては権力を構成する重大な要素にほかならないが、沖縄人が愚鈍になってしまえば、それこそ自分で自分の首を絞めることになり、命取りとなる。沖縄人が「沖縄は安全だ」などと本気で言えるほど愚鈍になってしまえば、沖縄人に対する米軍基地の押しつけの維持という政治的目的はきわめて容易に達成されてしまうであろう。それは、沖縄人への基地の押しつけという暴力に、沖縄人自身が共犯化することでしかないのだ。[★41]

このように、恐怖によって沖縄人を共犯化することこそ「最低の方法」といえよう。沖縄人に基地を押しつけるためには、「最低の方法だけが有効なのだ」〔目取真、二〇〇一、二八九頁〕ということなのであろう。この場合、「最低の方法」としての恐怖政治＝テロリズムの原動力となったのは、九・一一後の沖縄観光における日本人観光客の激減という現実である。それが暴力として作用することによって沖縄人を恐怖させたがゆえに、以上のような無意識の観光テロリズムが作動したのである。

ところで、沖縄観光における日本人旅行者の急激な減少によって、沖縄人を日本人の共犯に仕立てる政治が機能するのであれば、それを、「共犯化をせまる文化的暴力」と呼ぶことができるだろう。また、日本人旅行者の激減が恐怖政治＝テロリズムすら作動させる能力を有するとすれば、きわめて爆発力の強い植民地主義の「文化の爆弾」として今後も機能する危険性はゼロとはいえないだろう。実際、日本人観光客が毎年増えつづけると同時に、沖縄人に対する米軍基地の押しつけという現実にも依然として変化はないのだから。したがって、この文化の爆弾は、いつでも起爆可能な状態で現在もセットされているのかもしれない。その意味で、沖縄人は、今この瞬間も、基地という物理的な爆弾と基地を押しつける文化の爆弾とによって包囲され、生命と精神を脅かされつづけているのである。しかも、この文化の爆弾に起爆装置があるとすれば、沖縄人のけっして手のとどかないところに存在するであろう。その上、もしも起爆装置を解除するか否かの問題が浮上してくるとすれば、それはあくまで日本人の手にかかっているといえるだろう。そして、もしそうだとするならば、日本人の責任において、起爆装置を解除することが急務なのである。[★42]

★41　その一方で、矛盾するような言い方になってしまうが、「沖縄は安全だ」とでも思いこまなければ沖縄人は生きることすら困難になるかもしれない。このことは、沖縄人の口から「沖縄は安全だ」ということばが出る場合における愚鈍への逃避や恐怖による嘘以外の可能性を示唆しており、アーノルド・ミンデルの議論がたいへ

ん参考になる。「世界のどこであっても、紛争地域に居住する人々は、特別なことは何も起こっていないと言う。爆撃や殺人が日常茶飯事であるため、気が狂わないために、怖れに対して無感覚になることを学んだのである。［中略］たとえばベルファーストあるいはベイルートであっても、人々は日常的に緊張しているにもかかわらず、どこでも、いつでも、誰に対しても起こりうる、狙撃、爆撃、テロリストの襲撃といった脅威に対して無感覚になっている。そこに居住するすべての人は戦争神経症であり、平和な時代であれば、心的外傷後ストレス障害（ＰＴＳＤ）と呼ばれるだろう」［Mindell, 1995＝二〇〇一、一二九頁］。また、紛争地域に住むひとびとは、「その状況全体によって虐待されているようなもの」であり、彼／彼女らが無感覚になるのは、「それが苦痛から自分を守る唯一の手段だからである」［Mindell, 1995＝二〇〇一、一八〇頁］。沖縄は紛争地域ではないが、沖縄人も、米軍基地という脅威を前にして、「気が狂わないために」、無感覚になることを学んできたのかもしれない。沖縄人もまた米軍基地の押しつけによって「虐待されているようなもの」であり、沖縄人自身の口から「沖縄は安全だ」ということばが出る場合には、苦痛から自分を守るために危険に対して無感覚になっている可能性も考慮しなければならないだろう。ただし、「その無感覚が、今度は虐待をはびこらせる。その無感覚を放っておくことで、あなたは無自覚にテロリズムに加担してしまうのである」［Mindell, 1995＝二〇〇一、一八〇―一八一頁］。

★42　本章の元になった論文は、［野村、二〇〇二d］。ただし、大幅に加筆修正したので原形をとどめていない。

終章　沖縄人は語りつづけてきた
——二〇〇四年八月一三日、米軍ヘリ墜落事件から考える

1　文化への爆弾

日本国においては、いまだに、「沖縄問題」なる概念化がまかり通っているが、そのような問題は元来どこにも存在しない。存在するのは、実際には、「日本問題」もしくは「日本人問題」なのである。理由はたいへん簡単だ。すなわち、問題の原因が日本人にあるからである。日本人による沖縄人に対する米軍基地の押しつけという問題は、断じて「沖縄問題」ではなく、日本人問題にほかならない。また、沖縄の地で、米軍に起因するおびただしい事件や事故が発生してきたのも、そもそも日本人が沖縄人に米軍基地を押しつけてきたからなのだ。したがって、これが日本問題あるいは日本人問題であるのは明白である。にもかかわらず、多くの日本人は、

この問題を「沖縄問題」と呼ぶことにほとんど疑問をもたない。

およそ問題なるものは、その解決のためには、原因を除去しなければならないはずである。そして、原因を除去するためには、原因を特定しなければならない。その点、「沖縄問題」なる呼び方は、原因の特定をまちがっているか、意図的に偽っているとしかいいようがない。あるいは、原因を特定するどころか、原因をねつ造してすりかえている。それが問題の解決を阻害する要因となるのはいうまでもない。

この問題の原因は、圧倒的多数である日本人が、日本国人口の約一パーセントにすぎない沖縄人に、民主主義の手続きを通して、したがって合法的に、七五パーセントもの在日米軍専用基地を強制していることにある。しかも、「基地を押しつけるな!」という沖縄人の声をほぼ完全に無視しての強制なのだ。したがって、この場合の民主主義とは、暴力である。そして、法とは、暴力である。すなわち、日本人は、暴力的に、沖縄人を支配しているのだ。そして、このような暴力的な支配の方法を植民地主義というのである。それでも、日本国においては、日本国憲法に違反していないらしい。

民主主義という名の暴力と法という名の暴力。現代の植民地主義は、これら名目上の非軍事的暴力によって主に構成されている。いいかえれば、民主主義的植民地主義であり、合法的植民地主義なのだ。そして、主権者の名において、沖縄人に対する現代の植民地主義を実践している主体こそ、ひとりひとりの日本人にほかならない。したがって、この問題は、日本人問題もしくは日本問題以外の何ものでもないのである。

日本人が原因の日本人問題が現実化したものが、沖縄人に対する七五パーセントもの在日米軍専用基地の押しつけである。基地を押しつけられる現実とは、住む土地を強奪され日常的に軍事演習の被害に苦しめられることだけを意味するのではなく、米軍兵士によるレイプ・殺人・強盗など暴力のターゲットにされるということでもある。しかも、米軍兵士とは、あろうことか、合州国の国家公務員なのだ。税金も払わず日米地位協定による特権に守られた他国の国家公務員が、同時にレイプ犯や殺人犯等の犯罪者でもあるという日常。本来、政府の命令で派遣された国家公務員が派遣先の国で暴力犯罪をはたらけば、深刻な外交問題に発展してもおかしくはないし、一件起きただけでも致命的である。にもかかわらず、日本国政府が外交問題としてまともに対処しようとする気配は毛頭ない。したがって、今後も米軍兵士による暴力犯罪が発生しつづけ、沖縄人の犠牲が積み重ねられていくことは容易に予測可能である。いいかえれば、沖縄人の生命や人権よりもアメリカ軍の方が優先なのだ。しかも、この理不尽きわまりない現実を沖縄人に強制することを決定した張本人こそ、ひとりひとりの日本人なのだ。よって、日本人は、民主主義によって、暴力的に、沖縄人の人権を蹂躙しつづけているといってもも過言ではない。その意味で、沖縄とは、暴力が承認され、暴力に支配された空間にほかならない。これを植民地と呼ばずして何と呼べばよいのか。

しかしながら、在日米軍基地を強制される現実が意味するのはけっしてそれだけではない。

同時にそれは、アジアの植民地化されてきたひとびとに対する軍事的暴力に、否応なく加担させられる現実でもあるのだ。沖縄はアジアのひとびとにとっての軍事的脅威なのだ。過去には、朝鮮半島での米軍による大殺戮。そして、五〇〇万人ものベトナム人を残忍に虐殺し、一〇〇〇万人にものぼる負傷者・行方不明者をもたらした米軍のベトナムにおける大量殺戮と無差別テロ［バオ、二〇〇三、七六頁］。沖縄とは、米軍基地を押しつけられたがゆえにこのような大虐殺に直接加担させられた土地なのであり、まさしく「悪魔の島」にほかならない。そして、この「悪魔の島」の住人は、その後も、パレスチナ、イラク、ユーゴ、アフガニスタン、そして再びイラクへと、殺戮に加担することを強要されてきたのである。ここにあるのは、植民地主義の被害者が、同じ植民地主義によって、加害者に仕立てられてしまうという矛盾である。

この矛盾を沖縄人に押しつけたのはいったいだれなのか。もっとも責任があるのはだれなのか。いうまでもなく、日本人以外ではありえない。日本人は、米軍基地を押しつけることによって沖縄人を加害者に仕立ててきた。それによって、直接手を汚さずに加害行為に加担することが可能になったのである。だが、他者を加害者に仕立てることは、加害行為を二重に犯すことではないのか。

いかに加害者に仕立てられようとも、沖縄人が植民地主義の被害者であることに変わりはない。生命を脅かされるのは、米軍基地を押しつけた日本人の方ではなく、ほぼつねに、基地を押しつけられた沖縄人の方なのだ。沖縄人は、植民者の故郷日本ではけっしてありえない以下のような理不尽な暴力の犠牲にされ、まさしく植民地原住民としてふさわしく処遇されているのだ。

二〇〇四年八月一三日、夏季集中講義、サークル活動、大学業務で多くの学生、職員が行き交う沖縄県宜野湾市の沖縄国際大学キャンパスに、アメリカ軍海兵隊普天間基地所属のCH53D大型ヘリが激突、墜落、爆発炎上した。ヘリは大学に隣接する普天間基地に帰還する途中、墜落したのだ。墜落と爆発の前後、ヘリは二八メートルの巨大な回転翼をはじめ様々な部位を周辺住宅街に落下させ、あるいは爆風で鋭利な凶器の如く撒き散らし、教職員、学生、地域住民の生活と精神をズタズタに切り刻んだ。／しかし、それ以上に鋭利な刃物と化し深く切り込んできたものは、ピストルやライフルを携え、鬼のような形相のアメリカ兵一〇〇人ほどが軍靴を轟かせながらキャンパス内に突進してきた姿だ。墜落へリの機体処理にピストルやライフルが必要となる島、それが沖縄なのだ。そこには「被害者」などという定義は存在しない。軍事機密を覗き見し、「沖縄問題」の扉をこじ開けようとする「容疑者」として、すでに監視される対象なのだ。その監視行動は圧倒的武装の暴力によって容易に「恐怖」へと変わり、すぐさま被害者の身体に作動する。やがて被害者の身体を襲うのは屈辱感、無力感、虚脱感なのである。〔桃原、二〇〇四、一六一頁〕

植民地原住民とは、植民地主義の被害者であると同時に、植民者の敵である。植民者の辞書に、植民地原住民に関する「「被害者」などという定義は存在しない」。したがって、植民者は、すべての被植民者を、植民地主義への抵抗を潜在させた敵として、その鎮圧や監視に「ピストルやライフルが必要」な「容疑者」として処遇するのである。すなわち、「それが沖縄なのだ」。それが、沖縄人という被植民者＝植民地原住民なのだ。また、植民者は米軍だけではないということも、このときの「米軍と日本警察の見事なまでの役割分業体制」〔桃原、二〇〇四、一六一頁〕によって、以前よりも明白に示されたといえよう。桃原一彦による現場報告のつづきを引用しよう。

米兵たちは墜落現場周辺から加害者以外を完全排除し、被害者の土地／場所である大学キャンパスを暴力的に占領し、さらには現場を撮影したマスコミや学生のカメラまでも没収しようとした。やや遅ればせながら登場した日本警察は現場検証を行うことなく、米兵への接近をかわすように大学周辺の交通整理に勤しむ。機動隊は米兵たちを護衛するようにジュラルミン盾を翳し、抗議を叫ぶ住民や学生たちを鎮圧する。そして私服警官たちは被害者を「容疑者」化し、「危険人物」のリストアップのために遠巻きに写真撮影を行う。その間米兵たちは現場処理と並行するかたちでピザとホットドッグをほおばりながらコーラを飲み、果ては談笑しながらトランプゲームに興じていた。土地・建物の没収／占拠から、最重要「容疑者」のリストアップ、兵士のレクリエーションの護衛まで、米軍海兵隊と日本警察の連係プレーは見事に完成したとも言える。[桃原、二〇〇四、一六一―一六二頁]

日本警察の行動もまた、米軍と同じく、植民者としての当然の行動であったといえよう。まず、日本警察が現場検証を行なわなかったことは、沖縄が植民地であり、沖縄人が被植民者でしかないことを明示している。なぜなら、日本で発生した米軍機の墜落事件では、当然のこととして日本警察の現場検証が実施されてきたからである。★43

また、日本警察は、日本国政府の下部組織であり、日本国政府の意向に背くことはない。そして日本国政府とは、ひとりひとりの日本人が民主主義によって構築したものなのだ。したがって、抗議を叫ぶ沖縄人を日本警察が「鎮圧」することも、「容疑者」化し、「危険人物」と

★43 「沖縄以外では検証認める」（『琉球新報』二〇〇四年八月三一日、朝刊）。「米軍ヘリ沖国大墜落事故をめぐり、米軍が県警と消防の現場検証を拒否した問題で、現行の日米地位協定が発効されていた一九六八年六月に福岡市の九州大学、七七年九月に横浜市で起きた米軍偵察機の墜落事故、八八年六月の愛媛県伊方町の伊方原発近くにヘリが墜落した事故で、米軍が警察などの現場検証を認めていたことが三十日までに分かった。横浜では警察、消防が合同検証を実施していた。」

してリストアップすることも、日本人の利益を防衛するための暴力なのである。桃原がいうように、この「圧倒的武装の暴力」が沖縄人を恐怖におとしいれるのはきわめて容易である。そして、沖縄人を恐怖させることによって、「屈辱感、無力感、虚脱感」の虜にしようとするのは、米軍基地の押しつけに抵抗する力を沖縄人から奪うためなのだ。このことが、基地を押しつけることによって沖縄人を収奪している日本人の利益にかなうのはいうまでもない。

さて、米軍ヘリが大学を直撃したことは、基地が文化への爆弾にほかならないことを象徴している。米軍基地に起因する大学の破壊がまかり通っているのだから、日本国憲法第二十三条「学問の自由」は、沖縄人に関するかぎり、これを保障していないのだ。それは同時に、日本国憲法第二十六条の定める「教育を受ける権利」を沖縄人が侵害されていることを示している。日常的な爆音被害や演習被害のみならず、いつ米軍機が落ちてくるかもわからないのであれば、落ち着いて勉強できるわけがない。そして、米軍基地という理不尽な暴力によってここまで文化が攻撃されるのは、そもそも日本国憲法第二十五条「すべて国民は、健康で文化的な最低限度の生活を営む権利を有する」という場合の国民に、沖縄人が含まれていないからだといえよう。つまり、沖縄人は、生存権を侵害されているのだ。社会学的にいえば、生きることとは、文化を生きることであり、文化そのものといってもよい。したがって、生存権を侵害する米軍基地は、必然的に、文化を攻撃することとなるのである。

以上の現実からいえば、沖縄人にとって、日本国憲法という文化は、米軍基地という文化への爆弾によってすでに爆破されているといっても過言ではない。その原因は、日本人が沖縄人に米軍基地を押しつけたこと、換言すれば、日本人が沖縄人に文化への爆弾を投下したことにある。したがって、日本国憲法第九条も沖縄に一度も適用されたことがなく、その恩恵に沖縄人は一度も浴したことがないといえよう（それでも満足できないのだろうか。日本人は、今、憲法を変えようとしている）。

憲法が適用されない土地。それが存在するとすれば、植民地だけであろう。憲法が適用されない国民。それが存在するとすれば、被植民者だけであろう。すなわち、それが沖縄なのであり、沖縄人なのである。つまり、沖縄人をターゲットとする植民地主義はいまだに終わっていないのだ。そして、このような現実を記述するために生みだされた概念こそポストコロニアリズムにほかならない。

2 「沖縄人は語ることができない」

米軍ヘリの墜落によって大学という空間が破壊されたことについて、桃原一彦は、このように思考している。「この「不幸中の不幸」な事件の中で唯一光明を見出せる点は米軍ヘリが知識人たちの頭上に落下してきたことだ。知識人に関するサイードの言葉を借りれば、「権力に対して真実を語ること」のはじまりである」〔桃原、二〇〇四、一六三―一六四頁〕。同時に、桃原は、事故機の所属部隊に関する事実の指摘も忘れてはいない。「それから数日のうちに普天間基地所属のＣＨ53Ｄ六機はイラクへと飛び立っていった。ちなみに、沖縄に配備されている米軍海兵隊は、ファルージャにおける殺戮の当事者でもある」〔桃原、二〇〇四、一六二頁〕。米軍基地を押しつけられることは、殺戮の共犯に仕立てられることである。しかも、「殺戮の当事者」は、沖縄人のすぐそばにいるだけでなく、沖縄人の目の前で殺戮の訓練を毎日のように行なっているのだ。このことは、「権力に対して真実を語ること」への重大な脅威とならざるをえない。

沖縄から出撃する米軍は、イラクの大人と子どもの首や胴体や手足をバラバラにし、死体の山を築いている。米軍は、沖縄で、人間をバラバラにして死体の山にする訓練を日夜行なっているのである。しかも、沖縄人が悪魔のような大虐殺の共犯に仕立てられるのは、これがはじめてではない。かつて沖縄は、五〇〇万人ものベトナム人を殺した米軍の出撃拠点であった。米軍は、今度は、アフガニスタンとイラクですでに何十万人も殺戮し、おびただしい死体と瓦礫の山に変貌させている。そのような巨大な軍事的暴力であれば、どこの大学であろうと一瞬で壊滅させることができるだろう。さらに、ベトナム人を五〇〇万人も殺した米軍の暴力が牙を向けてくれば、沖縄人はひとりも生き残ることができないだろう。そして、もしも大学を一瞬で死体の山に変えることができるのであれば、学問を実践する人間の抹殺を通して、学問という文化をも瞬時に消滅させることができるはずである。したがって、「権力に対して真実を語ること」も、あたかも最初から存在しなかったかのように、一瞬にして消滅させることが可能なのだ。

　沖縄人が同居させせられているのは、このような巨大な軍事的暴力なのである。しかも、この現実のことも含めて、沖縄人は、「権力に対して真実を語ること」をこれまで片時も休むことはなかった。というより、休めなかったのだ。つまり、沖縄人にとって、「「権力に対して真実を語ること」のはじまり」も、これがはじめてではないのだ。ところが、桃原も述べているように、日本人に対して「沖縄からどんなに叫んでも、この国は「もっと沖縄が声をあげて政府を突き上げろ」という声ばかりだ」。それが多くの沖縄人に、「なぜこれほどまでに沖縄が消耗しなければならないのか」〔桃原、二〇〇四、一六二頁〕という屈辱感や無力感をもたらしてきたのはいうまでもない。

　さらに、日本のマスコミも、二〇〇四年八月一三日の米軍ヘリ沖縄国際大学墜落事件を、きわめて小さくしか報道しなかった。一方、沖縄の新聞二紙はすぐにこの事件を伝える号外を出した。そして、その日に号外を出した点だけは日本の新聞も同じであった。ただし、その号外の中身たるや「ナベツネ辞任」。一プロ野球球団のオーナー辞任のニュースなのだ。この話題とアテネ五輪の「ニッポン」がその日の日本のトップニュースであり、日本人にとっては、沖縄人の命の問題よりも、スポーツの方がはるかに重要だということが証明されたのである。このことに関して「マスコミが悪い」などと言いたがる日本人も多いだろうが、沖縄報道に消極的な理由について日本マスコミの方はといえば、視聴率がとれないだの販売部数が伸びないだのと並べたてることであろう。そうやって日本人同士で責任のなすり合いをしているあいだも基地は沖縄人に押しつけられつづけるのだ。

要するに、沖縄人がどんなに声をあげようとも、日本人は聞く耳をもたなかったのだ。そうすることで、日本人は、沖縄人が「権力に対して真実を語ること」を葬り去ろうとしてきたのだといえよう。第五章で論じたように、日本人は「聞かない特権」をもっており、「権力的沈黙」を行使してきた。それはまた、「愚鈍への逃避」を実践することでもある。つまり、日本人は、聞こえないふりができるのであり、そうしていれば、沖縄人に基地を押しつけておく時間も稼げるというものなのだ。一方、いつまでたっても聞く耳をもたない日本人を前にして、沖縄人は消耗させられるばかりである。消耗させることによって、基地の押しつけに対する抵抗をあきらめさせようとでもしているかのように。さらに、聞かない特権によって愚鈍に逃避できる日本人は、國政美恵がいうように、結局は、沖縄人に責任転嫁するようになる。

当日夕方のテレビのニュースを見ていた私は小川和久氏のコメントに驚いた。「普天間基地の返還が進まないのは、はっきり言って地元の怠慢でしょう」耳を疑った。でも確かに彼は言った。何年も何年も私たちは、生活を削って集会やデモに参加している。生活を楽しみたいと思っても、安全を脅かされたままでは楽しめるわけがない。ずっと足を踏みつけにされ「痛い、どけてくれ」と言い続けているのに、踏みつけにしている側が、「痛いか？　痛いだろう。よく分かる。もっと声を出さないと聞こえないよ。もっと頑張れ頑張れ！」と言っていることと同じです。私たちがどんなに声を出しても、聞く側が無視し続ければ何も言っていないことになるのですか。そしていつも沖縄の私たちの責任になるのでしょうか。〔國政、二〇〇四、五四頁〕

ここにある小川和久という日本人のコメントなどは、はっきり言って愚鈍である。また、愚鈍に逃避することによって沖縄人に責任転嫁しているがゆえに、はっきり言って怠慢だ。この日本人は、自分の怠慢は棚にあげて、沖縄人がこれまで以上に日本人の犠牲になろうとしないことを怠慢だと言っているのである。いいかえれば、沖縄人が基地の押しつけに抵抗することそれ自体を怠慢だと言っているのであり、日本人による基地の押しつけに抵抗するから基地がなくならないのだと、沖縄人に責任転嫁しているのだ。その意味で、愚鈍への逃避が責任転嫁とむすびつく典型的な事例といえよう。

「普天間基地の返還が進まない」のは、沖縄人に対する米軍基地の押しつけを日本人がけっしてやめようとしていないからである。そもそも日本人が沖縄人に基地を押しつけることさえなければ、普天間基地も存在していなかったはずなのだ。そして、普天間基地が返還されない最大の理由は、はっきり言って、日本人が普天間基地を日本に持ち帰らないからである。この日本人自身の現実に目を向けようともせず、愚鈍へと逃避しているからこそ、沖縄人に平然と責任転嫁することができるのだ。

すなわち、沖縄人の声が日本人に伝わらないのではない。日本人が沖縄人の声を聞こうとしていないのだ。日本人は日本人自身の現実をけっしてみようとしていないのだ。そして、沖縄人がどんなに「痛い、どけてくれ」と叫んでも、日本人は、聞かない特権を行使することによって、すぐさま「何も言っていないこと」にしてしまう。しかも、つねに「何も言っていないこと」にしてしまえば、日本人は、「もっと声を出さないと聞こえないよ」といつも言っていられるようになるし、「もっと声を出さないおまえが悪いのだ」と沖縄人に責任転嫁できるようになる。また、「もっと声を出さないおまえが悪いのだ」と沖縄人につねに責任転嫁することは、永遠に声をあげつづけねばならないかのような、ねつ造された架空の責任へと沖縄人を追いこむ。その結果、沖縄人は、「いつまで声をあげなければならないのか」という屈辱感や無力感とともに消耗させられることとなる。

したがって、ポストコロニアリズム研究の文脈からいえば、沖縄人は、日本人によって、サバルタン化されているのである。[★44] サバルタンについては、竹村和子の論考から引用しよう。

スピヴァックは「サバルタンは語ることができるか」という論文のなかで、サバルタン（植民地の女）は語ることができないと述べ、のちに、もっと正確に言えば、サバルタンは語ることができないのではなく、「彼女が一生懸命に語ろうとしているのに、聞き取ってもらえない」と訂正した（「サバルタン・トーク」一九九六）。〔中略〕帝国主体は、植民地の女から言語を奪った、あるいは彼女の言語を聞き取ろうとはしない。彼女は、自分を表象（リプリゼント）することも、自分が表象されることもなく、帝国主体の表象領域、すなわち言語領域に——すくなくとも正当に——入ることは許されない。彼女は他者として、いわんや主体として、「応答（リスポンド）する」することも、主体から「応答される」ことも許されていないのである。

［竹村、二〇〇〇、一〇九頁］

日本人に米軍基地を押しつけられた沖縄人が一生懸命に「痛い、どけてくれ」と声をあげているのに、日本人はその声を聞き取ろうとしない。その結果、沖縄人の声は、存在しないもの

★44　サバルタン＝subalternとは、もともとは「従属集団」もしくは「従属階級」を意味するアントニオ・グラムシの概念。ラナジット・グーハを中心とするインド民衆史研究グループ「サバルタン・スタディーズ」がこの概念を復活させ、ガヤトリ・スピヴァックによって再定式化された。［Loomba, 1998＝二〇〇一、二七八—二九三頁］参照。

としてあつかわれることとなる。いいかえれば、沖縄人は、その声が聞き取られることがないがゆえに、どんなに「権力に対して真実を語ること」を実践していようとも、語っていないことにされてしまうのだ。このような意味で、「沖縄人は語ることができない」のである。どんなに一生懸命に語っても、聞き取られないことによって、つねに語っていないのと同じにされてしまうのだから、一生懸命に語るだけ消耗して当然なのだ。

もしも沖縄人が語っていないのであれば、そもそも日本人が応答する必要も生じないということになる。つまり、日本人に米軍基地を押しつけられた沖縄人が実際には「痛い、どけてくれ」と叫んでいても、その声を存在しないことにしてしまえば、基地をどけるという応答の必要性も発生しないのだ。さらに、日本人が「痛い、どけてくれ」という声に応答しないことは、権力的沈黙を行使することであり、権力的沈黙を行使することは、現状を維持する方法なのである。しかも、現状維持とは、米軍基地を沖縄人という「従属集団」にそのまま押しつけつづけることなのである。このように、沖縄人のサバルタン化が継続していることもまた、植民地主義がいまだに終っていないことを示す明白な証拠にほかならない。

3　モデル・マイノリティ

サバルタン化は、沖縄人が「権力に対して真実を語ること」を阻害する大きな要因のひとつである。そして、サバルタンという概念こそ用いていないが、これと同じようなことを一九七二年初出の論考でいち早く問題化したのは関広延であった。

いま、沖縄―ヤマトゥの関わりについてホントのコトを叫んだ場合、この困難な時期にやっと手を取りあっていたようにみえるもっとも親しい者たちも、いっせいに呪詛の声を挙げてくることを知っておかねばならないのだ。いままで〝連帯〟という声の、かぼそい紐帯を投げかけていたヤマトゥの者たちは、たちまちその頼りなげにみえていた繊維を断ち切ってしまうのであろう。いや、叫んだ者たちへの攻撃は、沖縄の内側からこそ、激しく起ってくるかもしれないのだ。すでに、ここに一種の沈黙がある。この際、沈黙こそは、深い呪詛の声であるに違いない。〔関、一九八七b、二八七―二八八頁〕

この現実は、沖縄人が「帝国主体の表象領域、すなわち言語領域に――すくなくとも正当に――入ることは許されない」〔竹村、二〇〇〇、一〇九頁〕ということを示しているのではないだろうか。したがって、「権力に対して真実を語る」沖縄人、あるいは、日本人に対して「ホントのコト」を述べる沖縄人は、「呪詛の声」もしくは沈黙という敵意のこもった「深い呪詛の声」によって迎えられることを覚悟しておかなければならない。だが、その一方で、グギ・ワ・ジオンゴがいうように、「ホントのコト」を述べる被植民者が「敵意について沈黙に出くわしたのは驚くにあたらない」〔Ngũgĩ, 1986＝一九八七、五四頁〕。つまり、これは沖縄人だけが経験させられることではなく、全世界の被植民者が経験させられてきたことなのだ。植民者は、「権力に対して真実を語る」被植民者を憎むのである。

関の記述は、まさしく権力的沈黙についてのものであり、それが敵意のこもった沈黙だということもきちんと把握されている。そして、本書に対しても「いっせいに呪詛の声を挙げてくる」者たちがいることは容易に予想できる。あるいは、沈黙という敵意のこもった「深い呪詛の声」たちに迎えられることを予想しながら、わたしは本書を執筆したといってもよい。なぜなら、日本人の現実を記述することに本書の大部分を費やしたつもりだからであり、関のいう「沖縄―ヤマトゥの関わりについてホントのコト」を記述したものに該当すると考えるからである。

マルコムXは、「われわれは醜悪な世界に住んでいる。人種問題のすべてがこの醜悪なアメリカに関係がある、と私は考える。したがって、醜悪な状況について述べるには、それに相応する醜悪な言葉を創り出してもよいと思う」〔Malcolm X, 1970＝一九九三、二二一頁〕。と述べたが、現実をできるかぎり「忠実」に記述しようとすれば、現実にふさわしいことばが是非とも必要になる。そして、現実が政治的であるならば、現実の記述にもはっきりと政治性を書きこまなければならない〔新垣・野村、二〇〇二、一二頁〕。その政治性という現実が醜悪なものであるならば、その醜悪さを記述しなければならない。醜悪な政治性が日本人の現実であるならば、日本人の現実は醜悪なことばで記述されなければならない。また、第五章で言及したように、日本人の現実を率直に記述しようとすれば、日本人の暴力性の記述は不可避であり、記述そのものが日本人への警告ともなりうる。そして、自己の醜悪さや暴力性について記述されたくなければ、日本人は、醜悪な政治や暴力をやめなければならない。

つまり、現実の記述は、同時に、現実に対する批判ともなりうるのである。批判とは、問題を発見する方法であり、学問に不可欠の営為である。そして、発見された問題を改善することは、現実を変革する行為にほかならない。したがって、批判は、非難や中傷とは根本的に異なる。日本人の植民地主義を批判することは、日本人のなかに植民地主義という問題を発見し、問題の改善をうながす行為なのである。その問題を改善することは、植民地主義という日本人の醜悪な現実を、日本人自身の手によって変革する行為にほかならない。

ところが、植民地主義は麻薬なのだ。麻薬は依存症を誘発する。植民地主義という醜悪な問題を改善しないでおけば、日本人は、沖縄人に基地を押しつけて搾取し、自分たちだけの安楽を奪いとることができる。植民地主義中毒者は、植民地主義のおいしさをなかなか手放すことができない。

その結果、植民者は、植民地主義をできるだけ気分よく行使したがるようになる。そのためには、自分の行為を醜悪な搾取だと思いたくはないし、「その野心を正反対の価値で偽装する」ようにもなる。しかも、「おそらくそれは無意識で、偽装を偽装とは思っていないであろう。曰く、「ヒューマニズム」。曰く「デモクラシー」。曰く「進歩」。曰く「文明」。曰く「歴史の必然」」〔関、一九九〇、七七―七八頁〕。つまり、気分よく植民地主義を実践するためには、日本人の現実を率直に記述させてはならないのだ。このような無意識を維持するためそもそも自分の行為を植民地主義だと意識してはならない。日本人に関する「ホントのコト」を述べさせてはならない。したがって、日本人の現実を率直に記述する沖縄人が、日本人の敵意や権力的沈黙に出くわすのはほぼ必然なのである。

そして、権力的沈黙とは、「他者として、いわんや主体として、「応答する（リスポンド）」することも、主体から「応答される」ことも許されていない」〔竹村、二〇〇〇、一〇九頁〕存在として相手を処遇する行為にほかならない。いいかえれば、権力的沈黙は、他者をサバルタン化することを可能にするのである。サバルタンとは、応答されることもなければ応答することもできない存在である。したがって、どんなに「権力に対して真実を語ること」を実践しようとも、ことごとく無化されてしまうことが容易に予測しうるのだ。

日本人の現実を率直に記述することは、日本人が沖縄人にもたらした植民地主義の傷を記述することでもある。この場合、記述そのものが日本人に対する批判となる。なぜなら、日本人が犯してきた植民地主義という暴力を、記述を通して、日本人に突き返すことになるからだ。ところが、日本人の現実を率直に記述し、「権力に対して真実を語る」沖縄人ほど、日本人の権力的沈黙によってサバルタン化される可能性がきわめて高い。日本人が権力的沈黙にいたるのは、第五章で言及したように、「傷を隠さなかったおまえが悪いのだ！」と逆ギレするからである。そして、この場合の権力的沈黙は、「無視されたくなかったら傷を隠せという命令に従順になれ！」という恫喝として沖縄人に作用しうるのだ。

先に引用したように、桃原一彦は、「この「不幸中の不幸」な事件の中で唯一光明を見出せる点は米軍ヘリが知識人たちの頭上に落下してきたことだ。知識人に関するサイードの言葉を借りれば、「権力に対して真実を語ること」のはじまりである」［桃原、二〇〇四、一六三―一六四頁］と述べた。だが、そもそも「知識人」の世界＝学問界に参入しようとする時点で、被植民者は、「権力に対して真実を語ること」を阻害する恫喝に遭遇するであろう。沖縄人は、よっぽど鈍感でないかぎり、このことにすぐさま気づくことであろう。わたし自身、学会をはじめとする学問的な場で、権力的沈黙をもって処遇されるのはいつものことであった。それは今でもつづいているといってよいし、場所が日本でも沖縄でも事情はほとんど同じである。また、恫喝はあからさまに暴力的なことばでなされる場合もあるが、研究者のような表向き上品なひとびとほど陰険な方法がお好みらしい。

この体験からみえてきたのは、学問界に参入しようとする被植民者に対する「同化をせまる暴力」あるいは「共犯化をせまる文化的暴力」として権力的沈黙が強力に利用されているという現実である。いいかえれば、権力的沈黙は、「学問界に参入したければ傷を隠せ！」という恫喝のひとつとして、無意識的もしくは意識的に、存分に活用されているのだ。このような敵意のこもった沈黙が、日本人の現実を率直に記述する沖縄人に対して、「おまえのやっていることなど学問として認めないぞ！」と無言の恫喝をかけてくるのはめずらしいことではない。★45 無言なのは、多くの場合、論理的に反論することができないからである。論理的に反論できないからこそ、「傷を隠せと命令する」ために文化的暴力にたよらざるをえなくなるのだ。そして、日本人が反論できないのは、それがまさしく日本人自身の現実を記述したものにほかならないからである。

　学問界に参入しようとする被植民者が、このような恫喝に屈してしまうのはけっして不思議なことではない。この場合、屈したように見せかけて機をうかがうことも不可能ではないが、より楽なのは、日本人への同化および共犯化という方法で学問界に参入することなのだ。すなわち、日本人に関する「ホントのコト」を記述しないこと。「権力に対して真実を語る」のは慎むこと。日本人の植民地主義を問題化しないこと。「米軍基地を日本に持って帰れ」などとは口が裂けても言わないこと……。こうして、日本人にとって都合のよい「モデル・マイノリティ」としての沖縄人研究者が養成されることになる。植民者が「帝国の表象領域」＝学問界に積極的に参入させようとする被植民者はモデル・マイノリティだけなのだ。なぜなら、学問もまたひとつの権力にほかならないからである。しかしながら、そのような学問界にこそ欠陥があるといえよう。アルベール・メンミがいうように、「被植民者は、ユダヤ人や黒人同様、己れの敵である人種差別主義者の警戒心を解くため、自己否定したり偽装してはならない。己れの差異とともに、あるがままの姿で自分が受け入れられることを要求すべきだ」［Memmi, 1994＝一九九六、二一九頁］。このことは、困難ではあっても、けっして不可能なことではない。沖縄人には、モデル・マイノリティとしてではなく、「あるがままの姿で」、学問界に参入する権利があるのだ。

ところが、第三章で述べたように、劣等コンプレックスを植えつけられた沖縄人ほど恫喝に屈しやすいし、自分が恫喝に屈しているということにすら気づかないかもしれない。相手が日本人であればただそれだけで畏怖すると同時にありがたがる沖縄人、すなわち、劣等コンプレックスのかたまりのような沖縄人は、本人も気づいていないだろうが、意外なほど存在す

★45　この他によくある恫喝としては、「おまえみたいなことを言う沖縄人ばかりではない」といったことばがある。これが恫喝に用いられるのは、「おまえが述べる現実など排除してよい」という前提があるからだ。ただし、現実を排除した学問がきわめて不完全なものでしかないのはいうまでもない。

る。そして、研究者を志す沖縄人ほど、学校での「最優等生」としてきわめて優秀に劣等コンプレックスを身につけてきた可能性は高いのだ。いいかえれば、研究者を志すような「最優等生」としての沖縄人ほど、もっとも深く精神を植民地化された沖縄人なのかもしれないのである。よって、もともと彼／彼女らは、日本人の教えに従い、日本人に「支えてもらわなければ自分たちは何をする能力もないと信じてしまう」沖縄人かもしれない。また、「自分たちの社会や価値観に基づく評価は役に立たず」、日本人の「評価でなければ有効性がない」と考えてしまう沖縄人なのかもしれない［Said, 1994＝一九九八、二〇七―二〇八頁］。

　このような劣等コンプレックスのかたまりとしての沖縄人が、日本人が圧倒的多数の学問界に参入したらどうなるか。きっと、「傷を隠せと命令する」日本人によろこんで従順になるだろう。そして、沖縄人に日本人の現実を率直に記述させてはならないとする日本人の本心を知れば、「ホントのコト」を記述する沖縄人や「権力に対して真実を語る」沖縄人を、日本人になり代わって摘発しようとするだろう。それを見た日本人は大よろこびするだろうし、日本人をよろこばせることにこそよろこびを感じることであろう。いいかえれば、沖縄人を犠牲にしてでも、同胞を裏切ってでも、日本人の利益を守ろうとするだろう。それが学問界での地位とむすびつく場合はなおさらそうすることであろう。

　劣等コンプレックスを植えつけられた沖縄人が以上のような行動におちいってしまうのは、「自分たちの社会や価値観に基づく評価は役に立たず」、日本人の「評価でなければ有効性がない」とする自明性を身体化しているからである。よって、彼／彼女らは、沖縄人から評価されてもあまりよろこばないだろう。あくまで日本人の評価を追い求め、日本人のよろこびそうな活動を選択し、日本人に評価されたときにのみ狂喜乱舞するのである。このように、劣等コンプレックスを植えつけることは、モデル・マイノリティどころか「アンクル・トム」をつくりだすことさえ可能にするのだ。

マルコムXによれば、奴隷制時代には二種類の黒人奴隷がいた。「ハウス・ニグロ」と「フィールド・ニグロ」である。アンクル・トムは、もちろん、ハウス・ニグロであった。

〝ハウス・ニグロ〟は、うまいものを食べ、よりよい着物を着、より立派な家に住んでいた。彼は主人のすぐそばに――つまり屋根裏か地下室で暮らしていた。彼は主人と同じものを食べ、同じ着物を着ていた。そして彼は主人と全く同じように正しい言葉で話すことができた。そして彼は、主人以上に自分の主人を愛していた。こんな調子だから彼は、主人が不機嫌になることをのぞまなかった。／〔中略〕主人の財産が危険に陥ることを彼はのぞまなかった。そして彼は主人以上に主人の財産を守り抜こうとした。これが〝ハウス・ニグロ〟の実態であった。〔Malcolm X, 1970＝一九九三、二二九―二三〇頁〕

劣等コンプレックスを植えつけられた沖縄人は、最終的には、日本人以上に日本人を愛するようにさえなるであろう。また、日本人という「主人が不機嫌になること」をのぞまないがゆえに、「ホントのコト」を述べる沖縄人を憎むようにもなるであろう。しかも、それをあまりにも当たり前のこととしてしまうがゆえに、自身の行為の問題性を意識することもないだろう。ただし、日本人に沖縄人アンクル・トムをわらうことなどできない。沖縄人アンクル・トムをもっとも必要とし、彼／彼女らを悪用することによって沖縄人をもっとも収奪しているのは、いうまでもなく、日本人にほかならないからである。

先に引用した関広延は、「沖縄―ヤマトゥの関わりについてホントのコト」を「叫んだ者たちへの攻撃は、沖縄の内側からこそ、激しく起ってくるかもしれない」と述べた。おそらく、「ホントのコト」を述べる沖縄人に対して、真っ先に「沖縄の内側」から攻撃してくるのは、沖縄人アンクル・トムであろう。それが日本人のよろこびそうなことだからである。わたしも、権力的沈黙を含めて、沖縄人アンクル・トムから陰に陽に攻撃される可能性を予想していないわけではない。だが、わたしは彼／彼女らに反撃しようとは思わない。★46 なぜなら、沖縄人アンクル・トムもまた沖縄人という同胞にほかならないからであり、彼／彼女らに反撃してしまえば、沖縄人同士の分断という日本人の無意識の植民地主義的策略にはまってしまうからである。そしてそれは、日本人によって容易に悪用されることであろう。被植民者同士の分断は、全世界の植民者が支配の常套手段としてきたものなのだから。よって、わたしは、まずは日本人に対する批判を優先することにしている。沖縄人が直接闘うべき相手は、沖縄人アンクル・

トムという被植民者ではなく、日本人という植民者なのだから。ただし、その理由は、日本人が植民地主義を行使することによって一方的に沖縄人に敵対していることにある。そもそも沖縄人は、だれとも敵対してはいないのだから。

4　連帯――その暴力的な悪用

七五パーセントもの在日米軍専用基地を沖縄人に押しつけている日本人の植民地主義的行為とは、具体的にはどのような行為なのだろうか。まずは、國政美恵の具体的な説明を引用しよう。

★46　すでに述べたように、攻撃は批判ではない。本書に対するものにかぎらず、わたしは批判されることを大歓迎するし、批判にきちんと応答することで議論を深めていきたいと考えている。したがって、攻撃に対して同じく攻撃をもって応じることはない。あくまで批判をもって応答したいと思う。

一％の沖縄県民に七五％の在日米軍基地。これは沖縄はヤマトの二九七倍の負担を強いられていることになる。私一人で、二九七人分の日本国民の負担を請け負わされていることになる。四人家族（赤ちゃんであっても）なら一二〇〇人分。理不尽だと思いませんか？

〔國政、二〇〇四、五四頁〕

沖縄人ひとりにつき日本人二九七人分という過剰な負担。具体的でわかりやすい数字である。つまり、日本人は、きわめて理不尽な負担を一方的に強要することによって、沖縄人を差別しているのである。そして、米軍基地の負担を過剰に強要する差別によって沖縄人を搾取し、負担から逃れるという利益を奪取すると同時に日本人だけのわがままな安楽を貪欲にむさぼっているのだ。このような具体的な差別や搾取をはじめとする日本人の行為を示す概念として、植民地主義ほどふさわしい概念はない。

また、このことは、もうひとつの具体的な現実を示している。つまり、日本人は、理不尽にも、米軍基地を過剰に押しつけることによって、沖縄人を孤立へと追いやっているのだ。にもかかわらず、なぜか、「沖縄との連帯」を叫ぶのが大好きな日本人がたくさんいる。これはいったいどういうことなのだろうか。日本人の現実を直視すれば、日本人が「沖縄との連帯」を叫ぶ行為もまた理不尽というものではないのか。なぜなら、日本人は沖縄人と連帯しているのではなく、まったく反対に、孤立させているのだから。基地を押しつけることによって沖縄人を孤立させている張本人が、わざわざ沖縄までやって来て、厚顔にも沖縄人に向かって連帯を叫ぶという不条理。彼／彼女らのような日本人は、基地を日本に持ち帰るために沖縄にやって来るのではない。あくまで連帯を叫ぶためにやって来る。連帯を叫んで満足したら基地を残してさっさと日本に帰っていく。彼／彼女らが残していった米軍基地に生命を脅かされるのは、いうまでもなく、沖縄人にほかならない。したがって、「沖縄との連帯」を叫ぶ日本人のほとんどは、現実には、沖縄人と連帯などしていないし、連帯しようとすらしていない。

このような日本人の行為は、「沖縄人だけ死んでくれ」と言っているようなものではないのか。あるいは、沖縄人だけ死ぬかもしれないということに連帯しているようなものではないのか。以前、わたしは、死をまねく米軍基地を沖縄人に押しつけておきながら「沖縄との連帯」を叫ぶ日本人の行為を、「死の連帯」と名づけた［野村、一九九七ａ］。そして、もしそれが「死の連帯」でなかったなら、二〇〇四年八月一三日の米軍ヘリ沖国大墜落事件も起きていなかったはずではないのか。すなわち、「八月一三日のヘリ墜落事故は、起こるべくして起こった事故です」［國政、二〇〇四、五四頁］。また、金城馨がいうように、「沖縄との連帯」を叫ぶ日本人はよく「沖縄の痛みを分かちあおう」と口にするが、「痛みを分かちあうことができていたら、一九九五年の少女暴行事件は起こっていたたか。本当は、沖縄の痛み、少女の痛みを分かちあえない現実が少女をそこまで追い込んだんです」［金城、二〇〇三、一〇頁］。

ところで、日本人が「沖縄との連帯」を叫ぶ行為は、すでに一九七〇年の時点で、新川明によって批判されていた。「言葉の正しい意味におけるたたかいの連帯が、たとえば七〇年に至ってもなおくりかえされている北緯二十七度線上での「海上大会」のごとき、あるいは観光ショッピングをかねた「たたかう仲間の交流」のごとき、［中略］お目出たいものであるはずもない」［新川、一九七〇、四〇頁］。そして、三〇年以上の歳月を経てもなお、「沖縄との連帯」を叫ぶ日本人の行為は、新垣誠によって、「本土からパックツアーで年に一、二度ピケをはりに来るお祭り好き平和主義者のおめでたい「運動」」、「形骸化し、イベント化してきた「基地反対運動あそび」」と批判されている［新垣・野村、二〇〇二、一一頁］。両者の批判のことばがおどろくほど似通っているのはなぜなのか。つまり、日本人はまったくといってよいほど変わっていないのである。日本人は、何十年も相変わらず、沖縄人に基地を押しつけて孤立させておきながら厚顔無恥にも「沖縄との連帯」を叫んでいるのだ。

この日本人の不条理な行為に対して、沖縄人が素朴に核心を突くような疑問をいだいたとしてもまったく不思議はない。すなわち、日本人は沖縄人に基地を押しつけておくために「沖縄との連帯」を叫んでいるのではないか、と。

ヤマトに住んでいる人の中にも沖縄のことを一生懸命やってくれる人がいる。その人に対して失礼だと言われることがある。一生懸命何かをしているのかもしれないけれど、六〇年たっても何もよくならないのはどうして？　私は思う。ヤマトで一生懸命やっているという人たちに遠慮して、「沖縄にある米軍基地をヤマトにもっていって！」と沖縄側から言えなくなっているのではないだろうか。逆に言うなら、ヤマトにもっていけと言えなくするために（意識があるなしにかかわらず）、ヤマトは沖縄と連帯しているのではないだろうか。〔國政、二〇〇四、五五頁〕

「やさしい沖縄人」ほど、日本人に「遠慮」するのだ。第六章で論じたように、「やさしい沖縄人」ほど、日本人の気分を害すると再び日本人に攻撃されるかもしれないと恐怖するがゆえに、日本人に「遠慮」する。また、「やさしい沖縄人」ほど、劣等コンプレックスを植えつけられ、日本人という「主人が不機嫌になること」をのぞまないがゆえに、日本人に「遠慮」する。このように、日本人は、無意識的に、沖縄人の「やさしさ」という弱みにつけこんでいるのではないだろうか。そして、「沖縄にある米軍基地をヤマトにもっていって！」と言えなくさせるために、「連帯」を悪用しているのではないか。

さらに、「沖縄との連帯」を口にする日本人は、「「沖縄の痛みを分かちあおう」という言葉をつかうでしょ。そうすると痛みを分かちあったような気分にはなれるわけですね」〔金城、二〇〇三、一〇頁〕。「沖縄との連帯」とは、日本人にとって、沖縄人と連帯したような気分にしてくれる「呪文」なのではないか。先に引用したように、マルコムXは、「黒人組織に参加したがる白人は、ほんとうのところ、自分の良心の痛みをいやすことだけが目的の逃避主義者ではないか」〔Malcolm X, 1965a＝二〇〇二、二四五頁〕と述べたが、「沖縄との連帯」を叫ぶ日本人もこれとほとんど同じといえよう。そして、「沖縄との連帯」という呪文を唱えることによって、沖縄人と連帯しているかのように錯覚しているのであろう。その結果、沖縄人の「やさしさ」に無意識的につけこむことも可能になるのであろう。そうであるならば、「沖縄との連帯」という呪文は、沖縄人にとって、まさしく「呪いのことば」にほかならない。

連帯は、その価値を安っぽくおとしめられ、大切な意味を剥奪（はくだつ）され、手ひどく傷つけられている。そして、日本人の「沖縄との連帯」を叫ぶ行為にみられるように、連帯の暴力的な悪用がまかり通っている。この連帯の窮状について、いち早く警告したのは新川明であった。新川による一九七〇年の定義に立ち返ることは、満身創痍（まんしんそうい）の連帯に対して、その価値と意味を再び付与することを可能にする。

「連帯」とはたたかいにおける「前提」や「目的」では決してないし、それはあくまでも沖縄（人）は沖縄（人）なりに、日本（人）は日本（人）なりにたたかう、たたかいの具体的な実践の堆積の上で確認し合う「結果」である。／きわめて単純にいえば、そのことの認識が、政治的にも思想的にも、たたかいにおける戦闘者＝実践者の、ホンモノとニセモノを分ける。〔新川、一九七〇、四一頁〕

連帯とは、あくまで「結果」であって、それ以上でもそれ以下でもない。そして、この定義に則していえば、「沖縄との連帯」を叫ぶ日本人の行為は、あきらかに「ニセモノ」である。彼／彼女らは、「沖縄との連帯」を呪文のようにくり返すばかりで、いっさい「結果」を出していないだけでなく、「結果」を出そうとすらしていないのだから。「結果」を出そうと思えば、その方法のひとつはすでにあきらかである。

沖縄とヤマトが本当に連帯できるとしたら、方法は一つ。同じ立場に立つことではないでしょうか。それは、沖縄にある米軍基地を各県が一つずつ引き取るところから始まるのではないでしょうか。〔中略〕なぜなら、あなたたちが引き受けなければ本当の問題解決にはならないのだから。〔國政、二〇〇四、五五頁〕

日本人は日本人なりに基地を日本に持ち帰る闘いを実践すること。それが、基地を押しつけて沖縄人を孤立させている日本人が沖縄人との連帯という「結果」を得る方法である。そのためにもっとも必要なことは、沖縄に来て「沖縄との連帯」を叫ぶことでも、沖縄人に立ち交じって運動することでもない。第四章で議論したように、マルコムXは、「ほんとうに誠実な白人が〝身の証〟をたてるのに必要なのは、犠牲者である黒人に立ち交じるのではなく、アメリカの人種差別が現実に存在するその外の闘いの場である。――それは、彼ら自身が住んでいる地域社会のなかだ。アメリカの人種差別は彼らの仲間である白人のあいだに存在している。そここそ、ほんとうに何かをしようと本気で考えている白人たちが活動しなければならない場所だ」［Malcolm X, 1965a＝二〇〇二、二四五頁］と述べた。同じように、「ほんとうに何かをしようと本気で考えている」日本人が「活動しなければならない場所」は、沖縄ではなく、日本にほかならない。なぜなら、沖縄人に対する七五パーセントもの在日米軍専用基地の押しつけという植民地主義は、植民者の故郷日本において、日本人という植民者によって、その行使が決定されているからである。したがって、日本人は、日本において、沖縄から日本に基地を持ち帰る運動を、同じ日本人に向けて展開しなければならない。そうすることによって、在日米軍基地の日本国民全体での平等な負担を実現していかなければならない。それが実現したとき、沖縄人と日本人の連帯は実現する。

その点、沖縄や日本において基地反対運動等で活動する日本人を、めずらしいからといって、いちいちもてはやすべきではない。「どんなことであれ彼らが良い事をしたのならそれは立派である。しかしわれわれは彼らを持ち上げる必要はない。［中略］何故ならこのことによって状況は以前と少しも変わりないのだから」［Malcolm X, 1970＝一九九三、一三三頁］。基地反対運動をする日本人は以前から存在したが、状況はまさしく以前と何も変わっていない。沖縄から基地をなくすという「結果」も出していないのに、もてはやされる理由などあるはずがない。しかも、彼／彼女らのほとんどは日本に基地を持ち帰る運動をしているわけでもない。その一方で、沖縄人に基地を押しつけた日本人に基地を日本に持ち帰る責任があるのは当然である。日本人がこの責任をはたすのは当然のことであり、当然のこととは、けっして他者にほめてもらうようなことではない。

さらに、マルコムXは、「まじめな白人は白人自身を組織すべきであり、白人社会に存在する偏見をたたきこわすための戦略を考え出すべきだろう。彼らが白人社会において、より賢明に、また効果的に果たしうる機能はこの点にある。そしてこのことは、かつて一度も実行されていない」[Malcolm X, 1965b＝一九九三、二四四頁] と述べた。同じように、日本人もまた、基地の押しつけという植民地主義の解体を、かつて一度も実行しようとしたことがない。厳密にいえば、日本人は、沖縄人との連帯を、かつて一度も実行しようとしたことすらないのだ。そして、基地の押しつけをはじめとする植民地主義をやめないかぎり、いいかえれば、沖縄人との連帯を実現しないかぎり、日本人は植民者のままでありつづける。それはまた、日本人が沖縄人を被植民者の位置におとしめつづけることでもある。

さて、新崎盛暉は、沖縄人に米軍基地が押しつけられた理由についてこう説明する。

アメリカは、沖縄を日本から分離し、自らの施政権の下に置いた。それは、沖縄の米軍基地が、日本本土の米軍基地とは異なる役割を担わされていたからである。／その役割とは、核兵器の持ち込みや戦闘作戦行動の自由を保障し、日本、韓国、フィリピン、台湾などの米軍基地の一体化した機能を確保するというものであった。旧安保条約下では、日本の基地でも、そうしたことができなかったわけではない。しかし、それは当然国民の反発を買う。国民の反発を抑えて、日本政府がアメリカの軍事政策に同調すれば、政権交代を招く可能性もある。そうなれば、日米安保条約の維持そのものがむずかしくなる。しかし、アメリカが支配権を握っている沖縄ならば、住民の抵抗を弾圧しながらでも、基地は自由に使用できるというわけである。［新崎、一九九六、九頁］

米軍基地を日本に置いておくと、政権を維持することができないがゆえに、日米安保条約を維持することもできなかったというわけだ。政権を維持することによる日米安全保障条約の維持のために、日本の米軍基地を沖縄人に押しつけたというわけだ。そのために、日本の米軍基地は、沖縄へとつぎつぎに移されていったのである。ほとんどの日本人は、沖縄人への基地の押しつけであれば何らの罪悪感もいだくことがなかったのであり、沖縄人に米軍基地を押しつけるかぎりにおいて、安保条約は安泰だったというわけだ。そして、一九五七年、「岸—アイゼンハワー共同声明のなかで米側は、日本から一切の地上戦闘部隊を撤退させることを確約した」［新崎、一九九六、一三頁］。この地上戦闘部隊の移転先も、いうまでもなく、沖縄であった。

日本から撤退した地上戦闘部隊、とりわけその中心勢力をなす東富士の第三海兵師団などは日本ではない沖縄に集中した。旧安保条約の成立から六〇年安保改定のころまでに、日本の米軍基地は四分の一に減少したが、沖縄の米軍基地は約二倍に増えた。現在沖縄島北部にあるキャンプ・シュワーブ、キャンプ・ハンセン、北部訓練場など、沖縄基地の半分以上を占める海兵隊基地は、一九五〇年代後半から六〇年代の初めにかけてつくられたものなのである。★47［新崎、一九九六、一三―一四頁］

その後も、日本の米軍基地が減りつづける一方で、沖縄の米軍基地はといえば、強化されることはあってもほとんど減ることはなかった。「七二年沖縄返還をはさむ数年間で、日本本土

★47　また、新崎は、きわめて重要な事実を指摘している。「一九九五年から九六年にかけて、沖縄米軍基地の整理・縮小問題が議論されたとき、キャンプ・ハンセンにおいて行われていた「県道一〇四号越え実弾砲撃演習」を全国五ケ所の自衛隊演習場に分散することになり、それぞれの地域から「本土移転反対」という声があがったが、一九五〇年代後半、日本にいた海兵隊が当時日本ではなかった沖縄に移動するときには、島ぐるみ闘争に対する一定の共感があったにもかかわらず、「沖縄移転反対」などという声は、本土ではまったくおこらなかったことを指摘しておくのも、無駄ではないであろう」［新崎、一九九六、一四頁］。

の米軍基地は約三分の一に減少したが、沖縄の米軍基地は数パーセントしか減らなかった。すなわち、旧安保条約の改定過程におけると同様、沖縄返還に際しても、沖縄に基地を集中させるかたちで、日本全体の米軍基地の整理統合が行われたのである」[新崎、一九九六、二七頁]。

これらはすべて、政権維持による日米安全保障条約維持のために実行されてきたといっても過言ではない。いいかえれば、日米安保は、日本の米軍基地を沖縄に移転・集中させ、沖縄人に押しつけることによって維持されてきたのである。逆にいえば、米軍基地を日本に置いたままであったなら、日本人は、政権交代はおろか安保廃棄を選択していたかもしれないのである。

したがって、安保廃棄を目指す日本人が今も存在し、彼／彼女らが本気かつ誠実であるならば、米軍基地を沖縄から日本に移転する戦略を考えるはずであろう。彼／彼女らが日本社会において、より賢明に、また効果的にはたしうる機能はこの点にある。そして、米軍基地の日本への移転が現実味を帯びたとき、日本人は、日米安保の是非についてはじめて真剣に考えはじめることであろう。それもまた、日本人が沖縄人との連帯を実現していくためのひとつの方法である。同時に、日本人が植民地主義をやめるためのひとつの方法であり、植民者でなくなるための方法のひとつである。

原本あとがき

一九八一年、夏。わたしは高校生だった。当時コザ・ロキシーという映画館の地下にあったライブハウスに向かう途中で時間つぶしをした本屋。そこで偶然目にした『新沖縄文学』という雑誌の最新号、「特集　琉球共和国へのかけ橋」。背伸びしてこれを手に取ったときから、慣れ親しんだ沖縄の風景が、徐々に、それまでとはちがって見えるようになっていった。それは、素朴な疑問を忘れないこと、そして、問いを発する行為そのものの重要性を、この書物から学んだからだと思う。

なぜ目の前に基地があるのか。わたしは、どこかで、このような素朴な疑問をいだいていたと思う。だが、いつのまにか、疑問をいだいたことさえも忘れていたのだった。忘れていた素朴な疑問に対する答えをさがして、つぎに手にしたのは、一九八一年当時は文庫本で入手可能であった東峰夫や大城立裕の諸作品、そして、その年に刊行された又吉栄喜『ギンネム屋敷』であった。これが本書へといたるわたし自身の試行錯誤のはじまりである。

生まれたときから基地は目の前にあった。米軍基地の金網はあまりにも当たり前の風景であった。同時に、わたしは、あまりにも無知であった。基地を当たり前の風景と感じること。それを無知というのである。無知とは、つくりだされるものである。問わないこと。それが無知をつくりだす。基地の金網に疑問をもたないこと。それが、当たり前という無知をつくりだす。当たり前という無知は、沖縄人からたくさんのものを奪う。

なぜ米軍基地はわたしが生まれたときから目の前にあったのか。素朴な疑問を忘れていたわたしは、基地を、あたかも自然現象のように、あるいは、沖縄人の運命であるかのように錯覚していた。それを無知というのである。逆に、知性は、問いを発することではじめて身につけることができる。素朴な疑問を大切にしないかぎり、知性を得ることはできない。無知とは、知識のないことではない。問いのないことこそ無知なのだ。「私の身体よ、いつまでも私を、問い続ける人間たらしめよ！」（フランツ・ファノン）

なぜ米軍基地はわたしが生まれたときから目の前にあったのか。この問いが「一卵性双生児」であることに気づいたのは、日本で大学生活を送っているときだった。きわめて対照的な双子のもう一方はこうだ。なぜ米軍基地は日本人が生まれたときから目の前になかったのか。一九八〇年代、このような問いを発する日本人を、わたしはひとりも見たことがなかった。そのような日本人は今もたいへん少ないのだが、基地のない日本の風景を当たり前と感じること。それを無知というのである。問わないこと。それが無知をつくりだす。そして、当たり前という無知は、沖縄人からたくさんのものを奪うのだ。

米軍基地のない日本の風景を当たり前とする日本人は、米軍基地のない沖縄の風景を沖縄人から奪っている。わたしが生まれたときから基地が目の前にあったのは、日本人に基地のない沖縄を奪われていたからなのだ。このような現実に植民地主義という名前がつけられていることを知ったのは、今は亡き二人の黒人に書物を通して出会ったからである。フランツ・ファノン、そして、マルコムX。二人を読んで、わたしは思った。これは沖縄だ。沖縄人だ。

この二人は、ただただ平等を求めただけの被植民者であった。その途上で、ひとりは病に倒れ、ひとりは銃弾に倒れた。平等を表向き否定する者は少ない。だが、同時に、被植民者との平等を積極的に実現しようとする植民者も少ない。二人の死は、この現実を証明する死でもあった。そして、沖縄人との平等を積極的に実現しようとする日本人もいまだに少ない。このことによって、右に述べた植民者の現実は何度も証明されつづけているのである。

さて、たくさんの日本人がわたしに対して何百回と投げかけてきた問いがある。その問いに対して、わたしはその都度真剣に応答してきたと自負している。その問いとは、「おまえはなぜ沖縄を研究するのか」「おまえはだれなのか」というものである。これを翻訳すると、「おまえはどんな資格で、どんな目的のために研究しているのか」となるだろう。これについては本書においても存分に応答したつもりなのでくり返さないが、わたしにとって興味深いのは、同じ問いを日本人に投げ返した場合である。実は、多くの日本人研究者が、この同じ問いを向けられるのを毛嫌いするのだ。「わたしにそんなことを問うな！」とばかりに逆ギレし、問いそのものを封じようとする日本人はきわめて多いのだ。同じ問いを沖縄人に対しては平気で投げかけるにもかかわらず。すなわち、沖縄人を不平等に処遇することが意識もしないほど当たり前になっているのだ。学問においても、日本人の多くは、沖縄人との平等を実現しようとしていないのである。そのような学問が信頼できるものからほど遠いのはいうまでもない。

本書の大部分は、このような日本人の無意識の暴力性について、社会学的な手法によって記述したものである。社会学の世界で有名なことばでいえば「debunking＝暴露」である。無意識は暴露されることによって意識化されなければならない。なぜなら無意識は危険だからだ。日本人が植民地主義という危険な暴力を手放すためには、まずは日本人自身の植民地主義を意識しなければならない。日本人が自身の植民地主義を意識することは、日本人が植民地主義から解放されるために必要なプロセスなのである。またそれは、沖縄人が植民地主義から解放されるために必要なプロセスでもある。日本人は、日本人であることをやめることはできないが、植民者であることは確実にやめることができる。植民地主義と訣別しよう。そして、平等を実現しよう。本書で主張したかったことを一言で表わすとすればこれにつきる。

本書のはじまりは、二〇〇二年一月二七日のことであった。この日、幸運にも橋本育さんと再会する機会にめぐまれたからこそ本書は生みだされたのである。筆と決断の遅いわたしを根気よく励ましつづけ、的確なアイディアをもって執筆作業に伴走してくれた橋本育さんに、いちばん最初に感謝申し上げたい。また、「関東沖縄青少年の集い・ゆうなの会」と「関西沖縄青年の集い・かじまるの会」との交流で出会った沖縄人の先輩、関西沖縄文庫の金城馨さんに感謝したい。馨さんに学んだこの二〇年の経験は本書を執筆する上での活力源であった。そして、わたしにいつも元気を与えてくれるもっとも大切な存在は、野村早苗と野村有那である。わたしと一緒に沖縄に帰国できる日を夢見ている二人の沖縄人に大感謝。この他にも多くの方々にお世話になった。ひとりひとりお名前をあげるのは控えさせていただくが、感謝の気持だけはお伝えしておきたい。

二〇〇五年二月二八日
野村浩也

増補　無意識の植民地主義は続いている

増補　安保は東京で起きてるんじゃない、沖縄で起きてるんだ！

――報道の責任について

「沖縄の二つの新聞はつぶさないといけない」「（沖縄二紙の）牙城の中で沖縄の世論はゆがんでいる」。自民党の若手議員の勉強会で、講師の百田尚樹氏や出席議員から飛び出した数々の暴言は、沖縄タイムスと琉球新報が真実を報道し、権力監視の責務を全うしているまぎれもない証拠である。権力に嫌われてこその権力監視だからだ。

しかも二紙は「沖縄の世論をゆがめている」のではなく、逆に世論に突き動かされている。攻撃されたのは新聞というよりも沖縄人なのである。

度重なる選挙結果が示すように最近の沖縄世論の動向は、辺野古新基地建設計画をはじめとする政府の政策の失敗を物語っている。それは基地が集中する沖縄が集団的自衛権行使容認によって軍事攻撃の対象となることへの深刻な危機感の表れでもある。

この民意が邪魔だからこそ政権側が攻撃してくるのだ。今回の暴言は、安倍晋三政権の本音を代弁したと言えるだろう。

沖縄でのおびただしい基地被害や、辺野古新基地反対運動への暴力的弾圧、日本軍の基地があったがゆえに膨大な民間人犠牲者が出た沖縄戦の実態などが全国につぶさに報道されれば、現在国会審議中の安保関連法案など一気に吹き飛んでしまうかもしれないからだ。

ところが、沖縄の基地問題をめぐる沖縄以外での報道はあまりに少なく、メディア自身が安保を理解できているのか疑わしい。

「安保は東京で起きてるんじゃない。沖縄で起きてるんだ！」

映画のせりふではない。事実だ。日米安保条約に基づき存在する在日米軍基地の約七〇パーセントが沖縄に押しつけられた結果、安保に起因する問題の圧倒的多数は沖縄で発生している。すなわち「安保の現場」は首相官邸や防衛省ではなく沖縄なのだ。

ところがこの基本中の基本を多くのマスコミが理解せず、一地方のローカルニュースとしか思っていないようにみえる。

たとえば、二〇〇四年八月一三日に米軍ヘリが沖縄国際大学に墜落したときも、沖縄二紙は即座に号外を配布したが、翌日の東京紙が一面で大きく取り上げたのはプロ野球の巨人軍オーナー辞任のニュースであった。

これでは、政府の安保政策を監視できるはずがなく、メディアの多くは国民の安保を知る権利を裏切ってきたといっても過言ではない。

この延長線上で起きたのが今回の暴言である。安保の現場を十分に報道してこなかった結果、「商売目的で普天間飛行場の周囲に住み始めた」等のヘイトスピーチとも言える事実無根の差別言説の流通に手を貸してしまったのだ。

これは、基地問題を報道しないことによって、報道機関自身が新たに作りだした「もうひとつの基地問題」と言える。メディアは、今こそ報道の自由を存分に行使し、安保の現場を詳細に報道すべきだ。

初出：「安保の現場は沖縄に：本土メディアの責任」『中国新聞』二〇一五年七月一〇日朝刊（共同通信配信）

増補　ジャーナリズムの役割とヘイトスピーチ
――基地問題を報じないという基地問題

沖縄の基地問題は日本側のメディアでどう位置づけられ、読者はどのように受け止めているのだろうか。基地問題が中央でも大きく取り上げられ、沖縄の新聞記事が大手ニュースサイトにも載るようになった。理性的な意見も寄せられるが、読むに堪えないようなコメントも多く散見される。これはどういう心理によるものなのか。沖縄出身で広島修道大学で教授を務める野村浩也氏（社会学）に聞いた。

――沖縄の基地問題の沖縄以外での報道のされ方、市民のとらえ方をどう見ていますか。

野村　元外務省主任分析官の佐藤優さんが全国紙幹部のこのような発言を紹介しています。

「客観的にみて、日本政府は沖縄に植民地政策を取っている。沖縄が自己決定権を要求するのは当然の流れだ。辺野古の新基地建設は県民の受忍の限度を超えている。しかし、この種の話に日本人読者は生理的に忌避反応を覚える。何とか大多数の読者に受け入れられる言葉を見つけたい」［佐藤、二〇一五］。

つまり、「読者が求めていないので基地問題はあまり報道しない」ということでしょう。読者の多くも、沖縄報道の重要性を認識していないといえるでしょう。要するに、沖縄以外でまともに報道されることがないというのが報道のされ方の実情です。多くの記者も市民もニュース性がないと思っていると言っても過言ではないでしょう。

――二〇〇四年八月に沖縄国際大学にヘリが墜落したときも、五輪報道などに比べ全国紙やテレビニュースの扱いは大きくなかったですね。

野村　沖縄では「ヘリ墜落」の号外が出ましたが、実は東京でも号外が出ていたのです。号外といっても「ナベツネ辞任」でしたが。日本のマスコミにとって、プロ野球球団のスキャンダルの方にニュース性があって、沖縄の学生の生死にかかわる事件はニュース性がなかったわけです。ただし問題は、市民にとって、はたして本当にニュース性がないのかということです。

また、注意すべきは、前出の幹部が「この種の話に日本人読者は生理的に忌避反応を覚える」

と述べている点です。そして、「大多数の読者に受け入れられる言葉を見つけたい」に関しても、本当に「言葉」の問題なのかどうか。いずれも再検討すべき重大な問題だと思います。

――沖縄地元二紙の記事が中央のニュースサイトに掲載されると、本筋とは関係ないヘイトスピーチにも似たコメントや書き込みが散見されます。この現象についてどうお考えでしょうか。

野村　まず言えるのは、沖縄地元二紙が真実を報道している証拠だということです。大手サイトでたまにしか真実が報道されないと、真実の重さに耐えられない読者が出てきてもおかしくないからです。

真実は、うれしいことや楽しいことばかりではありません。なかには、不都合なことや否定したいことだってあります。つまり、真実に向き合うのは時に苦しく不快なのです。読者自身の不都合な真実に迫る記事であればなおさらです。そういう記事に「日本人読者は生理的に忌避反応を覚える」からヘイトスピーチにも手を出すのです。

この反応に対しては、どんなに「読者に受け入れられる言葉を見つけたい」と頑張っても無駄です。言葉ではなく、真実に対する忌避反応だからです。そもそも真実を受け入れたくないのです。

沖縄地元二紙の在日米軍基地報道に対するヘイトスピーチ的言動は、大手新聞やテレビ番組にすら散見されます。それは、日本人の不都合な真実だからです。不都合な真実と向き合うのは苦しく不快であるがゆえに、手っ取り早く否認しようとするのです。この現象を理論化したのがジークムント・フロイトです。

――「日本人の不都合な真実」とは、具体的にはどういうことでしょうか?

野村　沖縄人に基地を押しつけているということです。ヘイトスピーチ的言動をするのも、この真実と向き合うことができないからです。真実と向き合うのが苦しいからです。

ところで、さっきの全国紙幹部のいう「生理的忌避反応」は、フロイトの概念では、社会的心理的反応としての「防衛機制」に該当します。防衛機制はおおまかに五つに分類されます。「投射」「退行」「抑圧」「昇華」「合理化」です。

ヘイトスピーチの特徴のひとつは、その罵声で相手を沈黙させようとすることです。つまり、「黙れ!」と言っているわけです。これに該当するのが「抑圧」という防衛機制です。不都合な真実と向き合うのが苦しいがゆえに、真実そのものを消し去ってしまおうとするのです。その意味で、ヘイトスピーチも防衛機制の一事例と考えることができます。そして、真実と向き合う苦しみを説明する概念が「存在論的不安」です。防衛機制に逃げ込むのも存在論的不安に陥っているからです。そうやって無意識的に束の間の安心を手に入れようとするのです。「無意識」とは、フロイトによると、「自分が自分をだますプロセス」のことです。意識していたらそもそもだましは成立しません。そして、自分が自分をだます具体的な方法が防衛機制です。
ですから、ヘイトスピーチ的言動をする人の多くが、自分の言動をヘイトスピーチと思っていないわけです。ただし、存在論的不安から真に解放されるためには、真実を受け入れる以外に方法はありません。真実を受け入れることができず、防衛機制に逃げ込んでいるかぎり、必ず存在論的不安に逆戻りすることになります。ヘイトスピーチを繰り返すほかないという悪循環に陥ってしまうのです。

――そもそも政府の意見に反論したり、政策を批判したりするなど権力の監視は報道機関の重要な役割の一つですが、それに「反日」「非国民」などのレッテルを張り、攻撃してくるような状況があります。

野村　マス・メディアが「反日」「非国民」という言葉を使って同業他社を攻撃するならメディアの自殺行為と言うほかありません。その言葉が第二次大戦前に報道の自由を破壊した呪いの言葉だからです。ヘイトスピーチの原形とも言えるでしょう。
大手サイトの書き込みを含む沖縄二紙に対する攻撃についても、実は防衛機制概念で説明することができます。具体的には「投射」という防衛機制です。これはインターネット上の国語辞典にも掲載されている有名な概念なので引用しておきましょう。

「自分の感情や性質を無意識のうちに他人に移しかえる心の働き。たとえば他人に敵意を抱いている時、逆に相手が自分を憎んでいると思い込むなど」（『スーパー大辞林』）

要するに、責任転嫁です。よく考えてみると、もし仮に「反日」や「非国民」と呼ばれるべき人がいるとするならば、それは日本人しかいません。七〇パーセントもの在日米軍基地を沖縄人に押しつけて、安保の負担から逃れているからです。その点、沖縄人の方がよっぽど「愛国」的かもしれません。この不都合な真実が意識に上ってこないように、沖縄人に責任転嫁するのです。そのための具体的な方法が、沖縄人の方に逆に「反日」「非国民」と罵声を浴びせることです。これが投射という防衛機制です。そうやって存在論的不安から逃れようとするわけです。

——メディア側が政権の意向を忖度し、報道や発言を自制しているのではという指摘もあります。

野村　ジャーナリズムの責務は権力の監視です。政権の意向を忖度するなんて、自殺行為であると同時に、国民の知る権利に敵対する行為であり、意識しているかどうかにかかわらず、読者に対する裏切りです。世界のジャーナリズムの基準からすると、安倍政権になってからの日本のメディア状況の異常さは「ファシズム前夜」と言っても過言ではありません。政権を忖度する一部マス・メディアは、もはや権力監視機関とは言えません。政府の広報機関と考えるべきでしょう。したがって、他の報道機関が監視しなければなりません。

実際、政府と一体かのように「辺野古が唯一の選択肢」を検証せずに繰り返すマス・メディアが存在します。では、なぜ彼／彼女らは、まるで思考停止したかのように他の選択肢を考えようとしないのでしょうか。これには、ジョージ・バーナード・ショーの説明が参考になります。

「ポールに金を払うためにピーターから金を奪う政府は、常にポールの支持を当てにできる」

これは、国民の一部を犠牲にして成立する政治システムのことを言っています。日本国政府は、「ピーターから金を奪う」かのごとく、国民人口の一パーセントにすぎない沖縄人に約七〇パーセントもの在日米軍基地負担を押しつけて安全を奪っています。「ポールに金を払うために」と同様に、日本人に安全を提供するために沖縄人から安全を奪っているのです。つまり、人口の九九パーセントを占める日本人は、前に述べたように、沖縄人を犠牲にして日米安保の負担から逃れているのです。こうして、ショーの言う政府が「常にポールの支持を当てにできる」ように、日本国政府は、常に日本人の支持を当てにできるのです。この日本人には、当然、マスコミ人も含まれますから、政府を支持することがマスコミ人自身の利益にもなるわけです。

ここで強調しておきたいのは、「ピーター」にとっての権力はけっして政府だけではないということです。社会学的には、「ポール」もまた権力以外の何ものでもありません。すなわち、一般の日本人も、沖縄人に対する権力なのです。したがって、沖縄二紙は、政府のみならず日本のマスコミに対する監視を通して日本人をも監視する必要があります。けっして忖度してはなりません。

——十分な勉強や検証もせずに、ヘイトスピーチ的な書き込みを鵜呑みにする人がいます。沖縄県内の大学生でさえそういう現象が起きていると聞きます。

野村　もちろん、ヘイトスピーチ的な書き込みも権力であり、当然、監視の対象です。その分析も権力監視の方法ですし、分析結果を定期的に紙面やホームページで公開し、政府政策の是非と併せて議論を喚起すべきです。

また、そういった書き込みを鵜呑みにする大学生がいること自体も、分析を必要とする構造的な問題です。新聞だけの責任ではありませんし、嘆いてばかりでは問題解決も望めません。そもそも在日米軍基地問題や日米安保の情報は、高校までの教科書にはほとんど出てきません。ですから、授業でもなかなか取り上げられません。つまり、学校教育の構造上、高校まででは学べないと言っても過言ではないのです。沖縄も例外ではありません。事実上教員の個人的努力に委ねられており、構造的な限界があるからです。それに、テレビとネットだけの情報環境では安保や基地問題はけっしてわかりません。沖縄に生まれて住んでいる人であろうとも、沖縄の新聞を読まないかぎり、基地問題を十分に理解することはできないのです。したがって、ネット情報を鵜呑みにする沖縄の大学生がいるのも何ら不思議なことではありません。ただし、せっかく大学に進学したのですから、学生はこれから勉強すればよいのです。

その点、大学教員の責任は重大です。沖縄の大学教員は、授業を通して沖縄の新聞を読む習慣を学生に身につけさせなければなりません。そうしないと、十分な勉強や検証もせずにネットの書き込みを鵜呑みする傾向に対処できません。

――こうした現象はすべてインターネットの普及以降に顕在化してきたと思われます。誰もが意見を発信でき、誰でもメディアになれる時代に、沖縄問題の報道の在り方はどうあるべきとお考えでしょうか。

野村　インターネットの普及はデマや偽情報の発信も容易にしました。これは重大な変化です。なぜなら、正確な報道の価値がより高まったことを意味するからです。このことと直接関連する問題を、先ほど紹介した佐藤優さんの論考から引用します。

「（全国紙の記者は）東京の官邸、防衛省、外務省を回れば辺野古の記事ができると思っている」［佐藤、二〇一五］。安保は首相官邸や防衛省や外務省で起きているのではありません。沖縄で起きているのです。安保の現場は東京ではありません。沖縄です。七〇パーセントもの在日米軍基地を沖縄に強制的に集中させた結果、安保に起因する問題の大多数が沖縄で発生せざるをえなくなっているからです。ところが、この基本中の基本を大手全国メディアはまったく理解していません。

安保の現場を知らずして安保を語ることはできません。したがって、沖縄を知らずして安保を語ることはできません。にもかかわらず、大手全国メディアは、沖縄をまともに取材しようとしません。新聞社もテレビ局も通信社もごくわずかな記者しか沖縄に配置していません。その結果、日本のマス・メディアにどんなに目を凝らしても日米安保について満足に知ることができない状況となっています。日本の新聞やテレビを見ても日米安保はわかりません。日米安保を深く理解しようと思えば、世界的にみても、沖縄の新聞二紙を読む以外に方法はありません。その意味で、日米安保をもっともよく理解しているのは沖縄の新聞二紙の記者であり読者です。たとえ地球の裏側にいようとも。米軍基地問題は、けっして「沖縄の基地問題」ではありません。「日本の基地問題」です。それは、「日米安保の問題」だからであり、「安保の現場の問題」だからです。「沖縄問題」ではなく、「日本問題」なのです。地方の問題ではなく、全国の問題です。けっしてローカルニュースではなく全国ニュースであって、首相官邸や防衛省以上に毎日報道しなければならないニュースです。

ところが、全国メディアの報道人自身が一地方の問題かのごとく錯覚しているから、安保の現場たる沖縄をまともに取材したためしがありません。安保の現場を取材しなければ安保の報道は不可能です。安保を報道しなければ、権力を監視することもできません。つまり、沖縄を取材しないかぎり、安保の正確な報道もできなければ、日本国政府の安保政策を監視することもできません。したがって、安保に関するかぎり、大手マス・メディアは、報道機関の責務を果たしていないと言わざるをえません。

安保の現場をろくに取材してこなかった結果、「もうひとつの安保問題」を引き起こしているのが日本のマスコミだといえるでしょう。つまり、安保の実質的な報道をしないという問題です。いいかえれば、「基地問題を報道しないという基地問題」です。これは、マス・メディア自身が作り出した新たな基地問題であり、「もうひとつの基地問題」です。

――沖縄の未来図を描くとき、基地をどうするかは不可欠な議論だと思われます。一方で、少なくとも若い世代には、基地問題を友人との会話でも話すことの「怖さ」があるようです。オープンに議論するための方策はあるでしょうか。

野村　沖縄のみならず日本の未来図を描くときに不可欠なのが基地の県外移設を議論し、広く報道することです。今ではすっかり沖縄の多数意見となった感のある基地県外移設論についても、かつては話すことの「怖さ」が強烈にありました。沖縄においてすら圧倒的少数派だったし、日本人からも沖縄人からも攻撃されてきたからです。

そんな県外移設論が、今や沖縄県知事の選挙公約にまでなったのです。それは、多くの沖縄人が県外移設を主張し続けてきた結果です。主張することによって、怖さを克服したのです。しかも、基地関連交付金、軍用地主や基地従業員といった基地で収入を得ている人々が厳然と存在し、基地問題を友人との会話で話すことにさえ怖さやためらいがあったにもかかわらず、それを克服して強くなったのです。

そういった沖縄人ひとりひとりの努力が、鳩山元首相に「最低でも県外移設」と言わせ、オスプレイ強行配備に「建白書」をもって「オール沖縄」で立ち上がることを可能にし、辺野古新基地建設に反対する沖縄県知事、名護市長、国会議員を生み出したのです。さらに、最近の「知事・首相会談」および「知事・官房長官会談」における翁長雄志沖縄県知事の希代の名演説も、県外移設の主張を通じて強くなったすべての沖縄人の努力が原動力になったと言っても過言ではありません。この経験は、それこそオープンな議論を通じて、若い世代に伝えるべき沖縄人の財産です。

初出：『沖縄タイムスプラス』二〇一五年五月二六日（https://www.okinawatimes.co.jp/articles/-/50169）

増補　無意識の植民地主義は続いている！
——県民投票の無視をめぐって

「シカト」といういじめ方が残酷なのは、そこにいる人間を存在しない人間のように扱うことで、「おまえはもう死んでいる」と無言のうちに告知しているからです。「殺してやる」というのなら、まだこっちは生きているわけですから、対処のしようもありますけれど、「死んでいる」と言われてしまうと、もう手も足も出ません。［内田、二〇〇五、一一五頁］

岩屋毅防衛大臣のことだ。

大臣の発言[★48]は、もはや、暴力だ。沖縄人が傷つくのも当然だ。傷つくのは、人間として極めて正常な反応だ。暴力に傷つかない人間はいないからだ。

岩屋大臣は、県民投票の結果をあらかじめ無視すると決めていた。沖縄人の民主主義に対して、「おまえはもう死んでいる」とあらかじめ死亡宣告していたのだ。

沖縄人の民主主義の存在を全否定する今回の発言は、前回の「沖縄には沖縄の、国には国の民主主義がある」という発言と整合している。両者をまとめて翻訳すると、「国の民主主義は、沖縄の民主主義を含まない。なぜなら、存在しないからだ」と言っているのだ。

沖縄人の民主主義を全否定できるのは、あらかじめ沖縄人の存在を否定しているからだ。ただし、岩屋防衛大臣は、安倍晋三総理大臣をはじめとする政府の「沖縄人は国民ではない」という非公式見解を代弁したにすぎない。あるいは、無意識的見解といってもよいだろう。

その証拠は政府の行為にある。三度の知事選で辺野古埋め立てに反対しても、埋め立てを強行しているのがそれだ。国民としての存在を認めていれば、絶対にできない行為だ。実際、他の都道府県に対しては絶対にしない。

なぜか。国民としての存在を認めているからだ。沖縄人をそもそも国民として認めていない以上、政府にとって、県民投票の結果をあらかじめ無視すると決めるのはあまりにも当然すぎることなのだ。

あまりにも当然すぎるのは、無意識的に沖縄人の国民としての存在を認めていないからだ。あるいは、沖縄人を国民として認めないことがあまりにも当然すぎて意識することもないといってもよいだろう。

国民としての存在を認めないこと。これを差別という。ただし、それは無意識的である。

差別のほとんどは無意識的になされる。そして、無意識だからこそ、より悪質で深刻なのだ。無意識的になされる以上、差別者は、自身の行為を差別とは意識しない。したがって、差別者が自ら差別をやめる可能性もないに等しい。だからこそ、他者が差別を指摘して意識させなければならないのである。

差別を言葉で表現すること。これを差別発言という。岩屋大臣の発言は、典型的な差別発言である。ただし、無意識的に発言しているので、ご本人は決して差別とは思っていない。

差別発言が問題なのは、発言という行為自体が暴力へと転化することがあるからだ。差別発言は、行為遂行的に差別を正当化する。差別が正当化されると、差別の終わりがみえなくなる。だから、差別される側が傷つくのだ。このとき、差別発言はまぎれもない暴力として機能している。差別発言とは、それ自体が差別行為なのだ。

差別行為は、差別発言に限らない。他に対してはやらないか、できないことを行なうことも差別行為である。その典型が、米軍基地の押しつけであり、辺野古の埋め立てであり、県民投

★48　岩屋毅防衛大臣は、二〇一九年二月二四日に実施された辺野古の米軍基地建設のための埋め立てに対する賛否を問う県民投票の結果にかかわらず「あらかじめ事業について継続すると決めていた。安倍晋三首相への報告は逐次行い、了解をいただいていた」と参院予算委員会で説明した（『琉球新報』二〇一九年三月六日）。

票結果の無視である。これらは、すべて暴力である。

より正確には、差別的暴力である。実際に沖縄人に多大な被害をもたらし、沖縄人の心を深く傷つけているからだ。ところが、このような行為は、他の都道府県に対しては絶対にやらないし、できない。無意識的に、国民としての存在を認めているからだ。

このように、沖縄人の国民としての存在を認めない差別は、すでに、大きな暴力へと発展している。社会学的には、差別が制度化されているといっても過言ではない。多数者の少数者への差別の制度化。これを植民地主義という。

そして、この植民地主義体制を無意識的に支えている張本人こそ、一人一人の日本人にほかならない。一人一人の日本人が、無意識的に、沖縄人を同じ国民として扱っていないからだ。一人一人の日本人が、無意識的に、沖縄人を差別しているからだ。

七〇パーセントもの在日米軍基地を押しつけている事実を意識せず、基地の引き取りすら主張しない日本人が圧倒的多数であることが何よりの証拠だ。この日本人の無意識を意識へと転換させるために、県民投票は実施されたのだといっても過言ではない。

日本人よ、基地を引き取って植民地主義と訣別しよう！　内田樹さん、あなたもだ！

初出：「防衛相発言、沖縄人への死亡宣告と同じ　悪質な無意識的な暴力で差別」『琉球新報』二〇一九年三月八日

増補　現代の「朝鮮人・琉球人お断り」事件
――基地の話題を封じる差別

「基地の話はするな！」と広島市内の常連の居酒屋を実質的に追い出されたのは、五月一三日のことだ。「朝鮮人・琉球人お断り」をほうふつとさせる明白な差別事件である。

事件の経緯はこうだ。沖縄から広島旅行中の客三人（沖縄人一人、日本人二人）のうちの日本人一人が、まず、わたしに対して「沖縄大好きハラスメント」で絡んできた（差別1）。わたしは、「そんなに沖縄が好きなら基地を引き取ってください」と対応した。

さらに、沖縄人（仮にA氏とする）の方が県民投票に行かなかったことを自慢気に話したので、私が反論すると、A氏は逆ギレして「基地の話はするな！」と「炎上」した（差別2）。「広島に来てまでどうして基地の話をされなければならないのか」と。

その場を見た日本人店主（仮にB氏とする）は、わたしに絡んだA氏らをたしなめるのではなく、逆にわたしを「この店で基地の話はしないでください！　喧嘩になりますから」と攻撃してきた。「わたしは喧嘩してませんよ。どうして基地の話をしてはいけないんですか？」と尋ねると、「俺の店だからです」と答えた。

「では、わたしに出て行けと言うのですか？」と尋ねると、店主は無言で肯定した。このままではA氏の「炎上」も収まらず、他の客にも迷惑だと思ったので、わたしは「お会計お願いします」と言わざるをえなかった。すると、店主B氏は、鬼の形相で速攻で伝票計算を終えて私に差し出した。こうして、絡んできた側のA氏らではなく、逆にわたしの方が実質的に店を追い出されることとなったのである（差別3）。

これは、前代未聞の差別事件である。沖日合作の「朝鮮人・琉球人お断り」事件だからだ。まず「沖縄大好きハラスメント」（差別1）について、初対面の他者に対して「東京大好き」とか「広島大好き」を連呼する日本人はほとんどいない。初対面の人に「あなたのことが大好きです」と言われたら、多くの人が気持ち悪く感じて当然だからだ。

はたして沖縄人は、それを気持ち悪く感じる権利もないのだろうか。つまり、これは「ほめ殺し型」の差別なのだ。しかも基地の押しつけという差別を行使している側の日本人がそれを言ったのだから、論理的には「基地を押しつけておける沖縄が大好き」という意味になってしまうのである。

日々、基地に命を脅かされている沖縄人は、最低限、基地の話をしないと命を守ることができない。これは、生存権に関わる問題である。したがって、「基地の話をするな！」は、極めて重大な人権侵害にほかならない（差別2）。たとえ自分の店であろうとも、人権侵害は許されない。基地の話をさせないことは、沖縄人の命を危険にさらす行為だからだ。こんなことでは、子どもたちを守ることができない。したがって県民投票に行くことも、どちらに票を投ずるにせよ、子どもたちの命を守るための沖縄人の大人の最低限の責任だ。

また、沖縄に帰国したくてもできない沖縄人はたくさんいる。さらに、県民投票に行きたくても行けない在日沖縄人もごまんといる。沖縄から遠く離れていようと、沖縄人は基地から逃れられないからだ。投票には、この人たちの分の価値もある。それなのに、この事実も知らず投票にも行かなかったとなると、投票権のない沖縄人のことを最初から暴力的に切り捨てていたに等しい。

さて、基地の話は、必ずしも喧嘩に発展しない。喧嘩の原因は他にもたくさんあるからだ。したがって店主B氏は「喧嘩をしないでください」とだけ言えばよかったのである。実際、わたしは喧嘩をしなかった。にもかかわらず基地の話だけを禁止したがゆえに差別に該当するのである（差別2）。

翌日、わたしは再びB氏の店を訪れた。差別をやめさせるためだ。結果、B氏は、上記の説明を真剣に聴いてくれた。そしてわたしに深々と謝った。（差別2）（差別3）がこの店で解消した瞬間である。

みずからの差別を自覚できたがゆえに、日本人B氏は、沖縄人に対する対面的差別をやめることができた。今後B氏の店で沖縄人が差別されることは一切ないだろう。それどころか、基地の話も大歓迎されるだろう。わたしは沖縄人として、B氏から希望をもらうことがきた。日本人は、沖縄人に対する差別をやめることができる。そのまぎれもない証拠がB氏だからだ。したがって、日本人は、基地の押しつけという差別も確実にやめることができるだろう。沖縄人への差別をやめるために基地を引き取ることも確実にできるだろう。

初出：基地の話「封じ」は差別　生存権にかかわる問題〈寄稿・追い出された経験から〉『琉球新報』二〇一九年六月一四日

文献一覧

Ahmad, Eqbal, 2000, *Confronting Empire: Interview with David Barsamian*, South End Press. ＝イクバール・アフマド、二〇〇三、大橋洋一・河野真太郎・大貫隆史訳『帝国との対決』太田出版

新垣誠・野村浩也、二〇〇二、「［対談］暴力の現場から：「語り返し」の可能性をめぐって」『部落解放』第五〇七号

新川明、一九七〇、「「非国民」の思想と論理：沖縄における思想の自立について」谷川健一編『沖縄の思想』叢書わが沖縄第六巻、木耳社

――、一九七一、『反国家の兇区』現代評論社

――、一九九六、『反国家の兇区：沖縄・自立への視点』社会評論社

新崎盛暉、一九九三、『「脱北入南」の思想を』凱風社

――、一九九六、『沖縄現代史』岩波書店

バオ・ニン、二〇〇三、「戦争をもって戦争を収拾することはできない」『アジア新世紀2　歴史：アジアの作られかた・作りかた』岩波書店

知念ウシ、二〇〇二a、「本のひろば／知念ウシ⑩」『週刊金曜日』第四〇〇号

――、二〇〇二b、「のしかかる「日本の眼差し」：私たちの癒しの島どこに」『朝日新聞』二〇〇二年五月一四日（夕刊）

――、二〇〇二c、「空洞の埋まる日」『部落解放』第五〇七号

Chomsky, Noam, 2000, *A New Generation Draws the Line: Kosovo, East Timor and the Standards of the West*, Verso. ＝ノーム・チョムスキー、二〇〇三、角田史幸・田中人訳『新世代は一線を画す』

こぶし書房
チュン・リー、二〇〇一、「桃太郎になれなかった鬼子は〈問い〉の無限旋律を生きる」『EDGE』第一二号
Fanon, Frantz., 1952, *Peau noire, masques blancs*, Ed. du Seuil. ＝フランツ・ファノン、一九九八、海老坂武・加藤晴久訳『黒い皮膚・白い仮面』みすず書房
――,1959, *La sociologie d'une révolution*, Maspero. ＝フランツ・ファノン、一九八四、宮ヶ谷徳三・花輪莞爾・海老坂武訳『革命の社会学』みすず書房
――,1961, *Les damnés de la terre*, Maspero. ＝フランツ・ファノン、一九九六、鈴木道彦・浦野衣子訳『地に呪われたる者』みすず書房
Foucault, Michel., 1975, *Surveiller et punir: Naissance de la prison*, Gallimard. ＝ミシェル・フーコー、一九七七、田村俶訳『監獄の誕生：監視と処罰』新潮社
我部政明、二〇〇〇、『沖縄返還とは何だったのか』日本放送出版協会
林茂夫・松尾高志編、二〇〇二a、『写真・絵画集成　日本の基地　第一巻　沖縄の基地』日本図書センター
――、二〇〇二b、『写真・絵画集成　日本の基地　第二巻　本土の基地』日本図書センター
――、二〇〇二c、『写真・絵画集成　日本の基地　第三巻　戦場と後方』日本図書センター
――、二〇〇二d、『写真・絵画集成　日本の基地　第四巻　住民と基地』日本図書センター
比嘉慂、二〇〇三、『カジムヌガタイ：風が語る沖縄戦』講談社
伊高浩昭、二〇〇二、『沖縄：孤高への招待』現代書館
池澤夏樹、一九九八、「普天間基地を鹿児島県馬毛島へ移転せよ」『現代』第三二巻第四号

――――、二〇〇四、「沖縄を離れるにあたって」『Wander』第三六号
池澤夏樹／ダグラス・ラミス／野村浩也、二〇〇二、「[鼎談] 沖縄から有事を問う」『世界』第七〇一号
石井政之、二〇〇三、『肉体不平等：ひとはなぜ美しくなりたいのか？』平凡社
掛札悠子、一九九七、「抹消（抹殺）されること」河合隼雄・大庭みな子編『家族と性』岩波書店
カマドゥー小たちの集いメンバー、二〇〇〇、「[座談会] 肝を据えた女たち」『けーし風』第二六号
姜尚中・岡真理、一九九九、「ポストコロニアルとは何か」『思想』第八九七号
加藤節、一九九九、『政治と知識人：同時代史的考察』岩波書店
金城馨、二〇〇三、「文化を理解するとはどういうことか」『まねき猫通信』第九号、関西障害者定期刊行物協会
國政美恵、二〇〇四、「ヤマトのあなたへ」『けーし風』第四四号
心に届け女たちの声ネットワーク、二〇〇〇、「[即興劇] 基地のタライ回しはやめてよ！」『けーし風』第二六号
小山真理子、二〇〇二、「池澤氏に対する知念氏の言葉に残念な思い」『週刊金曜日』第四〇四号
Loomba, Ania, 1998, *Colonialism/Postcolonialism*, Routledge. ＝アーニャ・ルーンバ、二〇〇一、吉原ゆかり訳『ポストコロニアル理論入門』松柏社
ダグラス・ラミス、二〇〇三、『なぜアメリカはこんなに戦争をするのか』晶文社
Malcolm X, 1965a, *The Autobiography of Malcolm X*, ed. Alex Haley, Grove Press. ＝マルコムX、二〇〇二、濱本武雄訳『完訳マルコムX自伝（下）』中央公論新社
――――, 1965b, *Malcolm X Speaks: Selected Speeches and Statements*, ed. George Breitman, Merit

Publishers. = マルコムX、一九九三、長田衛訳『マルコムX・スピークス』第三書館
———, 1970, *By Any Means Necessary: Malcolm X Speeches and Writings*, ed. George Breitman, Pathfinder Press. = マルコムX、一九九三、長田衛訳『いかなる手段をとろうとも：マルコムX』現代書館
又吉洋士、二〇〇一、「一枚の写真にみる標準語励行の功罪」『EDGE』第一二号
目取真俊、二〇〇一、「希望」『沖縄／草の声・根の意志』世織書房
Memmi, Albert., 1957, *Portrait du colonisé précédé du portrait du colonisateur*, Buchet/Chastel. = アルベール・メンミ、一九五九、渡辺淳訳『植民地：その心理的風土』三一書房
———, 1994, *Le racism*, Gallimard. = アルベール・メンミ、一九九六、菊地昌実・白井成雄訳『人種差別』法政大学出版局
Mills, C. Wright., 1959, “The Cultural Apparatus”, *Listener*, Vol. LXI, No. 1565. = C・ライト・ミルズ、一九七一、佐野勝隆訳「文化装置」青井和夫・本間康平監訳『権力・政治・民衆』みすず書房
Mindell, Arnold., 1995, *Sitting in the Fire*, Lao Tse Press. = アーノルド・ミンデル、二〇〇一、青木聡訳『紛争の心理学：融合の炎のワーク』講談社
中根光敏・野村浩也・河口和也・狩谷あゆみ、二〇〇三、『社会学に正解はない』松籟社
中野好夫・新崎盛暉、一九七六、『沖縄戦後史』岩波書店
Newton, Huey P., 1995, *To Die for the People: The Writings of Huey P. Newton*, ed. Toni Morrison, Writers and Readers Publishing.
Ngũgĩ wa Thiong’o, 1986, *Decolonising the Mind: The Politics of Language in African Literature*, James

Currey. ＝グギ・ワ・ジオンゴ、一九八七、宮本正興・楠瀬佳子訳『精神の非植民地化：アフリカのことばと文学のために』第三書館
西智子、一九九八、「私たちは「県外移設」を選択するのか」『けーし風』第一九号
野村浩也、一九九七a、「日本人へのこだわり」『インパクション』第一〇三号
――、一九九七b、「差別・同化・「沖縄人」」『山陽学園短期大学紀要』第二八巻
――、一九九八、「沖縄におけるナショナリズムとコロニアリズムに関する予備的考察」『山陽学園短期大学紀要』第二九巻
――、一九九九a、「差別としての同化：沖縄人という位置から」『解放社会学研究』第一三号
――、一九九九b、「日本人になること（上・下）」『琉球新報』一九九九年五月一〇・十一日（朝刊）
――、二〇〇〇、「植民地主義と共犯化：沖縄から考えるポストコロニアリズム」『解放社会学研究』第一四号
――、二〇〇一a、「日本人と共犯化の政治：「沖縄人も加害者だ」という言明をめぐって」『広島修大論集』第四二巻第一号
――、二〇〇一b、「沖縄とポストコロニアリズム」姜尚中編『ポストコロニアリズム』作品社
――、二〇〇一c、「ポジショナリティ／本質主義／アイデンティフィケーション」姜尚中編『ポストコロニアリズム』作品社
――、二〇〇一d、「フランツ・ファノン」姜尚中編『ポストコロニアリズム』作品社
――、二〇〇二a、「植民地主義は終わらない」『解放社会学研究』第一六号
――、二〇〇二b、「ポスト・コロニアリズムと日本人／沖縄人」『部落解放』第五〇三号

――、二〇〇二c、「無意識の植民地と沖縄ストーカー」『神奈川大学評論』第四二号

――、二〇〇二d、「「希望」と観光にみる無意識のテロリズム」『インパクション』第一三二号

――、二〇〇三、「差別理論」中根光敏・野村浩也・河口和也・狩谷あゆみ『社会学に正解はない』松籟社

小熊英二、一九九八、『〈日本人〉の境界：沖縄・アイヌ・台湾・朝鮮 植民地支配から復帰運動まで』新曜社

沖縄県編、一九九六、『沖縄　苦難の現代史』岩波書店

沖縄県総務部知事公室基地対策室編集発行、二〇〇四、『沖縄の米軍及び自衛隊基地』

大田昌秀、一九九〇、『沖縄の挑戦』恒文社

――、一九九四、『見える昭和と「見えない昭和」』那覇出版社

――、一九九六、『拒絶する沖縄：日本復帰と沖縄の心』近代文芸社

Orwell, George., 1949, *Nineteen Eighty-Four*, Seeker & Warburg. ＝ジョージ・オーウェル、一九七二、新庄哲夫訳『一九八四年』早川書房

――, 1968, "The Lion and the Unicorn: Socialism and the English Genius", *The Collected Essays, Journalism and Letters of George Orwell,*Vol.2, eds. Sonia Orwell and Ian Angus, Seeker & Warburg. ＝ジョージ・オーウェル、一九九五、小野協一訳「ライオンと一角獣：社会主義とイギリス精神」川端康雄編『ライオンと一角獣：オーウェル評論集4』平凡社

Said, Edward W. 1978, *Orientalism*, Georges Borchardt. ＝エドワード・W・サイード、一九九三、今沢紀子訳『オリエンタリズム（上・下）』平凡社

――, 1993a, *Culture and Imperialism*, Alfred A. Knopf. ＝エドワード・W・サイード、一九九八、

大橋洋一訳『文化と帝国主義1』みすず書房。
――, 1993b, *Culture and Imperialism*, Alfred A. Knopf. ＝エドワード・W・サイード、二〇〇一、大橋洋一訳『文化と帝国主義2』みすず書房
――, 1994, *The Pen and the Sword*, Common Courage Press. ＝エドワード・W・サイード、一九九八、中野真紀子訳『ペンと剣』クレイン
――, 2001, "Propaganda and War", *Al-Ahram Weekly Online*, No.598. ＝エドワード・W・サイード、二〇〇二、早尾貴紀訳「プロパガンダと戦争」『戦争とプロパガンダ』みすず書房
酒井直樹・北原恵・加納実紀代・小倉利丸、一九九八、「マイノリティとしての「日本人」：ナショナルなアイデンティティをどのように克服するか」『インパクション』一一一号
酒井隆史、二〇〇四、『暴力の哲学』河出書房新社
佐藤優、二〇一五、「佐藤優のウチナー評論〈366〉」『琉球新報』二〇一五年一月三一日
関広延、一九七六、『誰も書かなかった沖縄』大和書房
――、一九八七a、『沖縄　一九七二・五・一五』海風社
――、一九八七b、『現代の沖縄差別』海風社
――、一九八九、『コザの音楽家』海風社
――、一九九〇、『沖縄びとの幻想』三一書房
進藤榮一、二〇〇二、『分割された領土：もうひとつの戦後史』岩波書店
新城和博・仲村清司・屋嘉比収、二〇〇二、「復帰三〇年、この一〇年で改めて確認したこと：個の位置から」『けーし風』第三五号
徐京植、二〇〇一、「「希望」について」『ユリイカ』第三三巻第九号

鈴木隆文・麻鳥澄江、二〇〇三、『ドメスティック・バイオレンス』教育史料出版会
高里鈴代、一九九六、『沖縄の女たち：女性の人権と基地・軍隊』明石書店
竹村和子、二〇〇〇、『フェミニズム』岩波書店
田中克彦、一九八一『ことばと国家』岩波書店
田仲康博、二〇〇一「郷愁の〈日本〉」『EDGE』第一二号。
富村順一、一九七二、『わんがうまりあ沖縄：富村順一獄中手記』柘植書房
冨山一郎、一九九七、「「琉球人」という主体：伊波普猷における暴力の予感」『思想』第八七八号
桃原一彦、二〇〇四、「沖縄でつづく植民地主義：沖縄国際大学米軍ヘリ墜落事件が呈示したもの」『インパクション』第一四三号
上野千鶴子、二〇〇三、『国境　お構いなし』朝日新聞出版
内田樹、二〇〇五、『先生はえらい』筑摩書房
鵜飼哲、一九九七、『抵抗への招待』みすず書房
――――、一九九八、「ポストコロニアリズム：三つの問い」複数文化研究会編『〈複数文化〉のために』人文書院
若林千代、二〇〇二、「地域からの『普遍的価値』：沖縄・基地・人権をめぐって」『現代思想』第三〇巻第一二号
Walia, Shelley., 2001, *Edward Said and the Writing of History*, Natl Book Network. ＝シェリー・ワリア、二〇〇四、永井大輔訳『サイードと歴史の記述』岩波書店
Walker, Alice., 1997, *Anything We Love Can Be Saved*, Randon House. ＝アリス・ウォーカー、二〇〇三、柳沢由実子訳『勇敢な娘たちに』集英社

Weber, Max., 1917, „Politik als Beruf“, Gesammelte politische Schriften, Drite erneut vermehrte Aufl (hrsg. von Johannes Winckelmann), Tübingen 1971＝マックス・ウェーバー、一九八〇、脇圭平訳『職業としての政治』岩波書店
山之口貘、二〇〇四、『山之口貘沖縄随筆集』平凡社
吉田ルイ子、一九七九、『ハーレムの熱い日々：BLACK IS BEAUTIFUL』講談社
Zinn, Howard., 2002, *Terrorism and War*, Seven Stories Press.＝ハワード・ジン、二〇〇三、田中利幸訳『テロリズムと戦争』大月書店

写真　兼城淳子

解説

ジャーナリストとポジショナリティ

松永勝利

　私は一九八九年四月、沖縄の地元新聞社「琉球新報」の編集局で働き始めた。当初は取材記者として、その後はデスクとして、最近は報道本部長という取材全体を統括する責任者として、時期によって立場は違えども、常に沖縄の新聞報道の最前線の現場に身を置き続けた。四月からは読者事業局に籍を置いている。沖縄の新聞ジャーナリズムの世界で仕事を始めてから、今年の二〇一九年三月末で三〇年という節目を迎えた。その新聞生活三〇年の中でも、ほぼ半分に位置する二〇〇五年の春、私は自身の職業としての方向性で大きな分岐点を迎える経験をした。

　沖縄の新聞社で働いてきたそれまでの一六年間と、その後の一四年間では明確に異なる歩みをしたと断言できる。私にとってそれは事件ともいえる出来事だった。その分岐点とは、野村浩也広島修道大学教授の『無意識の植民地主義　日本人の米軍基地と沖縄人』という著作との出会いだ。この本で私は沖縄で生きてきた自身の肖像の輪郭を極めて鮮明な画像として可視化することができた。それはこの著作で初めて知った言葉「ポジショナリティ」という政治的および権力的位置を知ったことを意味する。

「あなたが立っているのはここだ」と野村氏に明確に指し示され、日本人の植民者として沖縄で暮らしてきた自身を初めて直視し、おそらくだがほぼ正確に認識する体験をした。そのことによって、後の取材活動は自身のポジショナリティを踏まえた上で歩を進めることになり、それ以前の取材とは比較にならないほど、誰のために何のために取材をするのかという新聞記者としての方向性が明確となった。沖縄に米軍基地が過重に置かれている元凶を捉え、そのことを指摘する取材と記事執筆が圧倒的に増えた。近年は記者から論説委員の立場に変わったことで、執筆の場は記事よりも社説に移っている。

特権的利益享受に気づく

東京で生まれ育った私は一九八四年、沖縄大学への入学を機に沖縄で暮らし始めた。琉球新報で仕事を始めた一九九一年に沖縄人女性と結婚し、二人の娘が生まれた。東京で暮らしていた一八年間で、沖縄という地に思いをはせた最初の出来事は一九七二年五月一五日だ。小学校一年だった私は昼下がり、東京の自宅前で近所の大人と過ごしていた。すると上空を複数の自衛隊戦闘機が後部からカラースモークと呼ばれる何色もの煙を噴射しながら飛行していた。大人に理由を尋ねたら「オキナワというところが日本に帰ってきたので、お祝いで飛んでいる」と聞かされた。私が沖縄という地を知った最初の体験だ。

その後、沖縄について思い出す時はわずかでしかなかった。テレビで春から夏にかけて放映される航空会社の沖縄旅行を促すコマーシャルで、青い海と水着姿のキャンペーンガールが画面に出る時ぐらいだった。中学三年だった一九八〇年の夏、東銀座の映画館・松竹セントラルで見た全編沖縄ロケの山田洋次監督による『男はつらいよ　ハイビスカスの花』で車寅次郎役の渥美清とマドンナのリリー役の浅丘ルリ子が赤瓦の民家で酒を酌み交わす風景などがそれに加わったぐらいだろう。つまり沖縄住民の犠牲が全戦没者の約半数に上る沖縄戦のことや戦後も米軍基地による住民被害が繰り返されてきた歴史など、まったく知らないで生きていた。在日米軍基地の暴力的な強要を沖縄に向けている事実と向き合うことなく、平和な環境で暮らすことができるという特権的な利益を無意識のまま享受していたのだ。

当然のことながら当時は「特権的な利益を無意識のまま享受していた」などという自覚はこれぽっちもなかった。野村氏の著作と出合って初めて知り得たことだ。最初にこの本を読み進めた時のことを鮮明に覚えている。自身に突きつけられる厳しく激しい野村氏の「まなざし」

に困惑し、狼狽した。活字を追う作業がこれほどつらい書物に出会ったことはなかった。同時にこの指摘から目を背けてはいけないと感じた。それは野村氏の主張は正論ではないかと思い始めたからだ。反論の余地がない緻密な主張が織り込まれるように提示されていた。ページをめくり続けていたら、次第にのめり込むように活字を追い続けていた。そして読了した時、なぜか爽快感にあふれたことを覚えている。なぜだろう。恐らく野村氏の長年にわたる思考を重ね続けた言説を理解しようとしたことで「俺はここに立っている。そこから前に進もう」という明確な意思が芽生えたからだと思う。

多くの人に読んでほしいと思った。早速、当初の発行元だった御茶の水書房の編集担当者の橋本育さんに連絡を取って数十冊を送ってもらった。編集局で同僚に声を掛けては購入を取り付け、五十数冊を社内で販売した。購入したのは沖縄人と日本人双方の記者たちだ。野村氏の主張に同意する記者も多くいたが、日本人の中には「同意できない」と途中で読むのをやめた記者もいた。私以外にもこの本を読んで取材の姿勢が変化したことを吐露する記者が複数いた。その中の三人は後に編集局長になった。琉球新報の論調や記者の取材活動に影響を与えたことは疑いようがない。

野村氏の本が発刊された年の夏、沖縄国際大学でこの本の読書会が開かれることを知った。野村氏本人も参加することを知り、私は会場に足を運んだ。そこで私は初めて野村氏本人と会うことになった。参加者は学生が多かった気がする。私が購入を呼び掛けた同僚も参加していた。その場で私は挙手して、読んだ感想を述べた。極度に緊張しながら発言したことを覚えている。野村氏や参加者の前で話した内容は次のようなものだった。

「同期入社の沖縄人の記者と、米軍基地の環境破壊や米軍の事件、事故など、いくつもの取材を共同で取り組んできたが、彼は沖縄人として沖縄の人々のためという明確な目的で取材活動をしていた。しかし私はこれまで、日本人として沖縄の新聞記者での取材活動は沖縄人の幸福のためというより、むしろ自身の食いぶちのためだけに仕事をしてきたのだということを知った」

それを聞いていた野村氏は、笑顔で私に向かってこう言い放った。

「今さら分かったわけ？」

その後、野村氏とは機会あるごとに面談を重ねることになった。野村氏が沖縄に帰る時に連絡をくれたからだ。酒杯を交わしながらも、野村氏が著作で記したことの意味を本人から直接聞く機会を得て、私はさらに野村氏の主張の正当性を痛感するようになっていった。

米国で確かめたこと

二〇〇六年二月、私は沖縄の米軍基地について、米国を訪問し、米側当局者に直接取材する機会を得ることになった。米国務省の招待取材旅行でワシントン、ニューヨーク、ハワイなどに三週間滞在した。国務省、国防総省、太平洋軍司令部、米外交問題評議会の日本担当者らに取材で面談した。記事にしないというオフレコの条件で話を聞いた人も含め、私が必ず質問したことがある。それは「普天間飛行場の県外移設がなぜ実現できないのか」という問いだ。軍事的な地理的優位性で沖縄に基地が置かれ続けているのではなく、野村氏が指摘するように日本人による無意識の植民地主義が県外移設を阻む最大要因ではないかとの説を裏付けようと思ったからだ。

在沖米海兵隊は高速輸送船を導入しており、広範囲の地域紛争に迅速対処できる体制を進めている。中国や北朝鮮への対処なら、普天間飛行場を県外の日本のどこかに移設するのは可能ではないのか。ヘリ部隊の運用を維持するため、機動部隊として一体で活動する一部の地上部隊、支援部隊も一括移転し、日本政府が責任を持って移転先を確保するのであれば、県外移設は検討する余地が十分あるのではないかという疑問をぶつけ続けたのだ。

取材に応じた米軍当局者らは一様に「可能だ」と返答した。県外移設は軍事的にも問題ないという認識だった。しかし当局者は同時に、その可能性を否定した。つまり日本政府がその移転を実行できないだろうと思っていたからだ。

記事化を前提に取材に応じてくれたマンスフィールド財団で日米同盟と在沖基地研究の責任者を務めるウエストン・コニシ氏は「日本本土で新しい基地を受け入れる自治体があるとは思

えない。そういう意味で県外移設は非現実的だ」と言い切った。米国での取材は野村氏の説が事実であることを確信する旅となった。

基地集中の元凶は植民地主義

そもそも沖縄に米軍基地が集中しているのは、米統治下にあった時期に日本各地の基地が沖縄に移転したためだ。一九五六年に岐阜、山梨両県から海兵隊第三海兵師団が移転し、一九六九年には山口県岩国基地から第三六海兵航空群が普天間飛行場に移転してきた。いずれも日本で米軍の事件、事故が頻発し、住民の反対運動が激しくなったからだ。米施政権下にあった沖縄に基地を移転することで、日本の反米軍感情を沈静化させる狙いがあった。そのことで沖縄に基地集中という犠牲を強いることになったのだ。

近年では日本の政治家から沖縄の軍事的な地理的優位性を否定する発言が相次いでいる。森本敏防衛相が二〇一二年に普天間飛行場の移設について「軍事的には沖縄でなくてもよいが、政治的に考えると沖縄が最適地だ。許容できるところが沖縄にしかない」と述べ、沖縄の軍事的な地理的優位性を否定した。中谷元・防衛相も二〇一四年に沖縄への基地集中について「分散しようと思えば九州でも分散できるが（県外の）抵抗が大きくてなかなかできない」と述べている。安倍晋三首相は二〇一八年二月の衆院予算委員会で、沖縄の基地の県外移設が実現しない理由について「移設先となる本土の理解が得られない」と答弁している。

森本氏が言うように沖縄人は普天間飛行場の県内移設を「許容」しているだろうか。中谷氏が言うように沖縄では基地集中のありようについて県外のように「抵抗が大きく」ないのだろうか。そして安倍首相は日本人に得ようとしている「理解」を沖縄人に得たのだろうか。全て否だ。

琉球新報が二〇一二年から二〇一九年までの八年間で実施してきた県民世論調査の全てで、七割から八割までの人が辺野古移設に反対だった。二〇一二年五月の調査では八九パーセントにまで達した。日本政府が沖縄では沖縄人の意思を踏みにじってでも基地建設を強行し、日本人に対しては基地移設という強硬手段を一切取ろうとしないことが分かる。つまり二重基準を敷いている。これを差別と言わずして何と言おう。

琉球新報が二〇一六年六月に実施した沖縄県以外の四六都道府県知事へのアンケートでは、沖縄の海兵隊について「受け入れる」と答えた知事はゼロだった。四五都道府県知事は「外交・防衛は国の専権事項」だとして回答すらしなかった。そして共同通信が二〇一五年に実施した戦後七〇年全国世論調査では、日米安全保障条約を結んだ日米同盟について八六パーセントの人が支持した。さらに沖縄の米軍基地については七四パーセントが「必要」との認識を示していた。つまり大多数の国民は日米同盟を維持するため、自分たちの周囲には基地を置くことなく、沖縄への基地の一極集中を望んでいるのだ。沖縄からみれば、あまりに身勝手で理不尽としかいいようがない。醜くおぞましい日本人の姿がここにある。

二〇一八年に逝去した翁長雄志沖縄県知事は二〇一五年五月、中谷防衛相と会談した際、参院予算委員会の自民党議員が二〇一三年に来県した際の発言を紹介した。この議員は沖縄県内市町村長らとの意見交換の場で、沖縄の基地について「本土が嫌だと言っているのだから、沖縄が受けるのは当たり前だ」と言い放ったという。

二〇一八年一一月六日の「琉球新報」の読者欄に、東京で暮らす六〇歳の沖縄人男性の投稿が掲載された。東京の行きつけの居酒屋で飲んでいると、テレビから名護市辺野古の新基地建設工事のニュースが流れた。すると隣に座っていた会社員がこうつぶやいたという。「沖縄の人間よ。今までずっと我慢してきたんだろう。だからもう一生我慢しろって。日本のどこにも基地はもっていけないんだからさ。こっちがこまっちゃうぜ」。男性は何も言わずに我慢し、涙を流しながら聞いていた。投書ではその時の気持ちをこうつづっていた。「素直に思った。われわれは同国人で日本人なのかと。沖縄の現状を見てわが痛みとしてくれない国民がそこにはいた。沖縄の問題は対岸の火事なのであろうか。多くの日本人の本音はやっぱり「沖縄よ我慢せよ」なのかと」。

日本国土のわずか〇・六パーセントの沖縄に、在日米軍専用基地の七〇パーセントが集中している。なぜ沖縄に基地が集中しているのか。多くの沖縄人が強い疑問を抱いている。首相や防衛相が明確に述べていることからも分かるように、決して軍事的な地理的優位性などではない。参院予算委の自民党議員や東京の居酒屋にいた会社員のように、日本人の無意識の植民地主義がそうさせているのだ。

野村氏の同書が発刊されてから一四年が経過した。辺野古の新基地建設工事は沖縄人の意思をないがしろにしながら進んでいる。二〇一一年に当時の沖縄防衛局長が県庁記者クラブの記者たちとの懇談の場で言い放った言葉が忘れられない。辺野古移設の環境影響評価書の提出時期を明らかにしない理由をこう述べた。「犯す前に、これから犯しますよと言いますか」。辺野古移設を強姦に例えて表現したのだ。つまり相手の気持ちなどお構いなしに、一方的な力で強制的にねじ伏せ蹂躙すると言ってはばからなかった。これが日本政府の本音だろう。こうした現状を変えるためには、この本が多くの日本人に読まれる必要がある。そして日本人は植民地主義を終わらせなければならない。

（琉球新報　読者事業局特任局長・出版部長）

なぜ本書は画期的な書物となったのか

高橋哲哉

権力としての「日本人」

野村浩也氏が本書において遂行した行為は、氏自身も本書中で引用しているエドワード・サイードの一言をもって要約することができるだろう。すなわち、「権力に対して真実を語ること」(to speak the truth to power)、これである。サイードによる「知識人」の定義そのままの行為を野村氏は行なったのである。

本書『無意識の植民地主義　日本人の米軍基地と沖縄人』は、「権力に対して」ある「真実」を語ったことで画期的な書物となった。ここで「権力」とは何か。日本人のことである。では「真実」とは何か。日本人が沖縄に対する「植民者」であることである。すなわち、「日本人は、植民者という権力である」［本書、五五頁］。本書において野村氏は、沖縄の「知識人」の使命として、「権力」である日本人に対して、日本人が沖縄に対する植民者であるという「真実」を暴露してみせたのだ。

日本人はかつて朝鮮（台湾、満州、南洋群島、等々）に対する植民者であった、という話ではない。日本人はかつての植民地に対する植民地支配責任をいまだに果たしていない、という話でもない。日本人は現在、「戦後」七〇年以上を経た現在もなお、沖縄に対する植民者である、ということである。私たちは——と、日本人のひとりである私は言う——いま、ここで、沖縄に対する植民者なのである。

日本人が植民者であるのは、沖縄（人）に対して「基地の押しつけという植民地主義」［本書、三九頁］を日々実践しているからである。「けっして沖縄人が望んだものではないにもかかわらず、いまだに七五パーセントもの在日米軍基地専用施設が沖縄人に押しつけられている。沖縄人の意志は、六〇年間、暴力的に踏みにじられてきたのだ。沖縄人は、自分の運命を自分で決定する権利を奪われつづけているのであり、生命の安全をはじめ基本的人権を侵害されつづけている。これこそ植民地主義の存在を証明するに十分な現実にほかならない」［本書、三四頁］。

このように言えば、ただちに反論したくなる日本人は多いだろう。たとえば、「沖縄を軍事植民地にしているのはアメリカではないのか」と。著者はもちろんこれに対する答えを用意している。「安保条約であろうが地政学であろうが、日本人の有する民主主義によって確実に拒否できるのだ。したがって、それを実行しないのは日本人の政治的意志にほかならない。すなわち、安保を成立させている以上、平等に在日米軍基地を負担するか、沖縄人のみに負担を集中させて差別するかどうかは、日本人の責任と選択の問題以外の何ものでもないのであって、合州国や国際情勢に責任転嫁できる問題では断じてない」〔本書、三六頁〕。沖縄はいま日本国の一部である。したがって、沖縄の安保体制下における現実を変えるかどうかは、日本人の政治的意志にかかっている。アメリカに責任転嫁する前に、アメリカと交渉し現実を変えようとする責任が日本人にはあるのだ。

アメリカへの責任転嫁はしなくても、「沖縄を差別しているのは日本政府であって、日本人ではない」と反論する日本人は少なくない。もちろん著者はこれにも答えを用意している。そのように言えるのは、「主権者としての自覚がない」からだ、と。「主権者の自覚がないということは、みずからを無意識的に第三者化しているということであり、このことは、「悪いのは日本政府だ」とか「本当の敵は日本政府だ」などという責任転嫁を可能にする」。「主権者の自覚がないのは愚鈍であるが、この場合の愚鈍はまさしく自己防衛的な愚鈍として機能しているのであり、それが日本人の利益を構成しているのである」〔本書、一八七―一八八頁〕。安倍政権の辺野古基地建設強行に心を痛めている日本人は少なくないかもしれない。しかし、いくら心を痛めていても、安倍政権の政策を変えられないでいる限り、沖縄への基地押しつけによって基地負担を免れるという利益を得ている現実は変わらないのであり、主権者としての責任は免れないのである。

「私は安倍政権に反対である」とか、「私は日米安保に反対してきた」という人も、この責任を免れることはできない。なぜなら、「政治的な問題は、徹頭徹尾、責任倫理にもとづいて判断しなければならない」からだ。「安保の成立は、安保に賛成する諸政党を政権に選択する民主主義によって達成されてきた。その政権は、沖縄人に過剰に基地を押しつける政権でありつづけたのであり、すべての日本人がそのような政権の成立を許した結果責任を負っている。責任倫理にもとづいて判断すれば、「政権党に投票したことがない」からといって、その政権の成立を許した責任から逃れられない」〔本書、四一―四二頁〕。

このようにして、本書は「基地の押しつけという加害行為の責任」の主体が日本人であることを明言し、日本人がこの植民地主義的「差別」と「搾取」からどれだけ不当な利益を得ているかを明らかにする。日米安保条約に基づき設置されている米軍基地は、本来、日本国民全体で負担すべきものなのに、沖縄に例外的に過剰な基地負担を押しつけ、沖縄人を犠牲にすることによって、日本人は不当にも「米軍基地の負担から逃れるという利益」〔本書、三六頁〕を得ている、と著者は言う。だとすれば、この差別と搾取を解消し、植民地主義から訣別するために、日本人は沖縄の基地を日本に「持ち帰り」、日本国民全体での「平等な負担」を実現すべきである、と。こうして本書はまた、沖縄の基地の「県外移設」の主張を理論的・思想的に裏付ける初めての書物ともなった。

知的勇気の書

このような認識に貫かれた本書が、日本と沖縄の言論界でまずは反発と無視によって迎えられたことは、十分予想されたことではあった。なぜなら植民地主義とは、その作動のメカニズムを政治的および文化的な装置によって徹底的に否認、隠蔽することによって初めて機能するものだからである。植民者は、この否認と隠蔽の政治的・文化的装置が批判的に解体され、「真実」が暴露されることを何よりも恐れる。したがって、その恐れが現実となった時には全力でその「真実」を——そして「真実を語る」知識人を——攻撃し、再度の否認と隠蔽を図ろうとするものなのだ。しかも、以上のことは、植民地主義が否認と隠蔽に成功していればいるほど、あたかも「無意識」であるかのように行なわれる。

反発と無視が、「真実」を暴かれた時の植民者の典型的な反応であることは、本書で野村氏自身が詳細に分析・解明している。けっして難しいことではない。「沖縄大好き」という日本人が来たら、「そんなに沖縄が好きなら基地の一つも持って帰ってほしい」と言ってみる。「沖縄と連帯しよう」という日本人が来たら、「基地を日本に持って帰るのが一番の連帯でしょう」と言ってみる。返ってくるのは反発か無視である。被害者からの正当な要求への加害者の反発を本書は「逆ギレ」と呼び、無視を「権力的沈黙」と呼ぶ。とりわけ貴重なのは「権力的沈黙」

という概念の提起である。「真実」に直面させられて反論することができない時、どんなに反論しても自らの立場を正当化することができないと感じた時、日本人はただ単に沈黙しさえすれば、「権力」が享受する「利益」を維持することができる。すなわち、沖縄への基地集中という現状を維持し、基地負担から逃れたままでいることができる。この場合、無視し、沈黙し、無関心でいること自体が植民地主義の実践にほかならないのである。

言論界の反応について言えば、日本人の場合、反発よりも沈黙のほうが目立った印象がある。野村氏は本書で、何人もの日本人の論者に対して、その「無意識の植民地主義」を批判する分析を披露している。しかし、誰一人としてそれに対する応答をした形跡がない。そのこと自体、「権力的沈黙」に関する本書の議論の妥当性を証明していると言えるだろう。「リベラル」とか「左派」とか言われるメディアや出版社の多くが、本書の語った「真実」についていまだに無視をつづけているのも、同根の現象だと言わざるをえない。（表面的な沈黙の陰で、非難のつぶやきや排除の行為が存在したことは確認されている。）

他方の沖縄では、着実に支持が広がる半面、言論上の反発も激しかったように見えるが、これをどう理解したらよいだろうか。本書は、何よりもまず日本人の植民地主義に関する批判的記述であるが、同時にまた、沖縄人による「共犯化」についての批判的記述を含んでいる。植民地主義権力による「同化」の圧力、「精神の植民地化」の圧力の下で無意識的に日本人に共犯してしまう沖縄人の在りようについて、フランツ・ファノン、グギ・ワ・ジオンゴ、ミシェル・フーコーらを援用しつつ分析している。そして、沖縄と日本の関係について「真実」を語る者への攻撃は、「沖縄の内側からこそ激しく起こってくるかもしれない」という関広延の言葉を肯定しつつ、「わたしも、権力的沈黙を含めて、沖縄人アンクル・トムから陰に陽に攻撃される可能性を予想していないわけではない」と述べていた〔本書、二八八頁〕。

沖縄における「精神の植民地化」の歴史についての検討から、著者は、教員のような「植民地の学校の「最優等生」」が「植民地エリート」として共犯化を推し進めると言う。そして、現代においてはそれは「研究者を志すような」沖縄人であり、そうした沖縄人は「権力に対して真実を語る」沖縄人を「日本人になり代わって摘発しようとするだろう」し、「それが学問界での地位と結びつく場合はなおさらそうすることであろう」と言う。ここでの「学問界」は、広く「言論界」と言い換えてもよいだろう。著者のこうした認識は、裏を返せば、日本人が圧倒的多数を占める学界や言論界において、植民地主義の「真実を語る」ことがどれほどの勇気を必要とするかということを意味する。それにはまず、日本人の研究者や論者からの攻撃や無視を覚悟しなければならないが、それだけでなく、「同胞」である沖縄人の研究者や論者からの攻撃をも覚悟しなければならないからだ。研究者にとってそれは、自身のキャリアやその後の人生に大きな影を落とすかもしれない決断を迫られることにほかならない。その意味で、本書は、「真実を語る」ことで日本と沖縄双方から攻撃され孤立を強いられることを覚悟のうえで書かれた、まれにみる知的勇気の書であることを強調しておきたい。

具体例を一つ挙げておこう。「共犯化の政治」を論じた章では、「「沖縄の痛みをよそ（日本）に移すのは心苦しい」という「思想」」が批判されている［本書、一三一―一三四頁］。著者は言う。なぜなら、これはけっして美しいことばではないということである。「強調しなければならないのは、これは日本人がこのことばに大いに甘えてきたからであり、日本人が大よろこびすることばだからだ。つまり、このことばは、日本人の責任転嫁や免罪に貢献してきたのである。したがって、沖縄人は、このことばを口にすることによって、無意識のうちに日本人の共犯となってきたといっても過言ではない」。

「沖縄の痛みをよそ（日本）に移すのは心苦しい」と沖縄人が言えば、その結果は、日本人を安堵させるが、自分の子や孫（次世代の沖縄人）に痛みを押しつける結果になってしまう。なぜ、「よそ（日本）に移すのは心苦しい」とは言うのに、「次世代の沖縄人に移すのは心苦しい」とは言わないのか。なぜ、「次世代の沖縄人に痛みを押しつけることはできない」と言わないのか。日本人を免罪し、次世代の沖縄人に痛みを押しつけるのは、沖縄人としてもっとも無責任なことではないか。このことばを発することで沖縄人は、日本人の身代わりに痛みを押しつけられつづけてきたのではないか。

「沖縄の痛みをよそ（日本）に移すのは心苦しい」とは、沖縄人の「優しさ」を表わす言葉として語られてきた。「沖縄のこころ」や「チムグクル」とも結びつけられてきた。故大田昌秀知事は、「本土」も米軍基地の「応分の負担」をすべきだと言いながら、この伝統的な「沖縄のこころ」のゆえに具体的な政治的要求にはしないのだとしていた。誰もがこの言葉を、まさに美しく優しい「沖縄のこころ」を表わすものと受け取っていたのだ。ところが野村氏は、そこに、あろうことか日本人の植民地主義への沖縄人の共犯化を指摘したのである。心かき乱された人は多かったはずだ。沖縄社会に共有された言葉と思想に対する挑戦であり、偶像破壊であり、価値転換であるならば、激しい反発が生じたとしてもある意味当然である。

そして、著者の分析の確かさは、一方でこのように、いわば沖縄人の自己切開として沖縄側の共犯化を鋭く剔抉しながら、しかし被植民者の共犯とはつまるところ「強制された共犯性」〔本書、六四頁〕なのだから、植民者権力である日本人の責任をいささかも減じるものではないことをけっして忘れない点にある。「精神の植民地化」の克服は、被植民者・沖縄人にとって「未解決の深刻な問題」〔本書、六六頁〕ではあるが、本来の問題は、「日本人が植民地主義を行使することによって一方的に沖縄人に敵対していること」にある。したがって、「沖縄人が直接闘うべき相手は、沖縄人アンクル・トムという被植民者ではなく、日本人という植民者」なのである〔本書、二八八―二八九頁〕。

対等な存在として

本書に対する反発の典型的なものとして、著者の議論は本来連帯すべき日本人と沖縄人の間を「分断」するものだ、というものがある。しかし、これは全くの誤解である。日本人有権者の支持する歴代政権が沖縄に対する差別的基地政策を続けてきたからこそ、日本人と沖縄人が「分断」されたのである。その分断があるから本書の議論が出現したのであって、本書の議論が分断を出現させたのではない。これは自明であろう。

分断をもたらすどころか、分断の克服を訴えているのが本書である。著者は日本人と沖縄人の分断の諸相を精細に記述しているが、この記述はそれ自体が植民地主義への批判であり、そして著者がこの批判的記述を行なうのは、植民地主義のメカニズム——その多くはまさに「無意識の植民地主義」として作動する——に対する正確で繊細な認識を踏まえることによってのみ、その解体と克服は可能となるからである。日本人と沖縄人の間を分断しているのは、日本人の植民地主義である。植民地主義を解体することによって初めて、日本人と沖縄人が対等な存在として出会い直すことができるのである。本書がそれをめざして書かれたことは、著者の「あとがき」の次の言葉に明らかである。

「日本人が植民地主義という危険な暴力を手放すためには、まずは日本人自身の植民地主義を意識しなければならない。日本人が自身の植民地主義を意識することは、日本人が植民地主義から解放されるために必要なプロセスなのである。またそれは、沖縄人が植民地主義から解放されるために必要なプロセスでもある。日本人は、日本人であることをやめることはできないが、植民者であることは確実にやめることができる。植民地主義と訣別しよう。そして、平等を実現しよう」〔本書、三〇四頁（強調は引用者）〕。

（東京大学大学院教授）

議論の限界を超えようとすること

島袋まりあ

1　著者の紹介と論点の整理

野村浩也は、東アジア最大規模で米軍基地が押しつけられている沖縄のコザ（現沖縄市）という街に一九六四年に生まれ、ベトナム戦争真最中の時期に育った。「アメリカ合州国太平洋空軍の最大拠点」として有名な嘉手納基地のすぐそばだ。彼は、Ｂ52戦略爆撃機が東南アジア諸国に対する大量殺戮のために毎日離着陸するのを否応なしに目撃させられた。彼が正式に日本国民になったのは、誕生から八年後の一九七二年、合州国から日本国に沖縄の施政権が返還された瞬間のことであった。この頃、ベトナム戦争は、合州国の敗北に向かって泥沼化していた。

野村が進学のために島を後にして日本にやって来たとき、彼は、日本人に取り囲まれたマイノリティとして暮らす立場となった。それよりも衝撃的だったのは、日本に米軍基地がないことだった。そして、失業率の高い沖縄を出て日本に出稼ぎに来ていた多数の沖縄人労働者と出会い、上智大学の大学院生だった一九九二年から九四年にかけては、東京沖縄県人会青年部委員長をつとめた。彼は現在、広島修道大学の社会学教授である。

「植民地主義は終わらない［Undying Colonialism］」は、野村の初の著書の基本となる第一章である。出版直後から、この本が論争を巻き起こした理由は、そのストレートで激烈かつ挑発的な語調にあったといわれる。一方で、より冷静な読者は、難解な学問的議論を一般読者にも理解可能なものにしようとする啓発的な意図を、野村のテクストの中に読み取ることであろう。学問的な訓練を受けた読者なら、さらにテクスト表面の奥深くに隠されたポストコロニアル理論と社会学理論への独創的な貢献を見出すことであろう。

第一章の背景にある中核的な観念は、この本のタイトルに示されている――植民地主義は無意識である。フランツ・ファノン、マルコムXおよびエドワード・サイードからのおびただしい引用にもかかわらず、野村は、彼の分析に影響を与えたもう一人のヨーロッパの社会学者の名前を封印している（今回の版では封印を解いてある）。その名前とは、マックス・ウェーバーにほかならない。具体的にいうと、「心情倫理 Gesinnungsethik」「責任倫理 Verantwortungsethik」という概念は、ウェーバーの一九一八年の講演『職業としての政治』［Weber, 1958: 75-128］から直接取り入れたものである。前者は、結果を考慮せずに、その理想や主義主張および信念といった純粋な意図（つもり）にもとづいて行為する場合を指す。これとは対照的に、後者は、その意図（つもり）に関係なく、結果に対する責任にもとづいて行為する能力を指す。ウェーバーによると、近代の台頭は「心情倫理」による責任転嫁によって特徴づけられる。心情倫理が、個人の罪悪感を国家暴力の責任へと転移させることを可能にしたのだ。たとえば、兵士が敵を殺しても罪悪感を感じずにすむのは、この種の殺人に対する責任の所在が個人から国家へと移ったからである。

野村は、第二次世界大戦後の日本における「民主主義的植民地主義」という概念を創出するためにウェーバーの理論を援用している。重要なのは、保守的な日本ナショナリストよりも、それに対峙することが沖縄との「連帯」の基盤だと思い込んでいるいわゆる革新派の日本人の方を主に分析の対象にしていることである。このことが一部の読者を困惑させるのは当然なのかもしれない。悪が二つあるとして、軍国主義を支持して恥じない日本人と比べれば、米軍基地に反対する日本人は、あまり害悪がないと思われているからだ。両者は「同罪」だとする野村の主張は、日本国における植民地主義を理解するための核心を突いている。

植民地主義が他者への責任転嫁によって個人の罪を免罪するものであるがゆえに、革新派の日本人は、植民地主義の暴力的な深刻さを批判しながらも、無意識的にみずからの植民地主義を覆い隠し続けてきた。つまり、合州国や日米安保条約あるいは政権を握る保守政党に批判の矛先を向けることによって、いかに自身が植民地主義の恩恵を受けているのかという事実に気づかないで済ますことができてきた。それればかりか、まさしく「結果に対する責任」の重大さを考慮することのない個人の意図の純粋さにもとづいた植民地主義を実践してしまっているのである［Weber, 1958: 126］。このような植民地主義は、むしろ民主主義国家においてこそ機能する。特に日本国の民主主義のプロセスは最初から沖縄人に対して不平等であるのも同然なので、沖縄人は実質的に政治的に代表されることがない。単独で政権を掌握している保守派は、この民主主義的植民地主義を隠そうともしないが、革新派は、このような日本の民主主義の必然的な帰結から生ずるはずの罪悪感を、良心的で英雄的なレトリックを通して無意識の領域へと、それこそ無意識的に隠蔽してきた。

それゆえ、悪の政治や愚鈍な学問［Wissenschaft］と、その結果として悪影響を生み出す植民地主義は、ウェーバーをふまえた野村によると、「無意識」によって可能になる。政治家が自身の行為の結果に対して責任を負うことができず、また研究者が「現実への直面」を怠った場合、どちらも「無意識的に……あいまいな「感覚」の領域で立ち往生することになる」［Weber, 1949: 110, 94］。つまり、革新派の日本人は、良心的で、同情的なふるまいをするほかなくなるのである。それゆえ、野村の結論によると、「沖縄人に基地を押しつけているのはほかならぬ日本人自身だということに気づいている日本人はほぼ皆無」なのである。「責任倫理」に強くこだわる野村は、現在の沖縄人を常に差別している日本人の「無意識の植民地主義」に直接立ち向かっているのだ。

2 歴史的かつ社会的な背景

小泉純一郎の二〇〇一年から二〇〇六年までの総理大臣としての長期政権中に実施された新自由主義政策は、富裕層と貧困層とのあいだの経済的格差を拡大させ、広範な社会不安を引き起こした。『無意識の植民地主義――日本人の米軍基地と沖縄人』は、そんな時代に出版された。自由民主党の小泉の後継者たちは、新自由主義政策の埋め合わせを試みたが、この強力な親米政党は大衆の支持を失い、一九五五年以来ほぼ継続して享受してきた日本政治における中心的な地位を明け渡した。対する民主党は、このような政治情勢で熱狂的に選挙運動を展開し、二〇〇九年九月の総選挙で歴史的勝利をはたした。この驚くべき時代変化のなか、民主党の議席獲得にとって決定的に重要だった沖縄の選挙区で繰り返されたスローガンは、それこそ野村が皆から不興を買う原因となった野村自身の言葉、「県外移設」であった。[★1]

二〇〇九年九月、民主党から総理大臣となった鳩山由紀夫は、合州国と日本国および沖縄が絡み合う基地政策のパンドラの箱を開けた。どの都道府県が沖縄からの米軍基地の移設を受け入れてくれるか、と。[★2] 沖縄以外の都道府県に存在する米軍基地が過度に少ないがために、どの自治体も日米安全保障条約の本質に悩まされることはほとんどなかった。それに対して、鳩山は、安保条約の利益を享受している各都道府県知事の目の前に基地問題を直接提起し、この条約が意味する現実を少しでも理解するようにと迫った。七五パーセント［現在は約七〇パーセント］の基地を沖縄県に押し付け続けるのではなく、日米安保条約の負担を自分の都道府県で担う用意はあるか、と。

反響は全国メディアを通じて瞬く間に広がり、基地問題に対する地政学の理解の仕方を一夜にして変えさせた。「米軍基地負担、同情と警戒と」と題する二〇一〇年二月一二日の『朝日新聞』の調査記事によると、「基地問題と日々直面する沖縄と、日本本土側との意識のはなはだしい不一致を調査結果は示している」。そして、「多くの知事が明確な回答を避ける」と続く。東京都（四・二六パーセント）や神奈川県（五・八六パーセント）のような負担のわずかな都県の知事でさえ、「東富士演習場は日米地位協定により米軍も使用して」いると強調し、（基地移設受け入れに）反対と回答した［朝日新聞、二〇一〇年二月一二日］。二〇一〇年五月に開催された全国知事会では、多くの知事が「国防は国の問題」であるとし、各都道府県の問題ではないと明言した［朝日新聞、二〇一〇年五月二八日］。基地がない奈良県の知事は、「受け入れる余地がない」と断言した。大阪府の橋下徹知事だけは、「大阪は安全のただ乗り状態」という現実を償うために、米軍基地の受け入れ先として関西国際空港の利用を検討する必要があると述べた［朝日新聞、二〇一〇年五月二八日］。しかし、橋下もこれを実行することはできなかった。日米

★1　民主党はすでに「民主党沖縄ビジョン二〇〇八」のなかで「普天間基地の移転についても、県外移転の道を引き続き模索すべきである」と提案している［民主党、二〇〇八、四頁］。さらに、鳩山は「最低でも県外」というスローガンのもと総選挙の選挙運動を実行した。これは、国外、または海外への移設が最善の選択であることを意味するが、それが不可能な場合は、「少なくとも」日本国内の他の都道府県への移転を推進するということだ。鳩山は後に、選挙の際に「当然、基地の問題、さらに過重負担というものを与えるわけにはいかぬという思いのもとで、県外あるいは海外に移設をするのが当然最も望ましい結論だという思いを持って臨んでまいりました」と述べ、「そして、選挙に勝たせていただいた」と認めている［第一七三回国会衆議院予算委員会議事録、二〇〇九］。

★2　鳩山による問題提起で次の事例がある。「沖縄の過重な負担をどのように知事の皆さんに手伝いをお願いできるか。普天間の訓練の一部を沖縄県外に移すことが可能かどうか。日本の安全保障を国民の大きな問題ととらえ、皆さんのふるさとで『こういったところだったら受け入れ可能だぞ』という話をしてもらえればありがたい。」［普天間問題全国知事会、二〇一〇］。

安保条約が、このような責任転嫁の政治を通じて支えられているという事実は、一般国民にはあまり理解されてこなかったが、ついには困惑されながらも理解されるようになった。沖縄人は、こうやって他の都道府県の国民が望まない基地負担を押しつけられてきたという現実を改めて思い知らされたのである。

この事実を目の当たりにしても、国民は思考停止に陥って動かなかった。外務省と防衛省は鳩山と不協力の姿勢を見せ、親米の日本のメディアはジャパンハンドラー（知日派）による批判を大きく取り上げたため、鳩山の支持率が急落した。それで首相は県外移設方針を断念する方向に進んだ。

これを伝えるために鳩山は二〇一〇年五月四日に直接沖縄へ出向いた。その時に、SPに制止されながらも鳩山に大声で呼びかけ、手紙を手渡そうとする一人の沖縄人女性の姿をメディアのカメラがとらえた。SPは、国家の暴力装置として官僚的に命令に従っていただけだったのかもしれない。しかしながら、その一カ月後に久しぶりに会って大いに喜び合った友人が、この事件を思い出した途端に涙を流しながら言った言葉をわたしは忘れることができない。「沖縄のわたしたちが置かれている状況の象徴そのものだった」。

主権国家の国民として代表されることのないこの女性は、地政学的な地図においては「沖縄」と呼ばれ、政府当局者には「日米関係の要」と呼ばれる場所で生み出される非人間化、狂気、絶望の感覚を伝えるために、自分で書いたテクストを手に持って訴えた。剣を手にするのではなく、ペンの痕跡だけを手に取った彼女の姿は、国家主権による庇護の外部で、聴き取られるために声を上げ続ける沖縄の奮闘を象徴していた。ところが国家の暴力装置（ＳＰ）が彼女の行為を阻止したために、この声は、整然と消去されてしまった――サバルタン化されてしまった。ＳＰの視覚図式からすれば、発話する能力を奪われているはずの彼女が声を上げる試みは、日本国の国家元首に対する潜在的脅威に映ったのだ。

　女性の名前は明らかにされなかったが、沖縄の社会運動の心と魂を知る者ならだれもが、彼女が「カマドゥー小（グワー）たちの集い」の共同創設者、伊波（國政）美恵だと気づいたはずだ。一九九五年以降の沖縄で、基地の県外移設をおそらくはじめて主張した市民グループだ。鳩山と側近たちが那覇市の中心部を縦断したとき、このグループは「とう、なまやさ、基地を日本本土へ返しましょう！」（「はい、今すぐ日本本土に基地を返しましょう！」）という横断幕を掲げた。

　「カマドゥー小（グワー）たちの集い」は宜野湾市の米軍普天間飛行場の暴力に直面して生活する沖縄人女性たちだ。日常生活に行き渡っている暴力の生の現実について議論し合い、抗議するために定期的に集まっているが、権力側の言語や表象による背信と抑圧の経験の自覚からメディアへの接し方は極めて慎重である。大阪の沖縄人コミュニティのアクティビストで二世である金城馨は、このような慎重さをうまく言語化している。沖縄人は、「自分自身をさらけだすと相手に利用されて自分を奪われてしまうという不安やくやしさがあるわけです」[★3]［金城、二〇〇

九、一六二頁〕。このことは、特に学問やメディアといった公的な環境に身を置く多くの沖縄人にとって、話すことは傷つけられる危険にさらされるのも同然だという事実を示している。その訴えはひどく傷つけられ、退けられ、マジョリティのための娯楽となるような覇権的な言説に変換されるのだ。

それでも、カマドゥー小の集いの若手のメンバーである知念ウシは、日米両国に積極的に県外移設を訴えている。沖縄人女性の草の根的な感性を保持する知念の執筆活動や発言は、野村の「植民地主義は終わらない」（本書第一章）を反映している。金城からの引用を続けると、知念は、「問題は、閉じているだけでは不安の原因である日本人の暴力をやめさせられない」ということに気づいた〔金城、二〇〇九、一六二頁〕。いいかえれば、知念は、他者を否定するのではなく、むしろ不均衡な権力関係のもとでも誠実なコミュニケーションをはかろうと試みる断固たる批判精神を野村と共有している。鳩山自身が県外移設を公言するはるか以前から、カマドゥー小の集いと知念そして野村は、激しい敵意と著しい誤解に耐え続けてきた。日米安保条約の支持に再考を促す手段として、基地は日本国全体に平等に配分されるべきだと提起したからだ。これに関連して、わたし自身、カマドゥー小の主張に対する日本人フェミニストの反応について分析したものもある〔Shimabuku, 2012〕。

二〇〇六年のスタンフォード大学における学術会議★4の招待講演で県外移設を訴えた知念は、国際的なフェミニストに拒絶された。知念はこう主張した。

★3 わたしがここで金城を引用しているのは、野村が著書で正式に感謝した数少ない個人の一人で、『無意識の植民地主義』が誕生する手がかりを与えたかけがえのない対話者だったからである［本書、三〇五頁］。二〇一〇年六月一一日の金城へのわたしのインタヴューで、彼も一九九五年以降に県外移設を提案したと述べた。草の根の活動家であり、関西沖縄青年の集い・がじまるの会の共同創設者として、公的および民間の集会で活発に発言しているが、彼自身の執筆による出版はほぼ完全に拒絶されてきた。引用したのは、後年に出版が可能になった希少なインタヴューのひとつである。

★4 この学術会議のタイトルは、「グローバリゼーションへの審問——現代日本におけるアイデンティティ・ポリティクス」であり、知念は、沖縄に関するジェンダーと植民地主義および軍国主義についての円卓会議に上野千鶴子とマーゴ・岡沢・レイとともに参加した。詳しくは、http://fsi.stanford.edu/events/interrogating_globalization_identity_politics_across_contemporary_japan（最終閲覧日二〇一九年七月一六日）。知念のスピーチの全文は［知念、二〇〇七］。

日米が共犯して沖縄に基地を押しつけ、それを支えるのが、圧倒的多数の日本国民＝日本人(ヤマトゥンチュ)の沖縄人への植民地主義。それが東アジアでの日米の帝国主義の鍵石（キーストーン）であり、それを抜こうとするものだ、と［知念、二〇〇六］。

これに対して、いわゆる従軍慰安婦問題によって提起された日本フェミニズムのポストコロニアルなジレンマに直面していた主要な研究者の一人、上野千鶴子は、「沖縄は復帰から三十年たち、本当に平等という権利主張を我がものとした」ということが「本当によくわかった」と積極的に応じた[★5]［知念、二〇〇六］。一方、東アジアの米軍基地に反対するフェミニスト運動を開拓した先駆者で、アフリカ系で日系アメリカ人のマーゴ・岡沢・レイは、「より高い次元で平等について考えたい」と回答して知念の訴えを拒絶した［知念、二〇〇六］。おそらくこれは、包括的な米軍支配によって均等に被害を受けた東アジアという観点からの岡沢・レイのこの問題に対する理解を反映したものである。日本に基地を返還することは単に他の場所に負担を移すこと、あるいは、ＮＩＭＢＹ（Not In My Backyard＝わたしの裏庭には作らないでの意）の政治と同じだとする考えだ。英語圏で活動する国際的フェミニストと日本語圏で活動する国際的フェミニストとでは、在日米軍基地に関する理解の仕方が異なるということが公的な討論の場で表面化したのはおそらく初めてのことだった[★6]。

さて、野村自身を沖縄人ナショナリストあるいは排他的とみなし、日本人との関係を拒絶していると誤読した者は多い。また、熟練した研究者やおそらく急進的な活動家によってなされたこれらの非難は、疑わしくも非公式に拡散され野村を巧妙に排斥した。その一方で、公式の論評は、おおむね好意的であった［新垣、二〇〇五：フェミン編集部編、二〇〇五：前野、二〇〇五：丸川、二〇〇五：仲里、二〇〇五：斎藤、二〇〇五：冨山、二〇〇五：上原、二〇〇六：上野、二〇〇五］。唯一のあからさまな非難は、沖縄人フェミニスト活動家の安里英子からのものであった［安里、二〇〇五］。これに対して野村は、相当な労力をかけた詳細な反論を出版し、安里に直接会って手渡している［野村、二〇〇八］。

★5　上野はその後さらに積極的な姿勢を示し、『信濃毎日新聞』に掲載された「教科書検定 怒る沖縄人」［上野、二〇〇七］のなかで野村の著作の重要性を強調した。

★6　この学術会議の報告は、少数だが日本語では存在する［知念、二〇〇六、二〇〇七：島袋、二〇〇六］。これらは合州国での配布のために円卓会議の司会者に送られたが、わたしが確認したかぎりでは、英語話者の主催者や参加者からの公開の回答はない。

3　限界を越えようとする実践

主権国家の公用語たる鳩山の言語に翻訳されると即座に国民全体の問題として言説化されるのに、日米沖のトライアングルという広範囲における著名な知識人や運動家が沖縄人による県外移設の言明を拒絶したのはいったいどうしてなのだろうか。こうしたお決まりの反応が示しているのは、以下の二つの問題である。第一の問題は、知識人や運動家の悪意よりも、太平洋をまたぐ植民地主義研究のなかに存在する、日本植民地主義の理解の欠落に起因しているのではないだろうか。英語圏におけるポストコロニアル研究および民族研究（エスニック・スタディーズ）は、主に白人至上主義とアメリカが支配する帝国主義に対する批判に集中してきた。それゆえ、英語圏のポストコロニアル研究の主流は、日本の植民地主義を「例外」として捉えてきた[★7]。米軍基地という白人至上主義国家を起源とする暴力の明白な証拠がある中で、いわゆる有色人種の日本人がいかにして沖縄人に対する植民者の地位にまで上りつめたのかという問題は、太平洋をまたぐ研究者たちにとって、あまりに奇妙で理解不能な事態であったのだ。

第二は、県外移設論を性急に退ける原因のひとつが、「テクストの精読に関する怠慢」が蔓延していることにあるという問題である［野村、二〇〇八、四九頁］。読みとその欠落は、わたしたちを硬直した二項対立に閉じ込める。沖縄人は、日本人を批判して「ありのままにそれを言う」「ホントのコト」を言うことで日本人を拒絶しているとみなされるか［野村、二〇〇八、六〇—六三頁］、「ヤマトンチュに迎合して沖縄を渡しているか」［金城、二〇〇九、一六一頁］のどちらかに閉じこめられるのだ。しかしながら、「ありのままにそれを言う」ことが沖縄人と日本人との本質主義的な分離主義を意味するわけでもなければ、言語的な脆弱性に自身をさらすことが他者によって消費されることを必然的にともなうわけでもない。どちらの受け取り方も、言説的な限界に閉じこめられており、限界を超えて思考しようとする前向きな試みを怠っている。ジュディス・バトラーは、「批評とは何か？——フーコーの美徳について」でこう述べている。

> みずからの生の認識論的領域の内部における危機にすでに立ち向かっている者ほど、認識する方法の限界についての疑問を提起する。社会的な生を秩序づける諸カテゴリーは、かなりの程度のつじつまの合わなさ、あるいは、全面的な発話の不可能性を生み出す。この

★7　日本のポストコロニアル状況に関する英語圏による分析において、レオ・チンは、「日本の事例……例外と考えられる」ことに疑問を呈し、「それはあたかも西洋中心主義の発想のもとで、まさに西洋同様の非難に値するはずの植民地主義的暴力を犯した非西洋、非白人の悪人の考えは、理解できないと言っているようなものだ」と述べている［Ching, 2001: 25, 30］。

状況から、そこではいかなる言説も不適切であり、支配的な言説は行き詰まるという自覚にもとづいて、認識論的網の目構造の裂け目たる批判的実践が出現するのだ［Butler, 2002: 2015（強調は引用者）］。

伊波美恵が鳩山に話しかけようとした行為が脅威と翻訳されたのは、公共圏で代表されない彼女の存在がつじつまの合わないものにされたからだということと同じく、野村のテクストは、まさしく「秩序づけ」られた「社会的な生」が「生み出すかなりの程度のつじつまの合わなさ」から現れたものである。国家主権という仕組によって成り立っているはずの政治的代表制から裏切られているにもかかわらず、野村のテクストでは、自由とは沖縄の国家主権を回復するものに限定して位置付けられていない。彼の植民地主義批判は言論行為であるとはいえ、別の生へと冒険的に踏み出す自由も示している。そして、批判的実践とは、この新しい生を実際に生きることを通して可能となるのだ。

それゆえ、野村の「ありのままにそれを言う」（「ホントのコト」）を、「日本人」と「沖縄人」を規範的に定義し、善悪の価値判断に結びつけるような現実政治に還元してはならない。それどころか、野村はまずこれらのカテゴリーがどのように構成されているのかを問うているのだ。つまり、植民地主義的世界をテクストとして「精読」することを野村は読者に求めている。なぜなら、「ポストコロニアリズム研究とは、第一に、植民者を問題化する学問的実践である。

そして、それを日本国の文脈で言い直せば、日本人という植民者を問題化し、いまもつづく植民地主義という日本人の政治性を徹底的に暴露し、その権力的な作動のメカニズムを分析・解明し、もって植民地主義の終焉を構想する学問的実践である」〔本書、三一頁（強調は引用者）〕からだ。日本人とは何かが問題なのではない。植民者とは何かが最大の問題なのだ。★8 存在と行為とのこの分離は、まさしく野村がポジショナリティを定義する方法でもある。「ポジショナリティとは、このような植民者としての日本人の現実を把握すると同時に、この現実を変革するために必要な概念なのである。〔中略〕反日本人ではなく、あくまで反植民者においてこそ解放は展望しうるのだ」〔本書、五九頁〕。日本人に対する道徳的価値判断ではなく、植民地主義的実践を真正面から問題化するポストコロニアリズム批判の遂行こそが、「解放の展望」と自由の行使を可能にするのである。

さらに、野村の価値判断の保留と実践への取り組みは、これまでとは異なった主体を構成する基盤となり、確実な脱植民地化を可能にする。バトラーが説明するように、「価値判断は、

★8 丸川は、野村の「ポジションのあり方は、けっして運命論的なものではない。実のところ、きわめて実践的なものである」と同様の見解を述べている〔丸川、二〇〇五、一七八頁〕。

ある点や項目をすでに構成されたカテゴリーの一部とみなす方法として機能する。それによって、「実践からの撤退」が生み出される。これに対して、特にミシェル・フーコーの「批判的思考」は、価値判断を超越した自由の問題を考えようとする」［Butler, 2002: 213］。バトラーは、フーコーの後期の著作におけるイマニュエル・カントへの回帰について言及している。フーコーは、カントの理性批判の議論をそれ自体に向け直し、超越性へと逃避する危険性を阻止した。主体の構成に関する問いから離れて普遍的なカテゴリーへと道徳的判断をずらしてしまうなら、事実上、批判的実践を前もって封じてしまうことになる。それゆえ、外的で普遍的な自然法によって強制された「義務」というカント的な概念のかわりに、フーコーは「自分との築きあげられた関係性」から生成する倫理的な「態度」または「エトス［精神、道徳的特質、心の習慣］」といった概念を提起する［Foucault, 1997: 308-309, 311］。この「恒久的な再活性化の態度、すなわち哲学的なエトス［精神］」とは、「わたしたちの時代における恒久的な批判」を意味する。それは、道徳的価値判断に関する「未熟」と怠惰からわたしたちを引き離し、主体の構成を問うことによってわたしたち自身を創造する作業を絶え間なく試みることへと立ち向かわせるのだ［Foucault, 1997: 312］。

植民者の怠慢とは、まさにバトラーが述べていることである。これは、植民者の「非批判的な心の習慣［エトス］」なのだ。そして、本書の「無意識の植民地主義」というタイトルも、このことを反映している。戦後日本における政治的主体を構成しているのは一体誰なのか。鳩山が県外移設の実現を主張し、戦後日本が寄って立つ日米安保条約が沖縄の肩にかかっていることを多くの人が認識するようになってはじめてこの問いが浮上してきた。そこには、「たとえ難い現実を日常的に知らされている者と、その現実を制度的に押し付けながら、現実自身を知らない者」〔冨山、二〇〇五、一七四頁〕が存在する。植民者は、未熟で怠惰で無意識的であるがゆえに、自分がしていることを「積極的に」自覚することを拒否している〔本書、五一頁〕。野村のテクストは植民者の自覚を促すことで、植民地主義的関係性を変革することへの想像力を喚起し、その限界を超えることを後押しする。

わたしは、野村の著書の出版とそれに続く合州国と日本そして沖縄の政治的変容とのあいだの直接的な因果関係を描く試みを差し控えた。それでも、思い切って言おう。野村の議論の限界を超えようとする大胆な発想が、最初は途方もなく「非現実的」[★9]で「怒りに満ちた」[★10]印象を

★9 丸川は、早い段階から「おそらく本書を読まれた日本人読者には、そのような主張は、非現実的な運動論である、と考える向きもあろう」と予測していた〔丸川、二〇〇五、一七八頁〕。

★10 冨山は、「この本は、「呪詛の言葉」を誘う挑発でも、怒りに満ちた「暴露」でもない」と、本書をそのように誤読する傾向について警告している〔冨山、二〇〇五、一七四頁〕。

与えるとしても、それは、ポストコロニアルな日本に新しい存在の種を蒔く行為なのだ。沖縄人は、もはや、米軍基地からの解放をあきらめる必要はない。野村はそうではない未来を考える土を耕したのである。

（ニューヨーク大学准教授）

（訳　野村浩也）

本論は、野村浩也著『無意識の植民地主義——日本の米軍基地と日本人』第一章の英訳のあとがき Annmaria Shimabuku., "Translator's Afterword", In *The New Centennial Review*, Vol.12, No.1, 2012. を加筆修正した。

文献一覧

『朝日新聞』二〇一〇年五月二八日（朝刊）「普天間問題全国知事会——首相と出席知事の主なやりとり」。(http://www.asahi.com/special/futenma/TKY201005270480.html)

『朝日新聞』二〇一〇年二月一二日（大阪版・朝刊）「基地負担——同情と警戒と」。

新垣誠、「抵抗する沖縄への思い」『琉球新報』二〇〇五年六月一二日（朝刊）。

安里英子、二〇〇五、「批判としての対話——野村浩也『無意識の植民地主義』について」『けーし風』第四八号。

Butler, Judith, 2002. What is Critique? An Essay on Foucault's Virtue. In *Continental Philosophy*, ed. David Ingram. Malden, MA: Blackwell.

知念ウシ、二〇〇六、「ウシがゆく　いま、見て歩記——スタンフォードシンポ報告：女性同士が手をつなぐには」『沖縄タイムス』二〇〇六年六月四日（朝刊）。

——、二〇〇七、「アメリカで在沖米軍基地の日本〝本土〟お引き取り論を語る」野村浩也編『植民者へ——ポストコロニアリズムという挑発』松籟社。

Ching, Leo., 2001. *Becoming "Japanese": Colonial Taiwan and the Politics of Identity Formation*. Berkeley: University of California Press.

黄英治、二〇〇七、『記憶の火葬——在日を生きるいまは、かつての〝戦前〟の地で』影書房

『ふぇみん婦人民主新聞』、二〇〇五年六月二五日、第二七六二号。

Foucault, Michel., 1997, "What is Enlightenment?" In *Essential Works of Foucault 1954-1984*, Vol. 1, *Ethics: Subjectivity and Truth*, ed. Paul Rabinow, trans. Robert Hurley. New York: The New Press.（ミシェル・

フーコー、二〇〇六、「啓蒙とは何か」石田英敬訳、『フーコー・コレクション6――生政治・統治』筑摩書房)

第一七三回国会衆議院予算委員会議事録二号、平成二一年一一月二日。

金城馨、二〇〇九、「沖縄と日本の交差する時空に根をおろして」『飛礫』六四号。

前野覚、二〇〇五、「私宛の手紙――日本人の植民地主義を自ら問うために」『アソシエ』第一六号。

丸川哲史、二〇〇五年、「「運動」の始まりを告げる思想として――野村浩也『無意識の植民地主義――日本人の米軍基地と沖縄人』」『情況』第六巻第七号。

民主党、二〇〇八、「民主党・沖縄ビジョン（二〇〇八）」二〇〇八年七月八日（https://www.dpj.or.jp/news/files/okinawa(2).pdf)

仲里功、「言説史に太い句読点」『沖縄タイムス』二〇〇五年六月二五日（朝刊）。

野村浩也、二〇〇五年、『無意識の植民地主義――日本人の米軍基地と沖縄人』御茶の水書房。

野村浩也、二〇〇八、「文化的暴力としての政治的誤読と精神の植民地化」河口和也編著『「文化」と「権力」の社会学』広島修道大学叢書　第一四〇号、広島修道大学学術交流センター
斎藤貴男、「自由のためにその①――反省をこめて再確認する」『サンデー毎日』二〇〇五年七月一七日。

『産経新聞』二〇一〇年五月二九日（朝刊）「「普天間」誰の問題？――近畿の知事「国防は国」大勢」。

島袋まりあ、二〇〇六、「「県外移設」が日米共犯照射――太平洋を横断する植民地主義」『沖縄タイムス』二〇〇六年五月二二日（朝刊）。

冨山一郎、二〇〇五、「平等ということ――『無意識の植民地主義――日本人の米軍基地と沖縄人』」『インパクション』一四七号

上原亜希子、二〇〇六、「『無意識の植民地主義』と本誌四八号の文章を読んで」『けーし風』第五〇号。

上野千鶴子、二〇〇五a、「本の紹介　野村浩也『無意識の植民地主義――日本人の米軍基地と沖縄人』」『部落解放』五五四号。

――、二〇〇七、「教科書検定――怒る沖縄人」『信濃毎日新聞』二〇〇七年一二月一七日（朝刊）。

Weber, Max., 1949. *Max Weber on the Methodology of the Social Sciences*, ed. and trans. Edward Shils and Henry A. Finch. Glencoe, IL: Free Press.（マックス・ウェーバー、一九五四、『社会科学方法論』富永祐治ほか訳、岩波書店）

――, 1958 [1946]. "Politics as Vocation." In *From Max Weber: Essays in Sociology*, ed. and trans. Hans Heinrich Gerth and C. Wright Mills. New York: Oxford University Press.（マックス・ウェーバー、一九八〇、『職業としての政治』脇圭平訳、岩波書店）

エンパワメントの言葉

大山夏子

気持ちを言葉にする学問

野村浩也さんと初めて会ったのは、ちょうど二〇年前、一九九九年のことだ。その頃住んでいた東京・中野の沖縄料理店だった。私は当時、自分が沖縄出身の日本人ではなく、日本に住む沖縄人であると強く思うようになっていた。だが、周りには、したり顔で沖縄を批判する日本人や、「沖縄大好き」と言いながら米軍基地問題については語りたがらない日本人も多かった。そんな人と飲み会で一緒になると、言葉にならない怒りがこみ上げてきて、「日本人は嫌いだ」と絡んだ。荒れる私を見て、知人が「会わせたい人がいる」と紹介してくれたのが野村さんだった。野村さんは私の話を聞いて、こう言った。「日本人は嫌いだ、と言っていいさ、上等」と。それまで抱えていた孤独感が和らぎ、「このような沖縄人との出会いもあるのだ」と思った瞬間は今でも忘れられない。

私はその頃、いろいろな人に手紙やメールを送りつけては「琉球・沖縄と日本の歴史を踏まえて、米軍基地は本土に移設すべきだ」と訴えていた。しかし、「県外移設」はタブーとされていた時代で、沖縄の人にも本土の人にも否定され、「そんなことは言うべきではない」とたしなめられた。野村さんはそんな私の言葉を受け止めてくれた初めての沖縄人でもあった。そして、主宰していた「ゆんたく会」という社会学研究者を中心としたグループに招いてくれた。その勉強会で、知念ウシさんや琉球新報の若手記者だった新垣毅さんらと知り合った。意見を共有できる沖縄人とつながることができて、勇気をもらえた。

ゆんたく会では、「植民地主義」という言葉をキーワードに、沖縄人と日本人の関係について考え、差別の構造を解き明かすための議論が交わされていた。「日本人は、沖縄に基地を押し付けることで様々な利益を得ているという政治的権力的位置（ポジショナリティ）を持っていて、自らのポジショナリティに無自覚でいることで植民地主義を継続させている」「植民地主義を終わらせるためには、日本人が自らのポジショナリティを認めて、本土に基地を引き取るべきだ」――。社会学の中でも「ポストコロニアリズム」という分野を研究する人たちの明確な議論に、私は圧倒された。

それまでは、日本人の振る舞いについて違和感や嫌悪感、拒否感などを抱くことがあっても、言葉にはなかなかできなかった。暮らしのなかで蓄積していく怒りの感情がこのような言葉で説明できると知ったことは、まさに「目からウロコ」だった。たとえば、野村さんと知り合う二年ほど前、ある日本人ジャーナリストと飲み会で席が隣になり、私が日本人の側の問題について話そうとした時のことだ。そのジャーナリストは血相を変えて、「そんなこと言ってるから沖縄は差別されるんだよ！」と威圧的な声で私の話を遮った。年上の男性の強い言葉に私はおびえてしまい、それ以上何も言えなかった。今なら、「自覚していない自らのポジショナリティを指摘されそうになり、慌てて「理不尽に非難する沖縄人のほうが悪い！」と責任転嫁しようとする植民者の態度」だとすぐに理解することができる。それから年を重ねた私は、よく知らない相手に沖縄のことを言いつのることもあまりしなくなったが、もし同じような場面になったら、「逆ギレですか？」と冷静に問い返すことができるだろう。

タブーだった県外移設

私が子どもの頃から自分を「沖縄人」だと思っていたかというと、そうではない。一九歳で島を離れて「本土」に出てから、沖縄のことを漠然と考え始めた。「本土」の冬の冷たい空気や針葉樹の景観も好きだったが、ヤシやシダの茂る亜熱帯の森をよく思い出した。

二〇代の半ば、一九九五年に米兵による少女暴行事件が起きた。怒りと悲しみに満ちた県民大会の様子をテレビで見たとき、「私もこの場にいるべきではなかったか」という怒りや焦燥感にかられた。それから沖縄に通うようになり、沖縄問題に詳しい日本人ジャーナリストや運動家の人たちと接する機会が増えたのだが、それをきっかけに、沖縄と本土の違いを意識するようになった。基地賛成派にしろ反対派にしろ、日本人が沖縄を見る目線は一方的だと感じたのだ。沖縄に同情的なジャーナリストたちが、「沖縄で基地に賛成している人はひとりもいません」「沖縄の人々はみな天皇を憎んでいます」などと言うのを聞いて、私は違和感を覚えた。沖縄人のありようは、それほど単純ではないからだ。

たとえば、私の父方の祖父は明治生まれで二度戦争に行き、東京に行くときは明治神宮に参拝するような人だったが、日本語よりもウチナーグチを流暢に話す姿は沖縄人そのものだった。戦前、出稼ぎで関西に渡り鉄工所で働いた祖父について、祖母は「おじいちゃんは気丈な人でね。ヤマトンチュにも負けなかったよ」と振り返ったものだ。

母方の祖母は私が沖縄の高校を卒業して「本土」の大学に行くときに、「ヤマトゥの人は本音と建前を使い分けるからね、気をつけなさいよ」「ヤマトゥの人にならないで、帰ってきなさいよ」と言い続けた。

沖縄人は、それぞれの政治的態度とは別に、「ウチナーンチュ」と「ヤマトンチュ」を無意識に分けている。琉球が日本国に強制的に組み込まれ、日本語を強制された歴史が、現在も身体に刻まれているのだ。だが、日本人にはそれがあまり理解できない。私が日本人ジャーナリストや運動家の人たちに違和感を抱いたのは、「沖縄人」に自分の理想を一方的に投影しつつ、自らのポジショナリティには目を向けない姿に、醜さを感じたからだった。

二〇〇〇年前後の時期はまだ、「本土」でも沖縄でも、琉球併合の歴史や米軍基地の偏在を「沖縄人―日本人」の関係性のなかで考えようとする言説は少なかった。沖縄問題が「保守―革新」の政治対立の構図で語られることが多かったこともあり、多くの日本人が自分のポジショナリティと向き合わなくても、沖縄のことを議論できた時代だったのだ。同時に沖縄人も、抑圧と同化の歴史のなかで培われた日本人への恐怖心や「連帯」を大事にする複雑な心情があり、「県外移設」を明確に言うことをタブー視していた。

一九九六年、当時の大田昌秀知事は「安保条約が日本にとって重要だというのであれば、その責任と負担は全国民が引き受けるべきではないかと思っています。そうでなければ、それは差別ではないか」と歴代知事として初めて県外移設に言及したが、保革双方からの批判にさらされた。普天間飛行場の周辺に住む女性らでつくる「カマドゥー小(ぐゎー)たちの集い」も一九九八年、県外移設を主張するようになった。しかし、県内外のグループから「過激すぎる」と批判されたそうだ。

沖縄の変化

沖縄の言論空間が変わってきたと感じたのは、二〇一〇年前後のことだ。二〇〇九年、民主党代表だった鳩山元首相が「少なくとも県外」と発言したことをきっかけに、沖縄で初めて県外移設を求める声が大きなうねりとなった。二〇一〇年には沖縄県議会が全会一致で国外・県外移設を求める意見書を初めて可決した。その後、民主党政権の辺野古政策の頓挫や自民党の政権復帰などの曲折はあったものの、このうねりは県民の意識に決定的な変化をもたらしたと思う。二〇一四年には「オール沖縄」が自民党出身で県外移設を訴える翁長雄志知事を誕生させた。二〇一五年に那覇市のセルラースタジアムで開かれた県民大会で、翁長知事が訴えた「ウチナーンチュ　ウシェーテェー　ナイビランドー！（沖縄の人をバカにしてはいけませんよ）」の声と満場の喝采は耳に焼き付いている。

二〇一六年に二〇歳の沖縄人女性が元海兵隊員に殺害されるという痛ましい事件があった。那覇市で開かれた追悼集会で、オール沖縄共同代表で二一歳の大学生だった玉城愛さんが口にした言葉も、非常に印象的に響いた。「安倍晋三さん、日本本土にお住まいの皆さん、今回の事件の第二の加害者はあなたたちです。しっかり沖縄に向きあっていただけませんか」

一九九五年の少女暴行事件以降、普天間基地の返還をめぐって出口の見えない戦いを強いられてきた沖縄の人々は、かつての「日本本土の人々と連帯していく」という復帰思想から離れ、

「ヤマトの人たちが差別を黙認している」「ウチナーンチュのことはウチナーンチュで決める」という対ヤマトの視点を身につけてきた。翁長知事の著書『戦う民意』(二〇一五年、角川書店)からは、沖縄の言論空間が変わっていく過程がうかがえる。

任期半ばで他界した翁長さんの遺志を継ぎ、沖縄県知事選で史上最多得票で当選した玉城デニー知事も、カタログ雑誌「通販生活」(二〇一九年春号)のインタビューで、「どうぞ米軍基地を県外・国外に持って行ってください」と訴えた。

知事は同時に、「「本土」の人たちが、自分たちの近くに基地はいらないと言って米軍を追い出した、その基地反対闘争の「勝利」が結果的に沖縄への基地集中につながった」として、「本土」から沖縄に米軍基地が移されてきた経緯を指摘。さらに、「(日米)安保体制の背景にある沖縄の米軍基地問題について、「本土」の人たちはどれくらい関心をお持ちなのでしょうか」と問いかけた。

私が小学生の頃に県知事だった西銘順治さんは、記者から「沖縄の心は?」と問われて、「ヤマトンチュになりたくて、なりきれない心」と答えたことで知られる。その言葉の背景にはさまざまな心情があったと思うが、近年の知事は少なくとも「ヤマトンチュ」になろうとはしていないことが発言からも分かる。そして、その知事を選んでいるのは県民なのだ。

近年の沖縄では、「保守—革新」の政治対立だけでなく、「沖縄人—日本人」の関係性を考える人たちが増えた。その背景の一つとして、野村さんをはじめとする「ゆんたく会」のメンバーが沖縄のオピニオンリーダーとして発信してきたことの影響は大きいと感じている。

野村さんは『無意識の植民地主義——日本人の米軍基地と沖縄人』（二〇〇五年、御茶の水書房）を出版。「植民地主義」「ポジショナリティ」といった言葉が沖縄の社会に広がっていくきっかけを作った。

知念ウシさんは「カマドゥー小たちの集い」の人たちとともに「基地は本土に引き取って」と運動しながら、沖縄タイムスでの連載をまとめた『ウシがゆく——植民地主義を探検し、私をさがす旅』（二〇一〇年、沖縄タイムス社）や、『シランフーナーの暴力——知念ウシ政治発言集』（二〇一三年、未來社）を刊行。新垣毅さんは琉球新報の長期連載をまとめた『沖縄の自己決定権——その歴史的根拠と近未来の展望』（二〇一五年、高文研）などを出版した。

琉球新報や沖縄タイムスでも「植民地主義」「自己決定権」といった言葉がよく登場するようになった。難しい言葉なのに沖縄の言論空間に着実に定着してきたのは、沖縄の人たちの実感にフィットするからだと思う。そして、悲しいことに、このような言葉を使って抵抗していかなければならない現実があるからだ。植民地主義や自己決定権について考えることは、日本人への同化を拒否し、沖縄人として生きることを選択するということであり、一つの「思想運動」なのだと野村さんは言う。

沖縄人として生きるということは、マジョリティとマイノリティの住むこの国の歴史と社会の様相を直視するということでもあり、その中での自分の立ち位置を決めるということだ。アイヌ民族や在日朝鮮人などほかのマイノリティの人たちのことを考えるということでもある。沖縄近現代史家の伊佐眞一さんは、そんな沖縄人の姿を「現代沖縄人」と呼んだ。日本国の忠実な臣民であろうとした戦前・戦中の沖縄人、日本国憲法に期待して「日本に帰ること」を望んだ米軍統治下の沖縄人、日本人との「連帯」を目指してきた復帰後の沖縄人から、「ウチナーンチュのことはウチナーンチュで決める」という思想を身につけつつあるのが「現代沖縄人」の姿だ。

現代沖縄人の市民運動

沖縄では、そんな「現代沖縄人」によって多様な形の市民運動が始まっている。二〇一三年に、沖縄の自立や独立について議論する「琉球民族独立総合研究学会」が設立された。理事の一人は「ゆんたく会」のメンバーだった社会学者の桃原一彦さん（沖縄国際大学准教授）だ。

二〇一七年には、より実践的に政治活動を行う「命(ぬち)どぅ宝！　琉球の自己決定権の会」も発足した。

同じ二〇一七年に発足した「新しい提案実行委員会」は、憲法や民主主義の観点から、普天間基地の県外・国外移設について国民的議論で決定することを求めるネットワークだ。国民的議論によって国内に移設が必要という結論になるのなら、沖縄以外のすべての自治体を等しく候補地として、一地域への押し付けとならないよう、「公正」で「民主的」な手続きによって解決するべきと提案。全国の都道府県・市区町村議会での意見書採択を求める陳情や請願を市民に呼びかけている。

二〇一八年五月には責任者の安里長従さんが中心となって、市民から議会に提出する陳情書の雛形も掲載した『沖縄発　新しい提案　辺野古新基地建設を止める民主主義の実践』（ボーダーインク）を出版した。

東京都小金井市に住む沖縄人の青年、米須清真さんは二〇一八年八月、この本の陳情書案をもとに小金井市議会に陳情を提出した。さまざまな経緯を経て意見書が採択され、国と衆議院、参議院に提出された。

米須さんは中学生の時に沖縄タイムスで知念ウシさんの連載『ウシがゆく』を読んで影響を受けたそうだ。「私たちは「県外移設を論ずるのが当然」という世代。県外移設論という道を切り開いてきた先輩たちから学び、われわれ世代でその道を舗装していきたい。そして、国民的議論によって、日米安全保障条約が必要だというのなら本当に基地をヤマトに引き取らせたい。そうでないと沖縄の次の世代の人たちに顔向けできない」と話す。

「子や孫に、基地のある沖縄を引き継いではいけない」という言い方も、沖縄では広く共有されるようになってきた。日本人と適切な距離感を持ち、イデオロギーよりアイデンティティを大切にする現代沖縄人は、これからも増えていくのではないだろうか。

昨年二〇一八年は、辺野古埋め立ての賛否を問う県民投票の実施を求める署名運動が行われ、実施に必要な署名数を大幅に超える約一〇万筆の署名が集まった。今年二月には全市町村が参加して県民投票が行われ、埋め立てに「反対」の得票が四三万票を超えた。また、「新しい提案実行委員会」は三月、全国一七八八自治体の議会に全国的な議論を求める陳情を送った。陳情書には二〇代から八〇代の七人が名を連ねた。このような市民運動の広がりを見ても、現代沖縄人のたたずまいが分かる。

問われるヤマト

沖縄での変化に対応するように、本土側の言論空間も少しずつ変わってきた。哲学者の高橋哲哉さんはかつて、「戦後護憲派」として、日米安全保障条約を破棄することで日本からすべての米軍基地が撤去され、沖縄問題も解決するだろうと思っていたという。その認識にとどまりえなくなったのは、野村さんの『無意識の植民地主義』を読んだのがきっかけだったそうだ。

その後、思索を重ね、二〇一二年に朝日新聞紙上で知念ウシさんと対談した際に、ウシさんから「高橋さんも、基地を持って帰ってくださいね」と問われ、「それが「日本人」としての責任だと思っています」と初めて「引き取り」に言及した。そして、二〇一五年に出版した『沖縄の米軍基地――「県外移設」を考える』（集英社新書）を通じて、改めて「引き取り論」を全国に提唱した。

この年には、大阪と福岡で市民による「米軍基地の引き取り運動」がスタートした。その後、東京などにも広がり、現在一〇都道県で引き取り運動が行われている。今年二〇一九年四月には、メンバーらが思いをつづった『沖縄の米軍基地を「本土」で引き取る！　市民からの提案』（コモンズ）も刊行された。本の帯には、ノンフィクションライターの安田浩一さんの言葉がつづられている。「米軍基地の引き取り――それは沖縄への差別をなくすために必要な「本土」、つまりは、「わたしたち」の覚悟だ」

近年は全国メディアでも、「問われているのは本土の側だ」といった論調を見聞きするようになった。逆に、あからさまな沖縄へイトをする人たちも出てきた現在の社会状況のなかで、本当に少しずつではあるが、日本人の側も変わりつつある。今年五月には、「新しい提案実行委員会」の訴えに応答する形で、司法書士の団体「全国青年司法書士協議会」が、全国一七八八自治体の議会に陳情を送ることを決めた。

こうしたさまざまな動きの土台を作ってきたのは、野村さんたちがつないできた「植民地主義」「ポジショナリティ」に関する議論なのだと思う。

私は二〇一二年から「沖縄を語る会」という小さな勉強会を開いてきた。そこで出会った日本人は、「植民地主義」「ポジショナリティ」という言葉について一緒に考えることのできる人もいたが、受け入れない人もいた。野村さんを招いて植民地主義について話してもらったときのことだ。参加してくれていた日本人男性の一人が、いら立った声で「ポジショナリティの話はもういいからさあ、だからどうしたいの？　いいかげん「次」に行こうよ」と野村さんの話を遮った。

こうした反応は、沖縄についてある程度知っていて、なおかつ自分なりの問題意識を持っている男性の文化人に多いようだ。哲学者の東浩紀さんも、三年前に沖縄で開かれたトークイベントで、「ポジショナリティの話をすると議論が止まってしまう」と拒否感を示していた。このような人たちは「被害・加害の関係を超えた議論をしたい」「ポジショナリティの話には生産性がない」などと言って、「次」に行きたがる。だが、「次」とは何だろうか。沖縄問題の解決に結びつく具体的な「次」があるなら、ぜひ聞いてみたいと思う。

日本人は、ポジショナリティを問われると、自分のアイデンティティが不当に批判されていると思い込み、混乱してしまうことがあるようだ。「ゆんたく会」のメンバーだった社会学者の池田緑さん（大妻女子大学准教授）は、一九九九年に私を野村さんに引きあわせてくれた人物でもある。彼もまた、最初は「沖縄人―日本人」の関係性を突きつけられて困惑したことがあり、それがきっかけでポジショナリティのことを研究するようになったという。

池田さんは、自身の論文「ポジショナリティの混乱と「対話」ならびに「政治」の可能性――沖縄と日本の事例から――」（大妻女子大学紀要『社会情報学研究』二四、二〇一五）のなかで、自らの体験として次のようなエピソードを紹介している。

「つい今しがたまで私の在りようを批判していた沖縄人たちが、さりげなく料理を取り分けてくれたり、お酒を注いでくれたり、基地問題以外の話題ではにこやかに十分な個人的やさしさをもって接してくれている」「私自身の個人的信条や在りかたが直接の批判の対象となっているのではないらしい、と感じ始めたことが、ポジショナリティの問題を考える一つのきっかけとなった」

池田さんは、ポジショナリティについていくつもの論文を出していて、次のようなことも述べている。「「沖縄人／日本人」という概念措定は、人々を分断するためのものでもなく、相互の憎悪を掻き立てるためのものでもなく、ましてや人種主義を導入するものでもない。それは日本人、男性など権力を持った側にとっても新たな自己の発見であり、新たなコミュニケーションの開拓であり、新たな感性の獲得である。さらには現実の不平等や集団間の権力関係を解消し、対等な人間的関係を築くための枠組みとして発展させられる」と。

沖縄人にとっての「ポジショナリティ」とは

私は今も「本土」に住み、周りにいる人たちのほとんどが日本人という日常生活を送っている。しかし、野村さんたちの存在や、アイヌ民族や在日コリアンなど同じマイノリティの人たちとの出会いと交流によって、私の頭の中の〝地図〟は、周りの日本人とはだいぶ違うものになったと思う。

沖縄人にとって、「ポジショナリティ」や「植民地主義」という言葉について考えることは、いわゆる「学術人類館事件」に象徴されるような、琉球併合後の沖縄人の同化思考と向き合うということだ。それは自分自身が加害者側に立つ可能性があるということを意識することでもある。

私が野村さんに出会うことができたのは、一九九〇年代に薬害エイズ事件の被害者と知り合ったことや、アイヌ民族や在日朝鮮人、被差別部落の人たちのことを学ぶようになったことで、自分の加害性とも向き合う機会を持てたからだと思う。ポジショナリティを意識することは、池田さんが論文で書いていたように、さまざまな人と信頼関係を築く際の基本にもなるような気がする。

日本人は沖縄をめぐる議論から逃げることができる。ポジショナリティの話も、耳をふさげば聞こえてこない。しかし、沖縄人は沖縄人であることから逃げることができない。特に「本土」に住む在日沖縄人は、周りの日本人のポジショナリティを踏み越えた無自覚な言動に傷つくことも多い。

野村さんも長く「本土」に住んでいる。『無意識の植民地主義』を書いたのは、日本人への問いかけと同時に、沖縄人が気持ちを言葉にできるように「エンパワメント」するためでもあったそうだ。その気持ちがありがたいし、私もまた、若い世代を元気づけられるようになりたいと思う。

在日沖縄人は、大阪・大正区のようにまとまった地域に暮らしていることもあるが、多くはちりぢりばらばらに点在している。だが、不思議なことに、どこかでつながっている。これまでも東京や滋賀、福岡などさまざまなところで沖縄出身の人が乗務するタクシーに乗り合わせた。プレートの名前を見て話しかけると喜んでくれ、車を降りる際に「がんばってね」と声をかけてくれる。多くのウチナーンチュが共有する、この「がんばってね」という気持ちが凝縮されているのが、『無意識の植民地主義』だと私は思っている。本書は思想書、学術書でもあると同時に、沖縄人にとっては実用書でもあるのだ。

（沖縄を語る会）

謝辞

松永勝利さん。植民者をやめようと努力している植民者一世に出会ったのは、松永さんがはじめてでした。日本人が沖縄人に対する植民地主義をやめるにはどうすればよいのか。松永さんがその指針を示してくれました。今度、ジャズとクースをご一緒させてください。

高橋哲哉さん。『無意識の植民地主義』が高橋さんと出会っていなければ、基地引き取り運動も生まれなかったことでしょう。また高橋さんと本作りができれば幸いです。その場合は、緩急もよろしくお願いします。

島袋まりあさん。まりあが東京で学生だったころからのつきあいですね。今回また一緒に本作りができてニューヨークが近くなりました。FaceTime は飽きたので必ずそちらに行きます。ゆんたくしましょうね。

大山夏子さん。ジャーナリスト夏子の「解説」が読めて本当にうれしいです。これからもなし崩し合宿しましょうね。その場合は昼飲みからで。

知念ウシさん。わたしはブランドではなく爆弾なので、いつかまた一緒に暴れましょう。

日本帝国内でもっとも実力のあるジャーナリスト、琉球新報編集局政治部長の新垣毅さん。毅が院生のころからのつきあいですね。たくさん助けてもらいました。これからも助けてください。

沖縄のソクラテス、関西沖縄文庫主宰の金城馨さん。一〇代で馨さんと出会ってなければ、『無意識の植民地主義』は生まれませんでした。これからも集会の資料作りに参ります。

野村有那。親よりも先に沖縄に帰国できて本当によかったです。立派に沖縄人として育ってくれました。自慢の娘です。

野村早苗。ただただ大感謝。

松籟社の夏目裕介さん。一緒に仕事をするのは二度目ですね。優秀な編集者と出会えてたいへん幸運です。次回もよろしくお願いします。

ぐすうよう　いっぺえ　にへえでえびる

野村浩也
二〇一九年六月二三日

本書の原本は、二〇〇五年四月二八日、
御茶の水書房より刊行された。

著者略歴

野村浩也（のむら・こうや）

1964 年沖縄生まれ。

上智大学大学院文学研究科社会学専攻博士後期課程満期退学。

現在、広島修道大学人文学部教授（社会学）。

著書に、『無意識の植民地主義』（御茶の水書房、2005 年）。編著に、『植民者へ』（松籟社、2007 年）。共著に、『社会学に正解はない』（松籟社、2003 年）、*Okinawan Diaspora*（University of Hawai‘i Press, 2002 年）など。

増補改訂版　無意識の植民地主義
――日本人の米軍基地と沖縄人

2019年8月13日初版発行
2024年8月1日第3刷発行

定価はカバーに
表示しています

著　者　野村浩也
発行者　相坂　一

〒612-0801　京都市伏見区深草正覚町1－34
発行所　(株)**松　籟　社**
SHORAISHA（しょうらいしゃ）

電話　075-531-2878
FAX　075-532-2309
振替　01040-3-13030
URL：http://shoraisha.com

装丁　安藤紫野（こゆるぎデザイン）
カバー写真　Ishigaki Taira/Shutterstock.com
印刷・製本　モリモト印刷株式会社

Printed in Japan

ISBN 978-4-87984-379-1 C0036